Diagnosis and Evaluation of Substation Electrical Equipment Based on Digital Technology

变电站电力设备故障
数字诊断与评估

谢庆 等◎著

清华大学出版社
北京

内 容 简 介

本书系统介绍了变电站电力设备故障数字诊断与评估技术,全书共分为 11 章,设备对象包括变压器、GIS/GIL、干式空心电抗器等,状态参量包括局放信号、油中溶解气体、温度、红外/紫外/可见光图像等。本书各部分内容既自成体系又相互关联,有助于读者掌握变电站电力设备故障数字诊断与评估技术的本质。

本书可作为从事电力设备故障诊断与状态评估专业人员的参考书,也可作为高等院校电气、电子工程相关专业本科生和研究生的参考教材。

图书在版编目(CIP)数据

变电站电力设备故障数字诊断与评估/谢庆等著. —北京:清华大学出版社,2023.5
ISBN 978-7-302-62919-1

Ⅰ.①变… Ⅱ.①谢… Ⅲ.①变电所—电力设备—故障诊断—研究 Ⅳ.①TM407

中国国家版本馆 CIP 数据核字(2023)第 039004 号

责任编辑:王剑乔
封面设计:刘 键
责任校对:刘 静
责任印制:杨 艳

出版发行:清华大学出版社
      网　　址:http://www.tup.com.cn,http://www.wqbook.com
      地　　址:北京清华大学学研大厦 A 座 邮　编:100084
      社 总 机:010-83470000 邮　购:010-62786544
      投稿与读者服务:010-62776969,c-service@tup.tsinghua.edu.cn
      质量反馈:010-62772015,zhiliang@tup.tsinghua.edu.cn
印 装 者:三河市东方印刷有限公司
经　　销:全国新华书店
开　　本:170mm×240mm 印　张:19.75 字　数:406 千字
版　　次:2023 年 7 月第 1 版 印　次:2023 年 7 月第 1 次印刷
定　　价:159.00 元

产品编号:099019-01

保障电力系统安全稳定运行是实施"碳达峰、碳中和"重大战略的必然要求。变电站是电能进行变换、分配等作用的核心场所,保障变电站安全运行对维护电力系统稳定具有极其重要的意义。变电站电力设备类型多样、规模庞大、结构参数繁多、运行环境复杂,其发生故障后不仅造成设备本体损伤,还易引起变电站全站故障,甚至导致大电网停电等连锁事故。及时、准确地分析变电站电力设备的运行状态,并有效实现电力设备故障诊断与状态评估,一直是国内外学者和工程技术人员共同关心的热点和难点问题。

变电站电力设备故障机制复杂,基于故障机制的故障精准辨识难度较大。随着先进传感及通信技术的发展,变电站电力设备状态参量已由单一、少量的离线数据过渡到海量的状态监测数据,对这些数据进行高效利用,是提高设备故障诊断与状态评估效果的有效途径。然而,变电站电力设备状态监测数据呈现出体量大、类型多、增速快,但价值密度低的特点,面对上述特点,如何从海量数据中准确挖掘关键特征,传统的故障诊断与状态评估方法难以胜任。

近年来,以深度学习为代表的人工智能技术迅猛发展,人工智能技术除模拟人脑智能外,还可延伸和扩展人脑智能。凭借着强大的特征提取、特征挖掘能力,人工智能技术在各行各业中得到了广泛应用,无论是人脸识别还是自动驾驶,都体现了人工智能技术的优势。人工智能技术为经济社会的进步提供了巨大推力,各国争相抢占人工智能技术理论研究与实践应用的制高点。2017年,我国出台了《新一代人工智能发展战略》,从国家战略层面对新一代人工智能技术的发展做出了顶层规划。党的二十大报告更是将人工智能技术确定为新的经济增长"引擎"。在此背景下,基于人工智能的电力系统数字化转型蓬勃发展。

电力设备海量状态监测数据的获取为实现设备故障数字诊断与评估提供了坚实基础;而以深度学习为代表的人工智能技术的应用又为数字诊断与评估中面临的因果推理、特征挖掘、关联分析等难题提供了高效解决方案。人工智能应用技术已成为业内公认的实现变电站电力设备故障数字诊断与评估的有效途径。

然而,受变电站内复杂电磁环境等的影响,变电站电力设备状态监测数据往往质量欠佳;受通信与存储等限制,变电站电力设备状态监测数据样本往往不平衡度较高,主要体现在异常样本偏少。上述特点又为基于人工智能技术的变电站电力设备故障数字诊断与评估带来新的挑战。

为解决上述问题,国内外众多学者进行了大量研究工作,并取得了丰硕成果。华北电力大学作为能源电力特色鲜明的双一流高校,一直将服务我国电力系统数字化转型作为核心任务。课题组长期以来也一直从事输变电设备数字化智能诊断与评估的相关工作,并一直在思考如何进一步提高我国变电站电力设备故障数字诊断与评估水平。在上述目标驱动下,我联合华北电力大学电气与电子工程学院众多研究人员,系统思考了实现变电站电力设备故障数字诊断与评估的关键科学与技术问题,将近些年来我们研究的新理论、新技术、新应用进行了系统梳理并编写此书,希望对于关心本领域的广大科研与工程技术人员有所裨益。

全书共 11 个章节,主要包括变压器、GIS、电抗器等变电站内典型电力设备的数字化故障诊断与评估方法,由谢庆教授负责统稿。其中,第 2、3、9、10 章由谢庆教授、李岩老师主笔,第 1、4 章由谢军副教授主笔,第 5 章由王永强副教授主笔,第 6 章由郑书生教授级高工主笔,第 7 章由律方成教授主笔,第 8 章由范晓舟高工主笔,第 11 章由张珂教授主笔。

感谢课题组马康、牛雷雷、王春鑫、张雨桐、秦亮亮、段祺君、王子豪、杨天驰等博士、硕士研究生在文字校对、图表修改等方面所做的大量工作。本书的撰写得到了华北电力大学领导和同事们的大力支持,在此表示深深的谢意。同时,对本书引用的国内外研究成果的作者和单位也表示衷心的感谢。

本书的出版得到了"十三五"国家重点研发计划项目"数字电网关键技术"与清华大学出版社的大力支持,在此表示由衷的感谢。

人工智能技术方兴未艾,电力系统的数字化转型正蓬勃发展,变电站电力设备故障数字诊断与评估水平也迅速提升。本书在编写过程中,尽管考虑了各种因素,但难免有不完善之处,欢迎广大读者提出宝贵意见。

谢庆

2022 年 12 月于华北电力大学

CONTENTS 目录

第 **1** 章

概　述

1.1　变电设备故障诊断的重要意义

变压器、GIS 等变电设备是电力系统的重要组成部分,保障变电设备运行安全对提高电力系统的稳定性具有极其重要的意义。准确评估变电设备运行状态,及时发现变电设备潜在故障,合理采取运维措施是保障变电设备安全运行的重要基础。

不同于传统的定期离线检测,变电设备状态评估可利用包括历史数据、离线数据、在线数据等海量信息,通过提取并分析关键特征参量变化规律,实现异常状态预警、潜在故障辨识、运行态势预测、运维策略生成等多种功能,最终达到变电设备健康态势全面化、实时化、精细化的评估与预测,从而有效提高变电设备的运行可靠性。因此,切实提高变电设备状态评估水平,是保障变电设备运行安全的重要措施。为此,国内外研究机构针对变电设备的状态评估方法进行了大量的研究工作,并取得了丰富的研究成果,主要包括以下几点。

(1) 基于阈值或专家经验的评估方法。该类方法基于基础实验和运行经验确定状态水平阈值,并结合专家经验完成状态评估,典型方法为油中溶解气体三比值法。该类方法逻辑简单,便于操作,但阈值设置过于绝对,难以满足现场复杂运行环境需求。

(2) 面向数据的基于机器学习的方法。该类方法通过挖掘数据特征、建立不同状态的边界空间,进而实现状态评估,典型方法包括模糊综合评判法、支持向量机法、粗糙集法、神经网络法等。该类方法避免了传统阈值方法阈值设置过于绝对的缺点,但却多是基于有限的状态变量,现场效果仍难以令人满意,存在着较高的误报率和漏报率。

随着电力系统规模不断扩大,变电设备体量也不断增多,与设备状态评估相关的参量已呈现体量大、类型多、增长快等特征。为进一步提高变电设备状态评估效果,需充分利用数据红利、挖掘潜在特征、实现智能评估。

近年来,依靠移动互联网、大数据分析、物联网、超级计算等高新技术的支持,以深度学习为代表的新一代人工智能技术正迅猛发展[1]。新一代人工智能技术基于深度学习理论,面向大数据特征,呈现出跨界融合、人机协同、群智开放、自主操控等特点,随着基础理论、数学模型、软硬件支撑体系等飞跃发展,人工智能已成为推动各行各业产业升级的新引擎,在 AlphaGo、人脸识别、无人驾驶等热门场景中无不存在其身影。为抢占新一代人工智能发展机遇,构筑人工智能发展先机,促进国民经济更好发展,2017 年,我国出台了《新一代人工智能发展规划》,从国家战略层面对人工智能技术的发展做出了顶层规划。

为推动人工智能技术在能源电力领域的应用,华北电力大学、清华大学等众多高校已开设了人工智能相关专业,有效推动了基于人工智能驱动的电力系统基础研发工作;国家电网公司、南方电网公司、宁德时代新能源科技股份有限公司、中国核电集团等众多企业相继成立了人工智能研发机构,极大地促进了人工智能技术在电力系统中的工程应用。

人工智能具有强大的数据特征挖掘能力,同时可实现复杂的因果推理及决策下达功能,而变电设备故障机制复杂、故障发展特性多样、故障特征参数庞大等特点又与人工智能的技术优势紧密契合,因此人工智能技术在变电设备故障诊断中具有显著的技术优势。将人工智能技术应用于变电设备故障诊断中,是提升变电设备故障诊断效果、推动电力系统数字化转型的重要技术手段。

1.2 变电设备故障诊断的发展现状

变电设备的安全是电力系统可靠、稳定运行的基础,对于电力系统意义重大,因此对变电设备进行及时、准确的评估、诊断和预测,有助于提高电网的供电可靠性。国外在设备监测与故障诊断方面的研究开展较早,在 20 世纪 50 年代,美国等发达国家就已经开始通过离线测试对设备进行故障诊断。20 世纪 70 年代前,各发达国家在变电设备带电、在线监测方面进行了较多的探索,我国从 80 年代开始对在线监测技术开展研究,并奠定了设备状态评估与故障诊断的基础。90 年代后,随着传感技术、网络技术的迅速发展,用于故障诊断的设备信息日益丰富,故障诊断方法也在这一时期不断更新,目前广泛应用于变电设备故障诊断的方法主要有基于阈值判定的故障诊断方法、基于专家系统的故障诊断方法和基于机器学习的故障诊断方法等。

1.2.1 基于阈值判定的故障诊断方法

基于阈值判定的故障诊断方法即通过一系列的高压试验,将电气设备的试验测试结果和规定的标准数值进行对比,从而对设备进行故障诊断。在各种国际和国家标准、规程和导则中,规定了某些能够反映设备绝缘状况或者其他状况的特征参数的正常值和注意值,以此作为阈值诊断法的参考值。将测试结果和标准规定值进行比较,分析其偏离程度,偏离程度越高说明故障越严重。阈值诊断法是一种操作比较简单的方法,如果测试结果和标准要求相符合,说明设备正常,不存在故障；反之，则说明设备存在故障。

阈值诊断主要运用于预防性故障诊断和事故后故障诊断。预防性故障诊断主要是供电企业每年都会进行的春、秋季变电设备停电大、小修项目。通过进行各类电气试验，比如耐压试验、变比试验以及绝缘试验等，获取电气设备的各类参数信息，利用阈值法判断设备是否存在故障隐患。事故后故障诊断主要用于寻找故障源、明确故障类型、确定事故影响范围，是协助运维部门及调度部门直接、快捷、准确进行事故处理的有效手段，是发生事故后变电设备检修、更换最为重要的一环。目前在变电设备中应用较为广泛的阈值诊断法主要有三比值法、改进三比值法以及大卫三角形法等方法。

变压器故障时，绝缘油温度升高进而分解出烃类气体，三比值法以两种溶解度和扩散系数相差较小的气体组分的比值作为故障诊断的依据，不同的比值会对应不同的编码，即不同的故障类型，判断过程较为简单，准确性较高。但是传统的三比值法存在编码缺失的问题，未将全部编码组合，容易造成错判、漏判等情况。因此针对编码缺失的问题，改进三比值法在故障类型的区分上更加精确，编码组合更为多样，能够更准确地判断复杂故障的故障类型。

大卫三角形法是利用 CH_4、C_2H_4 以及 C_2H_2 三种气体进行故障类型判断，相比于三比值法，大卫三角形法保留了一些由于落在比值限值之外而被比值法漏判的数据，因此具有更高的准确率。大卫三角形法诊断以比值点落点为依据，比值点所在区域即为对应的故障类型。大卫三角形如图 1-1 所示，其中 PD 为局部放电，

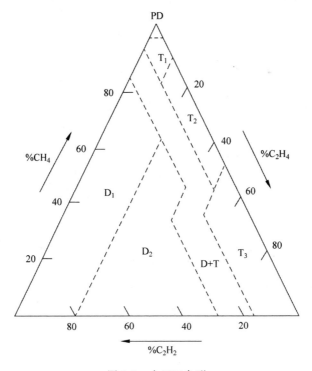

图 1-1 大卫三角形

D_1、D_2分别为低能放电和高能放电，T_1、T_2、T_3分别代表不同温度的热故障，$D+T$代表放电和热故障混合的故障状态。

1.2.2　基于专家系统的故障诊断方法

传统专家系统通过某领域的专家对该领域的知识和经验，以及该领域的规则进行归纳整理，并将其转化为能够调用的数据库和计算机语言。在具体的设备故障诊断过程中，利用电力系统的实时监测数据，对设备当前信息进行推理，得到设备当前的运行状况，并通过解释器和人机接口对其进行输出和解释。由于专家系统和电气设备故障诊断的相似性，故障诊断专家系统在电力系统中得到了广泛的应用[2]。在20世纪90年代，专家系统通过自动装置的动作信息对设备状态进行推理，并对发生故障的部件进行判断，并且该系统提供事故压缩报警信息，从而对发生事故后的系统安全状态做出初步判断。部分专家系统采用分模块设计，通过设备的在线监测数据实时获取报警信息，调用系统的知识库和推理机，对故障设备进行故障诊断并给出处理方案。变电设备故障诊断专家系统主要由人机界面、数据库、知识库、知识获取、推理机、诊断结果及解释等模块构成。

（1）人机界面是专家系统与用户进行信息分享的界面，主要为用户显示专家系统的诊断结论，同时用户也可以通过登录密码进入界面，然后输入所需要查询的信息，系统会及时显示相应的结果。

（2）数据库是用来保存专家系统在推理过程中的一些数据，包括初始数据、中间数据以及推理结论。

（3）知识库顾名思义就是存储知识的数据库，里面主要包括一些处理问题所需要的相关知识。知识库将决定专家系统掌握知识的体量及质量，因此，其是决定专家系统能力的重要因素。

（4）知识获取是决定一个专家系统的潜力有多大的模块，这部分是可以在使用过程中去完善和补充的知识库。优秀的知识获取模块可以在日常实践中不断地获取知识，并充实专家系统知识库里的知识。随着时间的推移，知识库存储的知识会越来越多，并且质量越来越好，从而不断地提高专家系统的诊断能力。

（5）推理机是指专家系统利用知识推理的一个过程，在专家系统输入相对应的信息后，专家系统就会通过推理机里面的规则得到一个相对应的结果。

（6）诊断结果以及解释模块主要在知识库和人机界面中。它可以对每一个诊断结论做出相对应的解释，然后将其解释与结论在人机界面中显示出来供用户查询。专家系统的结构图如图1-2所示。

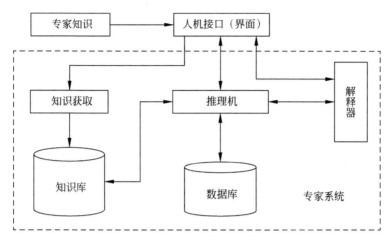

图 1-2 专家系统结构图

1.2.3 基于机器学习的故障诊断方法

随着电网规模的扩大,变电设备规格与型号日趋多样化,传统的故障诊断方法因其过于单一严格的判断规则,已逐渐不能满足设备故障诊断的需求。得益于机器学习的出现与发展,基于机器学习的故障诊断技术成为一个新的着力点,它能够突破传统故障诊断方法的固有问题,实现更为精细、高效的变压器故障诊断,建立更具泛化性的变压器故障诊断模型[3]。

机器学习可分为浅层机器学习方法和以神经网络[4]为基础的深度学习方法。两类机器学习方法并不存在优劣之分,浅层机器学习方法原理简单、实现方便、易于解释且训练与诊断速度更快;深度学习方法能够挖掘数据的深层特征,在大样本数据、复杂任务上表现更佳。根据不同的任务目标选择不同的机器学习方法,可以达到更好的效果。

目前,应用于变电设备故障诊断任务的机器学习浅层算法主要包括支持向量机(support vector machine,SVM)算法、最邻近结点算法(K-nearest neighbor,KNN)、决策树(decision trees,DT)算法等[5]。支持向量机算法是一种经典的二分类算法,其核心思想是寻找一个最优的超平面作为决策边界,使该决策边界距离最近的两类样本点的距离最大化,基于该思路建立的模型已被证明具有很好的泛化能力。在变电设备故障诊断中,由于数据样本在特征空间中分布更为复杂,单纯使用线性分类器无法获得最好的分类效果,因此需要通过空间升维将原本线性不可分的数据映射到更高维的特征空间中,从而实现线性可分,为此引入了核函数的概念,增加了数据点线性可分的概率,提升了分类器的分类效果,如图 1-3所示。

KNN算法是机器学习中思想最简单、应用广泛、效果较好的多分类算法。该算法在数据存在异常值或受到噪声影响的情况下,依然能够得到较高的分类准确

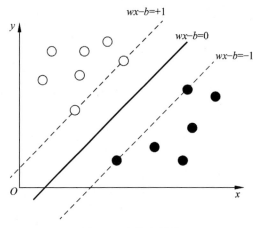

图 1-3 支持向量机

率。KNN 算法的核心思想是在训练集中寻找与待分类样本距离最近的 k 个样本，然后将待分类样本归类为 k 个样本中数量最多的类型，即使用少数服从多数的思想。在实际使用中，k 的取值若过小，则模型可能受噪声影响发生过拟合；而 k 的取值若过大，则与待分类样本较远的样本点也会对分类结果产生影响，使分类准确率下降，因此需要使用智能优化算法寻找最优的 k 值。由于 KNN 算法需要基于每个特征计算距离，为了保证每个特征在距离计算过程中具有同等权重，需要在输入数据之前对每个特征进行归一化处理，以消除数据量纲，从而获得更准确的分类效果，如图 1-4 所示。

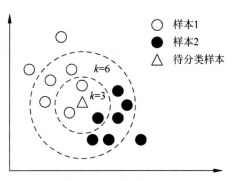

图 1-4 KNN 算法

与 KNN 算法类似，DT 算法也是一种天然适合多分类问题的机器学习分类算法，且该算法同时具有很强的可解释性。DT 算法的核心思想是在样本特征的 n 个维度中，选择某一个维度并根据某一个阈值进行二分类，使得划分后训练样本整体的信息熵最小。在信息论中，信息熵表示随机变量的不确定性，因此 DT 算法倾向于将相同的样本划分到同一个样本集从而将系统的信息熵降至最小。

KNN 算法与 DT 算法作为非参数学习算法，其参数数量不受限制，在训练过程中容易发生过拟合,在训练 DT 模型前需要确定其决策树最大层数 h 与最小样本集数量 m,在决策树达到 h 或样本集中样本数量小于 m 时停止分类,避免决策树无限生长直至每一个叶节点仅包含一个数据样本。h 与 m 作为 DT 算法的超参数,可使用智能优化算法寻找其最优值。

除了上述三种浅层机器学习方法,目前逻辑回归(logistic regression,LR)算法在各个行业领域的应用也十分广泛。该算法受益于结果简单、可并行化计算、可解释性强等优点,被广泛应用于工业界分类问题中。LR 算法的本质是求解一个非线性函数,从而通过样本特征计算样本发生的概率,并据此达到分类的目的。

SVM 算法和 LR 算法与 KNN 算法和 DT 算法这类天然多分类算法不同,SVM 算法和 LR 算法在理论上仅适用于二分类问题,为了将其使用在变压器故障诊断的多分类问题中,需要使用 OvR(one vs rest)或者 OvO(one vs one)方法。使用 OvR 方法相当于针对每一种样本训练一个分类器,将其余的故障归结为另外一类,然后使用所有分类器进行诊断并采纳概率最高的结果。OvO 方法则是针对每两种样本的组合训练一个分类器,在诊断时使用所有的分类器诊断并投票,采纳票数最多的结果。

1.2.4 基于多源数据融合的故障诊断

随着电网结构日趋复杂,智能化水平不断提高,传感器类型多样化且部署越来越广泛,系统的在线监测数据量呈爆发式增长,用于变电设备故障诊断的数据来源也越来越多,且信息融合技术的发展已相对成熟,基于多源数据融合的故障诊断方法应运而生。

基于多源信息融合的故障诊断效果远高于单一数据的故障诊断效果。基于多源信息融合的诊断技术能够弥补许多传统故障诊断方法存在的不足,对于故障信息的推理更加全面。基于多源信息融合的故障诊断对多个信息源的数据进行筛选,得到反映设备实际运行状态的特征信息,并利用故障诊断算法对设备特征信息进行融合,从而准确判断出变电设备的故障类型[6]。

基于多源数据融合的故障诊断算法结构主要包含了数据层、特征层、决策层。数据层的作用是将来源于多个信息源的初始输入数据进行处理、合成;特征层的作用是通过各种故障识别算法提取数据层输出的合成结果的基本特征;决策层的作用是基于先验知识以识别来自不同信息源的信息特征,进而得出最终的融合结果。现今在多源数据信息融合方面应用较多的方法包括 D-S 证据理论[7]规则、贝叶斯网络和模糊积分技术等,变电设备故障诊断具有数据结构化差异、多数据源的特点,将多源数据合成技术应用于设备故障识别中可以很大程度上克服基于单一数据信息源的故障识别方法的缺点,目前,基于多源信息融合的变电设备故障诊断还处于初级阶段,仍存在一定的不足,但其发展迅速,在未来将成为变电设备故障诊断的重要一环。

1.3 变电设备故障诊断方法的难点问题分析

1.3.1 变电设备故障机制复杂

输变电设备类型多样、结构参数繁多,长期运行在复杂环境中,受设备本体质量、出厂安装工艺、周围运行环境等诸多因素影响,其不可避免地会产生各种故障。揭示输变电设备故障机制可用于建立其状态评估特征参量与故障原因、故障类型、故障程度间的映射关系。然而,由于输变电设备存在故障组部件及故障源互异、故障演化过程复杂、故障特征耦合通道多样等因素,准确揭示输变电设备故障机制和演化规律的难度较大,基于故障机制建立的输变电设备状态评估模型是典型的不确定性弱模型。以电力变压器为例,电力变压器是由铁芯、绕组、绝缘、引线、变压器油、油箱和冷却装置、调压装置、保护装置和出线套管等部件组成的复杂系统,其故障形式及其表现特征多种多样,同时随着特高压工程的建成投入运行,电力变压器越来越趋向于大型化、复杂化,其复杂程度高、集成性强,各部件之间的耦合程度大大增加,使得其状态评估和故障预警的难度大大提升。变电设备状态评估技术可充分运用概率统计学等数学知识,并结合无监督学习等人工智能方法,实现对故障潜在特征的挖掘与分析工作;同时,变电设备状态评估技术具备强大的非线性分析功能,可实现故障特征与故障类型、故障程度等状态评估结果间的非线性拟合。将变电设备状态评估技术应用于输变电设备状态评估中,可有望实现复杂故障机制下故障特征的准确、可靠描述,进而有效提高输变电设备状态评估的效果[8]。

1.3.2 变电设备故障诊断数据体量巨大

随着先进传感及物联网技术的发展,应用于输变电设备状态评估的传感单元数量及类型均大大增多,这有效保障了输变电设备状态评估特征参量来源的多维度性;随着新一代通信技术的进步,输变电设备状态评估参量的采样频率及存储容量也不断提高,这有效保障了输变电设备状态评估特征参量的采样精度;此外,随着输变电设备全生命周期健康管理理念的深入,以及设备长期产生的大量数据,包括信号、视频、文本、声音、图像等大量异构数据被可靠保存,这使得输变电设备状态评估特征参量来源出现多维度性。因此,输变电设备状态评估数据体量巨大。然而,传统的状态评估方法难以应对输变电设备状态评估数据爆发式增长的需求,在知识更新、信息抽取、知识推理方面能力欠缺,在评估准确度和评估时效性方面效果欠佳。

新一代人工智能本质即为数据驱动,其通过大量样本学习数据特征,并实现故障分析及状态评估等一系列智能服务,而庞大的数据体量可进一步提高特征学习的质量,并有效保证基于新一代人工智能驱动的输变电设备状态评估的效果。此外,随着算法理论的发展、GPU和分布式计算等计算资源的进步,变电设备状态评估技术的处理速度得到了进一步提升,因此新一代人工智能面对海量数据具有显著优势。

1.3.3　变电设备状态评估数据质量不佳

输变电设备状态评估数据源虽然规模庞大,但却存在着数据质量不佳的问题,严重制约着输变电设备状态评估效果。输变电设备状态评估数据质量不佳首先表现为具有无效异常数据。一方面,受传感器灵敏度、现场电磁环境等限制,输变电设备状态评估数据易混杂有噪声干扰;另一方面,受硬件稳定性、网络通信带宽等限制,输变电设备状态评估数据常伴有数据缺失情况。相比由于设备缺陷或故障引起的数据异常,噪声干扰或数据缺失产生的数据异常难以反映设备真实状态信息,却极易干扰状态评估结果,因此可归纳为无效异常数据。为保障输变电设备状态评估效果,需对无效异常数据进行数据清洗。输变电设备状态评估数据质量不佳,其次表现为样本平衡性差。相比正常运行状态,输变电设备异常或故障状态仍是低概率事件;受设备数量及运行环境等限制,现场也难以获得完备的样本信息。上述因素使得输变电设备状态评估样本存在着严重的类间不平衡等问题,突出表现为表述正常状态的正样本数目多,而表述异常或故障状态的负样本数目少,造成了严重的样本不平衡问题。采用样本不平衡的数据对输变电设备状态评估模型进行训练时,易使得模型忽略少数类样本的分类,并导致漏报等问题的发生。针对无效异常数据问题,变电设备状态评估技术可通过分析对比海量数据的规律特征,结合聚类分析、时序对比等方法完成噪声数据修正,缺失数据填充,进而避免有效信息的丢失和无效信息的引入。此外,针对样本不平衡问题,变电设备状态评估技术可通过学习少数类样本的分布特征,实现少数类样本的自动扩充,同时变电设备状态评估技术可通过提高少数类样本的误判代价提高模型训练的均衡性。因此,变电设备状态评估技术有望克服数据质量不佳的缺点,提高输变电设备状态评估效果。

1.4　人工智能技术的发展现状及技术优势

1.4.1　人工智能关键技术概述

近几年,人工智能(artificial intelligence,AI)作为信息时代的新兴产物逐渐为人所知,各个领域都围绕着AI进行革新,似乎人工智能代替人类进行生产活动已经指日可待了。但在了解人工智能在各个领域中的应用实例前,我们首先要知道什么是人工智能。

人工智能正如它的名字一样,本质是对人类思维的模仿、生产活动的重复,旨在简化需要人类参与的复杂工作、实现本需大量人力投入才能完成的任务。现代科学对人工智能技术的定义是："研究、开发用于模拟、延伸和扩展人的智能的理论、方法、技术及应用系统的一门新的技术科学。"众所周知，人工智能的应运而生与 20 世纪末以来计算机科学与技术的蓬勃发展息息相关，我们甚至可以简单地认为，人工智能技术就是计算机科学、生理学、心理学的综合。基于研究方向的不同，人工智能技术也可以基于这基本的三类科学进行拓展延伸，组合出用途不一、构成千变万化的人工智能领域。

在几年前，公众一般认为人工智能是以机器人的外形对人体大脑的简单模仿，只能重复一些机械化运动加上简单的词汇理解，对"人工智障"的调侃不绝于耳。这些调侃多数集中于人工智能无法正确将人类语言指令转化为执行命令，只能对关键词产生反射。而伴随着越来越多的资本涌入信息市场，人工智能作为信息领域炙手可热的香饽饽，对于它的研究也越来越多，我们所熟悉的人工智能也不再局限于"图灵测试"，而是包含了语音识别、图像识别、自然语言处理和专家系统等众多领域。伴随着深度学习的诞生，人工智能已然不再是属于人的智能，而是像人一样思考，超越人的智能的智能。

迄今为止，人工智能一共经历了三次发展浪潮。

第一次发展浪潮是从 20 世纪 40 年代到 70 年代中期的发展形成阶段，1943 年，神经元逻辑模型的提出标志着人工智能的诞生，但人工智能的元年却定在了 1956 年，因为在当年举办了人类历史上第一次人工智能研讨会，并提出了"人工智能"这一概念。在这一阶段，大量的研究成果都集中在语言开发方面，尽管在目前熟知的机器翻译、机器学习、语音图像识别领域都有一些进展，但受制于基础科学与数据量的缺乏，取得的进展极为有限，在该阶段末期人工智能研究处在了停滞阶段。

第二次发展浪潮是人工智能的快速成长阶段。人们总结了在上一个发展阶段的经验及教训，重新调整发展中心，围绕知识构建了人工智能发展新时期。1977 年提出的"知识工程"概念与全新的全互联神经元网络模型标志着人工智能转向研究知识结构，并重新升级了以往的神经元算法，新构建的反向传播学习算法成为更普遍的神经元网络学习算法。尽管在该阶段取得的成果瞩目，但仍然受制于数据量匮乏，当问题的复杂程度上升时人工智能的实际应用价值就会大幅受限。

第三次发展浪潮是从 20 世纪末至今的黄金发展时期，涌现出一大批广为人知的人工智能，例如最开始出现的深蓝计算机制霸国际象棋，以及前几年 AlphaGo 在围棋领域击败世界顶尖棋手柯洁等。在这个阶段中，以往受制的数据量伴随着计算机硬件的升级、算力的提升、训练数据的大幅积累而得到了解决，人工智能在各行各业中都展示出了巨大的应用前景。

现如今，人工智能已经渗透在我们日常生活的每个角落，智能导航、语音转文字等功能在很大范围内被推广应用，而处于科技前沿的智能交通和无人驾驶也在蓬勃发展，上海国际汽车城打造了首个聚焦"无人驾驶"的示范体验区……种种迹象都表明，人工智能的时代不仅仅是机器取代人类生产的时代，更是人与人造智能携手改造社会的时代。

1.4.2 人工智能关键技术分析

在输变电设施状态评估领域,人工智能技术已被应用多年。早期,传统的机器学习算法是人工智能应用于输变电设施状态评估领域中的主要技术,其中包括以随机森林、BP(back propagation)神经网络、支持向量机等算法为代表的监督学习方法,以及以主成分分析、聚类等算法为代表的无监督学习方法。随着人工智能技术在计算机领域的蓬勃发展,应用于输变电设施状态评估领域的人工智能技术进步飞速,同时在输变电设施状态评估领域中人工智能技术的应用种类也在多样化发展,并在多个方面取得了优异的成果。

深度神经网络(deep neural networks,DNN)又被称为深度前馈网络、多层感知机等。其算法主要由 DNN 前向传播算法与 DNN 反向传播算法构成。DNN 的组成可分为输入层、隐藏层和输出层,是一种可以使用较少参数表示复杂函数的神经网络。深度神经网络广泛应用于深度自编码器(deep auto-encoder,DAE)、深度置信网络(deep belief networks,DBN)等。深度自编码器使用深层神经网络将函数参数化,其主要特点为模型的期望输入与输出相同。它是一种无监督学习算法,被大量应用在图像识别、噪声去除与数据非线性降维等领域[9]。深度置信网络由多层受限玻尔兹曼机和一层反向传递神经网络构成,其本质是一种特殊构造的神经网络。

卷积神经网络[10](convolutional neural networks,CNN)的结构组成部分与普通神经网络相同均为神经元。不同之处在于其模型结构采取卷积层、池化层相互交替的形式,其优势在于减少所需的数据量和参数量,缩短训练时间、提高信噪比等。卷积神经网络的常见结构包括卷积层、池化层、全连接层等,网络结构可根据经验及硬件条件灵活设计,实现各种工程需求。随着先进传感技术发展,应用于输变电设备故障辨识的监测量来源更加丰富,针对这些监测领域,深度神经网络[11]得到了广泛应用。局部放电可表征设备的潜在故障,利用 CNN 模型的人工智能技术实现了局放故障的精准辨识,对提高输变电设备稳定性具有重要意义。

循环神经网络(recurrent neural network,RNN)常被用于处理时间维度上的序列数据,其具有记忆能力是最为明显的特征,在接收其他神经元的信息的同时,通过接收自身的信息,使不同时序的网络连接起来,形成具有环路的网络结构。相比普通的神经网络只在水平维度上延伸,RNN 还关注神经元在时间维度上的成长,也更加符合生物神经网络的结构。虽然 RNN 可以很好地利用时序上的信息,但它不加筛选接收上一时刻的全部信息,存在梯度消失、长期依赖等问题,由此产生了 RNN 的衍生算法长短时记忆网络(long short-term memory,LSTM)。LSTM 通过为每个神经元设立输入门、输出门和遗忘门,使其具备选择性地保存和遗忘数据的能力,使得整个网络的记忆能力更加强大。由于输变电设施状态的时间序列具有非线性、时变等特点,传统的预测模型一般精度不高,利用 RNN 处理时间维度数据的能力,能够更好地协助评估输变电设施的状态。

图卷积神经网络(graph convolutional network,GCN)是对图结构信号进行深度学习的一种方法,图卷积神经网络将卷积操作从传统的图像推广到图结构数据,在许多复杂的图神经网络模型构建中发挥着重要的作用,比如基于时空网络、生成模型和自动编码器的模型等。除此之外,图卷积神经网络在计算机视觉、社交网络、知识图谱等领域的应用也取得了良好的成果。

构建图卷积神经网络的方法主要分为基于普域和基于空域两类。基于普域的方法主要是通过引入滤波器来定义图卷积,将图信号中的噪声去除。基于空域的方法主要是聚合邻域的特征信息,图信号是非欧氏空间的复杂结构,由节点及连接邻居节点的边组成,普通的前馈网络和反馈网络很难处理这类数据。所以图卷积神经网络的关键就在于让计算机学习一个函数,通过聚合其自身与邻居的特征来生成新的节点特征表示。针对输电设备故障多、诊断精确度低等问题,利用 GCN 技术可以准确地识别设备的故障类别,并实现将数据结构转化成图结构,实现多元实体关系抽取,可以用于相关知识图谱构建,更加准确地识别出输电设备故障类别,协助对输电设备故障部分进行检修。

1.5　人工智能技术在变电设备故障诊断中的优化需求

1.5.1　噪声抑制对变电设备故障诊断的影响

目前,噪声环境下局部放电信号的提取、缺陷类型的有效识别以及电力设备运行状态的评估是局部放电研究的主要方向。在提取噪声环境中局部放电信号时,存在大量噪声干扰,主要有放大器噪声和测量系统外部噪声,当所提取的放电容量较小时,噪声干扰相对较大,从而导致局部放电信号信噪较低,难以人为区分放电信号和噪声信号。对于易受环境干扰的测量方法,如超高频法、脉冲电流法和超声波[12]法,对整个局部放电评估的前提是将真实的局部放电信号从采集信号中提取出来,提取的局放信号真实性对随后的电力设备状态评估至关重要。

如今,主要使用硬件滤波设计[13]和软件处理[14]这两种类型的方法对局部放电信号进行去噪。若使用硬件对局放信号滤波处理,则需要较好的屏蔽效果,这对硬件结构设计要求较高,而且受测试环境的影响较大,难以广泛应用。随着信号处理技术的发展,利用软件处理的数字化去噪已成为局部放电信号噪声抑制的主要方法。主要的数字化去噪方法有小波分析法、经验模态分解法、自适应滤波法、形态学滤波法、快速傅里叶变换(fast Fourier transform,FFT)阈值法等。小波分析法是目前局放信号噪声抑制的常用方法,但由于局放信号具备多样性的特点,难以选取符合要求的小波基函数,若选取不当,将严重影响去噪效果,除此之外,该方法还存在着小波分解层数及阈值难以确定的问题[15-19];经验模态分解存在模态混叠、阈值选取不唯一、端点效应的问题[20,21]；自适应滤波法由数字滤波器和自适应算法构成去噪的主体,但存在稳定性较差的问题[22]；形态学滤波法在滤波过程中结构元素难以确定,会影响去噪效果[23]；FFT 阈值法利用在频域上局放信号与噪声信号的差异进行去噪,但其阈值选择困难[24]。传统的信号处理方法大多采用固定的滤波器,即针对不同的噪声采用的是同样的参数。此外,还有一些算法根据对信号或噪声的先验来设计去噪流程并设置参数,一旦设定不作改变,只有少数算法能够自行优化,进行小部分参数更新。与之不同的是,深度学习是以数据驱动的,避免了对未知信号的错误假设,通过设定目标函数(均方误差、交叉熵等)和优化算法(梯度下降、梯度上升等)使整个流程自动优化。因为以上原因,深度学习相比传统算法更为灵活,更能拟合信号特征。除此之外,很容易根据待解决问题的复杂程度设计神经网络的复杂度,比如深度、宽度等,使去噪更有针对性。

近年来,深度学习算法广泛应用于图像去噪领域。2006 年,Hinton 等人对于如何解决深层网络在训练中梯度消失的问题提出了解决方案,自此深度学习(deep learning)这一概念开始被广泛应用。逐渐有研究者开始使用深度学习的方法来进行图像处理,并在图像去噪中取得了良好的效果。2012 年,Xie 等人提出了一种多层的全连接网络,结合了稀疏编码的思想,使用栈式去噪自编码进行图像的去噪。同年 Burger 等人提出利用多层感知机进行图像去噪,指出多层感知机相对于普通的卷积神经网络[25]能够近似更多的函数,但是此网络对于多强度的噪声适应力不强。尽管上述两种方法的层数都比较低,但是在当时已经取得了与传统算法相近的去噪水平。在电力设备局部放电去噪领域,郗晓光等利用深度稀疏降噪自编码[26]器进行去噪处理,有效提高了局放故障识别的准确率。

1.5.2 样本不均衡对变电设备故障诊断的影响

变电设备是电力系统的重要组成部分,其运行状态将直接影响电力系统的安全稳定运行。全面准确地掌握、分析变电设备的运行状态,提升变电设备的故障诊断能力对维护电力系统的安全稳定运行具有重要意义。电力系统中的变电设备不仅种类繁多,结构参数极其复杂,其运行过程中可能发生的故障类型也多种多样。而在对变电设备进行状态评估与故障诊断时,由于运行工况、工作环境、监测数据等能够表征其运行状态的特征信息体量庞大、关系复杂,且这些状态信息具有不确定性和模糊性,因此如何快速、准确地实现变电设备的状态评估与故障诊断是当前电力领域研究的热点问题[27]。

随着坚强智能电网与泛在电力物联网的不断开发,许多先进的传感技术被广泛应用于关键电气设备运行状态的实时监测中,电力系统信息化水平在现代信息技术和先进通信技术的帮助下得到提升,使得表征变电设备运行状态的数据信息体量越发庞大,增长极其迅速[28]。一方面,随着输变电设备数量及其数据量的迅速增长,依据局部放电、油中溶解气体[29]及其他相关电气与化学试验等指标参量,在导则、规程、专家经验等方式的指导下进行故障诊断的传统方法在评估准确度、诊断效率、知识更新等方面逐渐显现出一些不足；而体量庞大的数据信息为数据挖掘、人工智能等技术在电力系统中的发展和应用提供了数据基础[30]。另一方面，深度学习、知识图谱等人工智能算法的理论突破和以 GPU、TPU 为代表的数据处理能力的发展，为人工智能在变电设备故障诊断领域的应用提供了技术支撑。相较于传统的诊断方法，利用人工智能技术对大量数据信息进行深度挖掘与分析，实现变电设备的状态评估与故障诊断，可有效提高故障诊断的准确率和效率[31]。近年来，越来越多的人工智能方法被用于变电设备故障诊断领域，如人工神经网络[32,33]、模糊推理[34]、支持向量机[35]、随机森林[36]等。

随着研究的深入，上述人工智能方法在工程应用中都获得了相应的成果，然而它们仍有一定的局限性。人工智能方法对于训练样本的数量及平衡性具有较高的需求，数量充足且类别分布均衡的训练样本是保证人工智能算法具有出色泛化能力的重要前提。然而，在实际运行过程中变电设备大多数时间都处于正常工作状态，发生故障的概率相对较小，加上故障相关信息记录不完善等原因，变电设备所积累的故障数据与案例数量稀少，从而导致变电设备的正常样本与故障样本的比例悬殊，呈现出样本平衡性差的现象。而以局部放电作为诊断指标时，不同类型局部放电信号的脉冲密度差别明显，致使局放脉冲样本出现类间分布不均衡，从而加重了训练样本分布的不均衡[37]。样本分布不均衡的数据集可能会导致大多数人工智能算法在训练过程中学习到训练空间中样本比例的差距，或差距悬殊这种先验信息，使其在实际判别中就会对多数类别有侧重。对变电设备的诊断结果也会偏向于多数类，而对少数类识别效果不佳[38]。样本分布的不均衡会限制模型的诊断效果及泛化能力，影响变电设备故障诊断的精确性。

针对人工智能技术在变电设备故障诊断中存在的样本平衡性差问题，从数据样本、模型算法、损失函数等不同层面出发，现阶段有几种主要的方法。在数据样本层面，一方面可以尽量去补充和完善故障案例及相关数据库，增大故障样本在样本集中所占比例；另一方面是通过重新调整训练集的样本分布来降低样本的不平衡性。此类方法主要有欠采样法、过采样法和数据增强。欠采样法通过减少多数类样本的数量来达到均衡样本的效果，但这种方式可能会使部分有用信息丢失，从而影响故障诊断的效果，因此其应用范围具有一定局限性[39]。过采样法则是尽可能多地增加少数类的样本数量来降低训练样本的不均衡性。传统的随机过采样算法[40]是从少数类中随机选择一些样本，通过简单的复制、添加来生成新的训练集，增加了模型过拟合的风险。数据增强方法是在不实质性增加数据的情况下，根据原始数据加工出更多数据，提高训练集样本的数量及质量，从而提高模型的学习效果。常用的数据增强方法有基于样本变换的数据增强和基于深度学习的数据增强。样本变换数据增强是指采用预设的数据变换规则对已有训练样本进行增加，包含单样本数据增强和多样本数据增强。基于深度学习的数据增强主要是通过生成如变分自编码网络(variational auto-encoding network,VAE)和生成式对抗网络(generative adversarial network,GAN)等模型,获得数据间的分布规律从而生成新的样本。这种数据增强方法虽然过程较为复杂,但是生成的样本更加多样,且已在图像处理、语音识别等多个领域取得了较好的效果[41-43]。目前,已有部分研究人员将这种数据增强方法应用于变电设备故障诊断领域来解决样本平衡性差的问题。损失函数层面方法主要是代价敏感法,通过为不同的分类错误给予不同惩罚力度来提升少数类样本学习效果,该方法虽然不会增加计算复杂度,但需要设置代价敏感矩阵,而设置的代价敏感矩阵对故障诊断效果影响极大。模型层面主要是选择一些对不均衡训练样本不敏感的模型,比如,逻辑回归模型、决策树模型等。

1.5.3 多元输入对诊断模型的影响

电气设备多参量故障诊断技术是利用诊断对象系统的各种部件及状态信息(即从多个同质或不同质的传感器获得各种信息)和已有的各种知识,进行信息的综合处理,最终获得关于系统运行状态和故障状况的综合评价。多参量技术充分利用多传感器的各种信息综合处理设备故障,对于大型、复杂在线运行电气设备的实时监测、突变过程的信号捕捉、预测、决策比以往的故障诊断提高成倍的精确度和可信度。

信息融合的本质是系统的全面协调优化:将不同来源、不同时间等,特别是不同层次的信息加以有机结合,寻求一种更为合理的准则来组合信息系统在时间和空间上的冗余和互补信息,以获得对被评估问题的一致性解释和全面描述,从而使该系统获得比它的各个组成部分或其简单的加和更优越的性能。

目前,人工智能技术的研究已经在变电设备的故障诊断领域逐步开展,AI技术的引进更是为变电设备故障诊断提供了新思路、新方法。人工智能算法用于故障诊断时,往往以已有的故障数据作为网络训练样本,训练好的人工智能算法作为分类器进行故障分类。人工智能算法能够对大数据量样本进行训练,顺应了大数据时代的潮流,具有广阔的应用前景。因此,其在电力系统故障诊断中也有广泛应用。但是,现阶段利用多元参量训练人工智能算法也存在许多亟待解决的问题。

(1)输入多元参量增加诊断系统的复杂性,影响系统的鲁棒性和泛化能力。容易受其中一个参量数据的不准确而影响整个系统的准确性。多元参量需要安装更多的采集装置,增加系统不稳定因素。虽然多参量数据融合的研究已经相当广泛,但对于传感器存在的误差问题仍然没有有效且简单的解决方案。因此,引入多元参量的同时,系统也会接收到更多的误差信息,这可能导致本身对数据十分敏感的人工智能算法的准确性下降,还可能降低其对故障的诊断能力。输入多元参量数据庞大、内容繁杂,繁杂的参量中往往会掺杂过多的无效信息,这些信息会影响到故障诊断的简洁性和准确性。

（2）多元参量数据融合理论的基本框架尚未形成，也没有有效的广义模型以及算法，目前对信息融合的研究都是根据问题的种类，各自建立融合准则，并在此基础上形成所谓最佳融合方案，这些方案都具有明显的个性特征，往往只适用于某种特定环境，缺乏通用性，而且目前很多研究工作是基础研究、仿真性工作，没有对数据融合理论进行研究论述。

（3）关联的二义性是数据融合中的主要障碍。在进行融合处理前，必须对信息进行关联，以保证所融合的信息来自同一目标。所以，信息可融合性的判断准则及如何进一步降低关联的二义性已成为融合研究领域亟待解决的问题。

（4）传感器增多，导致安装成本增大，而且由于不同传感器的维护方式不同，其老化速度也不同，从而导致维护比较困难。为了实现高精度，传感器的价格就要相应提升。但这并不经济，也无法满足低成本、大规模应用的需求。

（5）过多的传感器还会影响变电设备的正常运行和使用寿命。不合理的传感器组合可能导致相互干扰的发生，甚至使变电设备的正常运行受到影响。

（6）信息融合系统的性能测试与评估准则体系尚未建立。对于复杂的多元参量系统的性能测试及可靠性评估是多元参量信息融合的重要研究内容。目前，在实际中，不同的融合目的有不同的融合评估准则和方法，为了使准则具有可检测性和可比性，需要建立一个一致、统一的信息融合的评估体系，对信息融合效果能够进行实用的、可比拟的、可操作的评估。

多传感器信息融合技术涉及多学科、多领域，且具有多信息量、多层次、多手段等特点，并在机器人、故障诊断、图像处理等民用领域中，充分发挥了强大的信息处理优势，几乎一切需要信息处理的系统都可以应用信息融合，利用信息融合技术可得到比单一信息源更精确、更完全的判断。随着科学技术的发展，尤其是人工智能技术的进步，数据融合的基础理论将更加完善，兼有稳健性和准确性的融合算法及模型将不断推出，研究数据融合的数据库和知识库也会取得重大进展。在将来，多传感器信息融合技术以军事应用为核心，将不断地向工业、农业等领域渗透，进而取得更为广泛的应用。

1.6 本书主要内容

本书聚焦于变电站电力设备故障数字诊断与评估的主旨，通过深度学习等人工智能技术构建故障诊断与评估的数字驱动模型，重点分析数字化诊断与评估中急需解决样本增强及多源信息融合等问题。本书研究对象包括变压器、GIS/GIL、干式空心电抗器等，状态检测参量包括局放信号、油中溶解气体、红外/紫外/可见光图像等。本书各章节主要内容如下。

第1章主要是概述。本章阐述了变电站电力设备故障诊断与评估的现状及不足，指出了基于人工智能的数字化诊断与评估方法的优势。

第2、3章主要分析了基于油浸设备局放信号的故障诊断方法,重点研究了局放样本增强及模式识别技术。

第4、5章主要分析了变压器故障数字化诊断与评估方法,重点讨论了样本不平衡时的解决方法,研究了基于全景数据融合变压器数字化诊断与评估技术。

第6、7章主要是GIS/GIL等设备故障的数字化诊断与评估方法。重点分析了面向局部放电及多源信息融合的GIS/GIL数字化诊断与评估技术。

第8章将温度监测技术用于干式空心电抗器故障诊断与评估,并融入了深度神经网络模型。

第9～11章主要是基于红外、紫外以及可见光图像的变电站电气设备故障诊断,同时研究了图像增强以及故障推理在数字化诊断与评估中的应用。

1.7　参考文献

[1] 项茂阳.变电设备故障诊断系统研究及应用[D].济南:山东大学,2021.

[2] 曹力元.电网事故处理专家系统研究与应用开发[D].北京:华北电力大学,2020.

[3] 何宁辉,沙伟燕,相中华,等.基于Dempster-Shafer证据理论和人工智能的变压器故障诊断研究[J].南京理工大学学报,2022,46(4):467-475.

[4] 虞和济,陈长征,张省.基于神经网络的智能诊断[J].振动工程学报,2000(2):46-53.

[5] 许会博.基于机器学习的电力设备状态判别与智能决策技术研究[D].郑州:郑州大学,2021.

[6] 刘崇崇.基于多数据源信息融合的配电网故障诊断方法研究[D].北京:华北电力大学,2016.

[7] 何宁辉,沙伟燕,相中华,等.基于Dempster-Shafer证据理论和人工智能的变压器故障诊断研究[J].南京理工大学学报,2022,46(4):467-475.

[8] 王迪.人工智能在电网故障诊断中的应用研究[D].北京:华北电力大学,2020.

[9] 陈果.变电站巡检中故障图像分析的研究[D].南宁:广西大学,2018.

[10] Hinton G E, Salakhutdinov R R. Reducing the dimensionality of data with neural networks[J]. Science,2006,313(5786):504-507.

[11] Xie J, Xu L, Chen E. Image denoising and inpainting with deep neural networks[C]. The 25th International Conference on Neural Information Processing Systems, Siem Reap, Cambodia,2012.

[12] 李德军.基于超高频、超声波和常规脉冲电流的GIS局部放电检测比较研究[D].上海:上海交通大学,2009.

[13] 罗勇芬,孟凡凤,李彦明.局部放电超声波信号的检测及预处理[J].西安交通大学学报,2006,40(8):964-968.

[14] 杨霁,李剑,王有元,等.变压器局部放电监测中的小波去噪方法[J].重庆大学学报(自然科学版),2004,27(10):67-70.

[15] 钱勇,黄成军,陈陈,等.多小波消噪算法在局部放电检测中的应用[J].中国电机工程学报,2007,27(6):89-95.

[16] 江天炎,李剑,杜林,等.粒子群优化小波自适应阈值法用于局部放电去噪[J].电工技术学

报,2012,27(5):77-83.

[17] Li J,Cheng C K,Jiang T Y,et al. Wavelet denoising of PD signals based on genetic adaptive threshold estimation [J]. IEEE Transactions on Dielectrics & Electrical Insulation,2012,19 (2):543-549.

[18] 朱永利,王刘旺.并行 EEMD 算法及其在局部放电信号特征提取中的应用[J].电工技术学报,2018,33(11):2508-2519.

[19] 律方成,谢军,王永强,局部放电信号稀疏表示去噪方法[J].中国电机工程学报,2015,35(10):2625-2633.

[20] Chan J C,Hui M,Saha T K,et al. Self-adaptive partial discharge signal denoising based on ensemble empirical mode decomposition and automatic morphological thresholding [J]. IEEE Transactions on Dielectrics & Electrical Insulation,2014,21(1):294-303.

[21] Xie J,Lü F C,Li M,et al. Suppressing the discrete spectral interference of the partial discharge signal based on bivariate empirical mode decomposition [J]. International Transactions on Electrical Energy Systems,2017,27(10):1-17

[22] 雷云飞,杨高才,刘盛祥.用于变压器局部放电在线监测的改进 NLMS 自适应滤波算法[J].电网技术,2010,34(8):165-169.

[23] 刘云鹏,律方成,李成榕,等.基于数学形态滤波器抑制局部放电窄带周期性干扰的研究[J].中国电机工程学报,2004,24(3):169-173.

[24] 谢良聘,朱德恒.FFT 频域分析算法抑制窄带干扰的研究[J].高电压技术,2000,26(4):6-8.

[25] Burger H C,Schuler C J,Harmeling S. Image denoising:can plain neural networks compete with BM3D[C]. 2012 IEEE Conference on Computer Vision and Pattern Recognition,Providence,2012.

[26] 郗晓光,何金,曹梦,等.基于深度稀疏降噪自编码网络的局部放电模式识别[J].电气自动化,2018,40(4):115-118.

[27] 蒲天骄,乔骥,韩笑,等.人工智能技术在电力设备运维检修中的研究及应用[J].高电压技术,2020,46(2):369-383.

[28] 刘云鹏,许自强,李刚,等.人工智能驱动的数据分析技术在电力变压器状态检修中的应用综述[J].高电压技术,2019,45(2):337-348.

[29] 钟阳.基于油中溶解气体分析的变压器故障智能诊断方法研究[D].武汉:华中科技大学,2021.

[30] 戴彦,王刘旺,李媛,等.新一代人工智能在智能电网中的应用研究综述[J].电力建设,2018,39(10):1-11.

[31] 刘云鹏,许自强,和家慧,等.基于条件式 Wasserstein 生成对抗网络的电力变压器故障样本增强技术[J].电网技术,2020,44(4):1505-1513.

[32] 代杰杰,宋辉,杨祎,等.基于油中气体分析的变压器故障诊断 ReLU-DBN 方法[J].电网技术,2018,42(2):658-664.

[33] 荣智海,齐波,李成榕,等.面向变压器油中溶解气体分析的组合 DBN 诊断方法[J].电网技术,2019,43(10):3800-3808.

[34] Bacha K,Souahlia S,Gossa M. Power transformer fault diagnosis based on dissolved gas analysis by support vector machine[J]. Electric Power Systems Research,2012,83(1):73-79.

［35］ Tavakoli A，Maria L D，Valecillos B，et al. A machine learning approach to fault detection in transformers by using vibration data［J］. IFAC-Papers On Line，2020，53(2)：13656-13661.

［36］ Shah A M，Bhalja B R. Fault discrimination scheme for power transformer using random forest technique［J］. Iet Generation Transmission & Distribution，2016，10(6)：1431-1439.

［37］ 朱永利，张翼，蔡炜豪，等.基于辅助分类——边界平衡生成式对抗网络的局部放电数据增强与多源放电识别［J］.中国电机工程学报，2021，41(14)：5044-5053.

［38］ 路士杰，董驰，顾朝敏，等.适用于局放模式识别的 WGAN-GP 数据增强方法［J］.南方电网技术，2022，16(7)：55-60.

［39］ 熊冰妍，王国胤，邓维斌.基于样本权重的不平衡数据欠抽样方法［J］.计算机研究与发展，2016，53(11)：2613-2622.

［40］ Batista G，Prati R C，Monard M C. A study of the behavior of several methods for balancing machine learning training data［J］. Acm Sigkdd Explorations Newsletter，2004，6(1)：20-29.

［41］ 唐贤伦，杜一铭，刘雨微，等.基于条件深度卷积生成对抗网络的图像识别方法［J］.自动化学报，2018，44(5)：855-864.

［42］ Sriram A，Jun H，Gaur Y，et al. Robust speech recognition using generative adversarial networks［C］. International Conference on Acoustics，Speech，and Signal Processing，Calgary，AB，Canada，2018.

［43］ 王守相，陈海文，潘志新，等.采用改进生成式对抗网络的电力系统量测缺失数据重建方法［J］.中国电机工程学报，2019，39(1)：56-64＋320.

第**2**章

基于知识-数据融合驱动的油浸设备局放脉冲样本数据增强

2.1 绪论

2.1.1 局部放电样本数据增强的应用背景及其必要性

电气设备作为电力系统的重要组成部分,其运行的安全性与稳定性直接影响电力系统运行的可靠性,准确识别局部放电及其放电类型有助于评估电气设备运行状态。

为保证局部放电模式的识别效果,对模式识别网络进行训练的样本需要充足且不同类别间样本数量分布均衡。然而,电气设备有效的局放样本数量很少且不同类别间样本数量差异较大,其小样本特性导致局放样本概率分布信息贫乏,无法构建有效的模式识别分类器,非平衡性导致模式识别对少数类样本关注少,导致故障诊断模型的误判,影响电力设备的安全运行。

数据增强方法通过合成或者转换的方式从有限的局放数据中生成新的数据,是克服数据不足的重要手段。本章重点介绍一种基于知识-数据融合驱动的油浸设备局放脉冲样本数据增强方法。

2.1.2 数据增强方法研究现状

1. 时序信号数据增强方法

时序信号包含局放信号、振动信号、声纹信号等,广泛地出现在电气工程、信息安全等重要领域中。当时序信号数据库不足以支撑现有研究与应用需要时,时序信号数据增强技术为模型训练与工程应用提供了足量的数据基础。

局部放电信号是一种瞬态微弱的时序信号,是电气设备绝缘劣化的重要表现形式和重要先兆,然而局部放电属于偶发故障,现场采集到的局放信号具有类间不平衡的特点,针对不平衡局放信号,可以采用欠采样[1]、随机过采样[2](random over-sampling,ROS)及合成少数类过采样技术[3](synthetic minority oversampling technique,SMOTE)线性生成新的局放数据,但会导致生成的局放样本概率分布缺失或出现偏差,造成分类器过拟合。基于深度学习的样本生成方法是近些年新兴的局放样本过采样方法[4,5]。文献[6]利用变分自编码器(variational autoencoder,VAE)进行局部放电数据匹配,VAE的生成样本较为平滑。文献[7]利用梯度惩罚的条件式Wasserstein距离生成对抗网络(conditional Wasserstein generative adversarial network with gradient penalty,CWGAN-GP)对变压器故障样本进行样本增强,CWGAN-GP以Wasserstein距离为目标函数,并添加梯度惩罚项,很好地解决了生成对抗网络(generative adversarial network,GAN)的梯度消失、模式崩塌及多类样本生成问题,同样该方法也可被用于图像数据增强方法中。文献[8]利用同步挤压小波变换的方法将时序局放信号转换为视频图像作为样本,提出了基于辅助分类-边界平衡生成式对抗网络的局放信号数据增强方法,能够有效均衡脉冲样本,生成质量较高。

语音是传递信息的重要媒介,也是具有最大信息容量的信息载体,语音识别技术在日常生活、智能感知系统以及公安司法等领域得到了广泛的应用并具有广阔的发展空间,结合基于深度学习的端到端网络的语音辨识技术能够克服复杂的环境干扰。

对于智能感知系统中的声学场景分类任务,由于公共数据集中标记的训练数据有限,训练集与测试集数据分布不匹配,使得分类模型效果不佳。文献[9]进一步提出了基于特征并行输入理论的多维混合数据增强方法,该方法针对多流卷积神经网络的并行输入结构而设计,能够实现多组训练集数据和标签的平滑处理。

在端到端语音辨认识别领域中,能够通过在输入声纹中添加扰动生成对抗样本,用于模型安全评估和对抗鲁棒性强化。通常包含FGSM[10]、JSMA[11]、BIM[12]等白盒算法与ZOO[13]、HSJA[14]等黑盒算法,由于在增强过程中加入了语音高频遮挡,使模型学习到部分频率缺失的音频,避免了模型陷入局部最优。

2. 图像数据增强方法

随着生成式对抗网络(generative adversarial network,GAN)的提出,基于GAN及其改进网络的图像数据增强方法被广泛地应用到各个领域。生成式对抗网络能够在没有任何先验假设的情况下,通过无监督学习获得数据间的潜在分布规律并生成新的局放样本,包括条件生成对抗网络(conditional GAN,CGAN)以及Wasserstein生成对抗网络(Wasserstein GAN,WGAN)等多种变体模型。

深度卷积生成对抗网络(deep convolutional GAN,DCGAN)使用卷积层代替了全连接层,利用卷积核提取局放信号特征进行数据增强,但在训练过程中需要平衡生成器与判别器的训练进程。边界平衡生成对抗网络(boundary equilibrium

GAN,BEGAN)[15]将自编码器作为生成模型的判别器,并引入了平衡策略,可以加速网络的收敛过程,生成的局放样本与原样本相似度较高。

基于生成对抗网络的技术被广泛地应用于医疗、人脸识别、超分辨率重构等领域中,文献[16]提出了一种基于双路径生成对抗网络(two-pathway GAN,TP-GAN)的多姿态人脸图像生成技术,利用双通道结构处理局部与全局特征,实现了利用单一侧脸生成高清正脸图像。文献[17]提出了一种基于超分辨率生成式对抗网络(super resolution GAN,SRGAN)的图像超分辨率重构技术,利用残差网络作为生成器,以 VGG(visual geometry group)网络作为生成对抗网络的判别器,实现了图像的超分辨率重构,为图像超分辨率领域提供了新的思路。文献[18]以生成网络为基础,通过引入多尺度协作模型和双通道结构,实现了电气设备红外图像的超分辨率重构,并结合深度学习目标检测方法,建立了电气设备红外图像超分辨率故障辨识模型。

3. 自然语言数据增强方法

自然语言处理是将计算机科学与人工智能应用于语言领域的重要技术,一般包含自然语言理解与自然语言生成系统两部分,前者将自然语言转化为计算机程序更易理解的形式,后者则将计算机语言转化为自然语言。相关学者对自然语言数据增强方法进行了一定的研究,主要表现在对话评估与生成、文本生成、双语翻译等领域。

针对口语对话跟踪模型训练过程中语聊信息数量及多样性不足的问题,文献[19]提出了一种基于强化学习的数据增强框架,包含生成器与追踪器两个模块,两个模块交替训练不断细化生成策略以生成新的有效实例。文献[20]将 WGAN 应用到文本生成领域,生成器与判别器均使用 RNN,可以实现连贯文本序列的生成。

4. 局部放电样本数据增强方法架构

局放信号是一种快速变化的典型的非平稳时序信号,其增强方法一般分为如下四个步骤。

(1) 将采集到的局放信号进行去噪及脉冲提取操作,得到局放脉冲信号作为数据增强模型的训练集,根据实际需要可以采用时频变换的方法将局放脉冲时序信号转化为时频谱图作为训练集。

(2) 搭建数据增强模型,使用(1)中的数据集训练模型。

(3) 利用训练好的数据增强模型对原始局放数据集进行扩充。

(4) 利用扩充后的数据集对模式识别模型进行再训练。

2.2   基于知识-数据融合驱动的局放脉冲数据增强方法

2.2.1   知识-数据融合驱动的必要性及方法概述

为了明确局部放电的放电类型,给局部放电信号打上准确的类型标签,目前用于深度学习训练的样本均为在实验室中使用标准放电模型产生的局部放电信号。电力设备的生成、运输过程及现场运行环境工况复杂,各类偶然事件及运行工况会产生多样的设备绝缘缺陷[21],产生局部放电的绝缘缺陷及电场环境对局部放电脉冲的波形具有较大影响[22,23],在多样的设备绝缘缺陷及现场运行电场环境条件下,现场产生的局放脉冲波形较为多样,不可避免地会出现与训练样本库中脉冲波形特征匹配度低的局放脉冲[24,25]。

深度学习方法对采样样本进行准确识别的前提是采样样本处于训练样本库的概率边界内,与训练样本库中脉冲波形特征匹配度低的局放脉冲样本会超出训练样本库的概率边界,训练样本库中缺乏此类局放脉冲样本的特征知识,传统模式识别方法很难实现这类脉冲的准确识别。基于数据驱动的数据增强方法仅对训练样本库中的局放脉冲进行数据增强,由于局放脉冲特征不匹配,此方法很难学习到局放脉冲的未知特征,进而造成所增强的识别模型对此类脉冲泛化性低,因此单纯基于数据驱动的方法进行局放脉冲数据增强存在一定的局限性,难以适应现场工况下的局放脉冲模式识别应用,现场生产中此类脉冲识别困难,常在事故后经检验才确定故障原因[26]。

经验丰富的专家具有充足的局放识别知识,基于专家系统的局放模式识别方法可有效对此类局放脉冲进行识别[27,28],但专家系统对专家经验依赖性较强,专家系统各地域间迁移性较差,且在局放监测数据呈海量增长趋势的背景下,专家系统也无法快速、高质量地完成全部局放监测数据的识别[29],充分发挥专家的知识优势及深度学习的高效优势可实现两方法间的优势互补,将深度学习与专家知识融合可实现局放脉冲的高效率、高准确率识别。

本章提出基于知识-数据融合驱动的局放脉冲数据增强方法,以解决现场部分局放脉冲识别准确率低的问题。需要补充特征知识的局放脉冲是与训练样本库中脉冲波形特征匹配度低的局放脉冲,此类脉冲的特征是模式识别准确性较低,其在模式识别模型的各层中所表现出的特征与识别准确的样本具有较大差异。因此在现场应用时,可首先对模型各层中识别不准的样本进行筛选,而后专家对筛选出的局放脉冲进行标注,对缺失的局放脉冲特征知识进行补充。由于一般模式识别模型准确率较高,普遍不低于70%,特征未知局放脉冲相对于特征已知局放脉冲样本数量较少,为平衡两类脉冲的样本数量,可使用标签已知的局放脉冲数据及专家补充知识的局放脉冲数据训练生成对抗网络模型,进行样本数量扩充,实现知识-数据融合驱动的局放脉冲数据增强。

2.2.2　局放脉冲筛选与特征知识补充

1. 基于 AM-MLCNN 的局放脉冲筛选

深度卷积神经网络(deep convolutional neural network,DCNN)可实现局放时

频谱图特征的深度挖掘,具有较高的模式识别准确率。基于 DCNN 构建局放脉冲模式识别模型,模型结构与参数如图 2-1 所示。

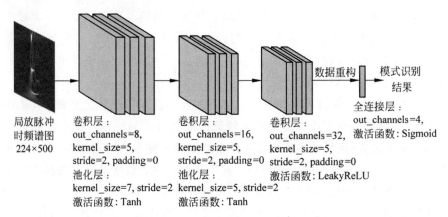

图 2-1　基于 DCNN 的局放脉冲模式识别模型

需要专家补充的是特征未知局放脉冲的特征知识,因此需对特征未知局放脉冲进行筛选,避免专家对可识别准确的脉冲进行重复标注。基于融合注意力机制的多层次卷积神经网络(multilevel convolutional neural network integrating attention mechanism,AM-MLCNN)知识推理模型[24],以 DCNN 局放模式识别模型各层特征输出作为推理信息来源,构建局放脉冲筛选模型,模型结构如图 2-2 所示。

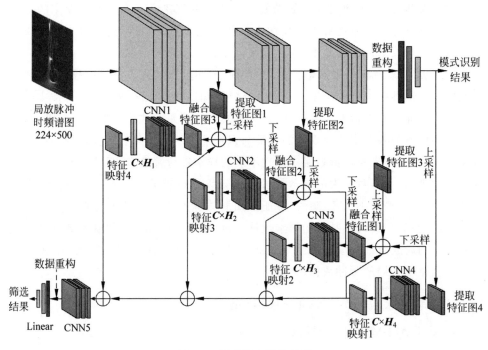

图 2-2　局放脉冲筛选模型

图 2-2 中，$\boldsymbol{H}_i$ 为第 i 层特征的注意力特征矩阵，设定随着 i 的递增，注意力特征矩阵 $\boldsymbol{H}_i$ 的迹也增大，采用注意力机制如式(2-1)所示。

$$\widetilde{\boldsymbol{C}} = \boldsymbol{C} \cdot \boldsymbol{H}_i \tag{2-1}$$

式中：$\boldsymbol{C}$ 为变换前的特征图；$\widetilde{\boldsymbol{C}}$ 为变换后的特征图；$\boldsymbol{H}_i$ 为注意力特征对角矩阵。

模型主要模块参数如表 2-1 所示。

表 2-1　局放脉冲筛选模型网络参数

模 块 名 称	模 块 参 数
CNN1	卷积层：out_channels＝8，kernel_size＝5，stride＝2； 池化层：kernel_size＝3，stride＝1 激活函数：Tanh()
CNN2	卷积层：out_channels＝8，kernel_size＝3，stride＝1 池化层：kernel_size＝3，stride＝1 激活函数：Tanh
CNN3	卷积层：out_channels＝8，kernel_size＝5，stride＝2 激活函数：LeakyReLU
CNN4	卷积层：out_channels＝8，kernel_size＝3，stride＝1 激活函数：LeakyReLU
CNN5	卷积层：out_channels＝1，kernel_size＝3，stride＝2 激活函数：LeakyReLU
Linear	全连接层：out_channels＝1

基于 AM-MLCNN 的局放脉冲筛选模型损失函数如式(2-2)所示。

$$L_{\text{AM-MLCNN}} = -E\left[\boldsymbol{A}_s \big|_{\text{case1}}\right] + E\left[\boldsymbol{A}_s \big|_{\text{case2}}\right] \tag{2-2}$$

式中：$\boldsymbol{A}_s \big|_{\text{case1}}$ 与 $\boldsymbol{A}_s \big|_{\text{case2}}$ 分别为输入样本为特征已知与特征未知的局放脉冲样本条件下的筛选结果。

2. 基于多专家标注策略的局放脉冲特征知识补充

对筛选所得的特征未知局放脉冲进行专家标注可补充缺失的特征知识，多专家标注配合策略可有效弱化专家经验的影响。多专家标注工况下，各专家标注权重对标注准确率影响较大，因此针对多专家标注的工况，本文构建判定策略如下：

$$J_i = \sum_{j=1}^{L_e} w_j A_j \tag{2-3}$$

式中：J_i 为 i 类判定变量，$J_i \geqslant 0.5$ 时认为此样本标注为 i 类；A_j 为 j 专家是否将样本标注为 i 类的 0-1 变量；w_j 为 j 专家的标注权重；L_e 表示专家总人数。

i 类判定变量标注正确的概率如下：

$$\begin{cases} P\left(J_i \geqslant 0.5 \mid_{x_k \in C_i}\right) = \sum_{k_1=0}^{1} \cdots \sum_{k_{L_e}=0}^{1} \mathrm{round}\left[J_i \mid_{A_j=k_j}\right] P_{k_1,\cdots,k_{L_e}} \\ P_{k_1,\cdots,k_{L_e}} = \prod_{j=1}^{L_e} P_j^{k_j} (1-P_j)^{(1-k_j)} \end{cases} \quad (2\text{-}4)$$

式中：P_j 为 j 专家标注准确率；C_i 为 i 类样本集合；round[·] 为四舍五入函数。

为使得标注结果正确概率尽可能大，专家的标注权重设定需求解式(2-5)。

$$\min F = -P(J_i \geqslant 0.5 \mid_{x_k \in C_i}) \mid_{w_1,w_2,\cdots,w_{L_e}}$$

$$\lim \begin{cases} 0 \leqslant w_j \leqslant 1, \quad j=1,2,\cdots,L_e \\ \sum_{j=1}^{L_e} w_j = 1 \end{cases} \quad (2\text{-}5)$$

融合局放脉冲筛选模型与多专家标注策略，构建基于知识驱动的局放脉冲筛选与特征知识补充方法流程如下。

步骤 1：采样特征已知与未知的局放脉冲在 DCNN 各层中的特征构成训练集训练 AM-MLCNN 模型，得到局放脉冲筛选模型。评估各专家的标注准确率，按式(2-5)求解各专家的标注权重。

步骤 2：以样本在模式识别模型中的特征为信息来源，利用基于 AM-MLCNN 的局放脉冲筛选模型推测样本类型，设定筛选阈值，以推断结果高于筛选阈值的样本作为特征已知局放脉冲样本，低于筛选阈值的样本作为特征未知局放脉冲样本。

步骤 3：多专家对局放样本进行标注，依据式(2-3)判定标注结果，实现局放脉冲特征知识补充。

2.2.3　基于知识-数据融合驱动的局放脉冲数据增强

目前提出的局放模式识别模型准确率均较高，特征未知局放样本数量较少，简单地用标注样本对模式识别模型再训练，将造成模式识别网络对特征未知样本关注度低，识别准确率提升有限，因此需要对局放脉冲进行数据增强，以提升识别准确率。

1. 带有深度卷积层的 CWGAN-GP 局放脉冲样本生成模型

CWGAN-GP 在 GAN 基础上加以改进，通过将 Wasserstein 距离作为目标函数并引入梯度惩罚项可解决 GAN 的多种类生成、梯度消失及模式坍塌的问题[25]。CWGAN-GP 损失函数如下：

$$\begin{cases} L_G = -E_{z \sim P_z}\left[D(G(z \mid c) \mid c)\right] \\ L_D = E_{z \sim P_z}\left[D(G(z \mid c) \mid c)\right] - E_{x \sim P_r}\left[D(x \mid c)\right] + GP \mid_{\hat{x}} \\ GP \mid_{\hat{x}} = \lambda E_{\hat{x} \sim P_{\hat{x}}}\left[(\parallel \nabla_{\hat{x}} D(\hat{x} \mid c) \parallel_p - 1)^2\right] \end{cases} \quad (2\text{-}6)$$

式中：L_G 为生成器损失函数；L_D 为判别器损失函数；P_z 为随机噪声 z 的先验分布；$GP \mid_{\hat{x}}$ 为梯度惩罚项；λ 为正则项系数。

构建带有深度卷积层的 CWGAN-GP 局放脉冲样本生成模型,模型结构与参数如图 2-3 所示。

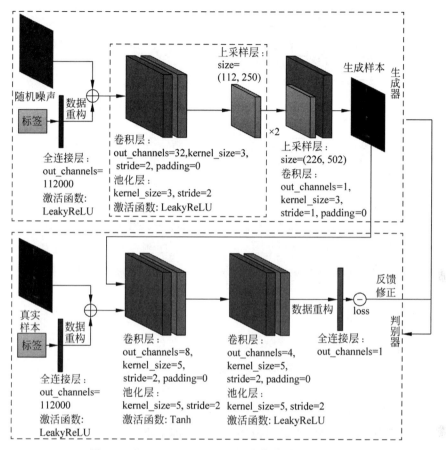

图 2-3　基于 CWGAN-GP 的局放脉冲样本生成模型

2. 知识-数据融合驱动的局放脉冲数据增强

构建基于知识-数据融合驱动的局放脉冲数据增强方法框架如图 2-4 所示,其主要步骤如下。

步骤 1:数据预处理。对现场采样长时局放信号进行自适应加权分帧快速稀疏表示去噪,并进行脉冲分割,将单次脉冲做 SWT 形成时频谱图。

步骤 2:样本筛选及知识补充。使用局放脉冲筛选模型进行样本筛选,特征未知局放样本发送多专家标注补充特征知识。

步骤 3:数据增强。基于 CWGAN-GP 分别训练特征已知局放样本和特征未知局放样本的生成模型,扩充样本库至特征已知与未知局放样本间及各类型局放样本间样本均衡,使用扩充样本库对局放脉冲模式识别模型训练并更新模式识别模型参数。

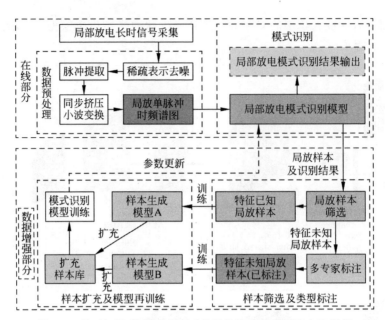

图 2-4　基于知识-数据融合驱动的局放脉冲数据增强方法框架

2.2.4　算例分析

测试平台软件环境如下。

Pytorch 开发环境,所有模型优化求解器均为 Adam,学习率为 5×10^{-5},矩估计因子分别为 0.5 和 0.9。AM-MLCNN 模型训练次数为 500 次,DCNN 模型训练次数为 1000 次,CWGAN-GP 模型训练次数为 500 次。

1. 模拟现场工况的绝缘缺陷模型及局放脉冲采集

现场部分局放脉冲与训练样本集不匹配的主要原因是现场发生局放的电极形状及电场环境与实验室模型不同,因此本节设计两类不同的绝缘缺陷模型如图 2-5 所示,用于分别模拟产生训练样本库的局放脉冲样本及现场的局放脉冲样本。

图 2-5 中,绝缘缺陷模型 A 为常用的实验室绝缘缺陷模型[21],用于模拟产生训练样本库的局放脉冲,绝缘缺陷模型 B 各放电类型的放电模型均与绝缘缺陷模型 A 有所区别,用于模拟产生现场的局放脉冲,两种绝缘缺陷模型主要区别见表 2-2。

表 2-2　绝缘缺陷模型细节说明

放电类型	实验室绝缘缺陷模型	模拟现场绝缘缺陷模型
尖端放电	高压端采用直线型尖端	高压端采用弯钩型尖端
沿面放电	高压端设置一个倒角圆柱	高压端设置两个倒角圆柱,且两倒角圆柱等电位
气泡放电	绝缘纸板间嵌入一个气泡	绝缘纸板间嵌入三个气泡
悬浮放电	高压端旁设置一个螺母	高压端旁设置三个螺母

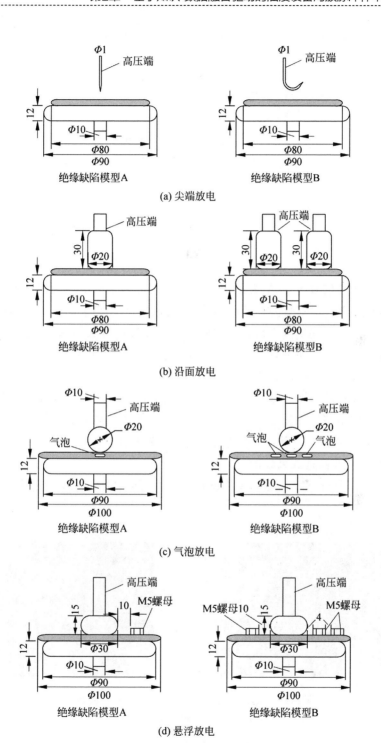

图 2-5 绝缘缺陷模型

采用高频电流法测得局放脉冲,试验电路如图 2-6 所示。实验时采样频率为 100MHz。

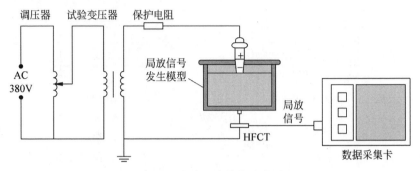

图 2-6　实验电路接线示意图

为提高局放信号质量,笔者提出自适应加权分帧快速稀疏表示去噪方法[21],该方法幅值误差及波形畸变均较小,效率较高,本书采用该方法对局放测试样本进行降噪处理。同时使用基于自适应双阈值的脉冲提取方法[22]提取局部放电单脉冲。同步挤压小波变换可有效提高信号的能量聚集度和时频分辨率[23],使用该方法对局放脉冲进行 SWT 得到其时频谱图。

选取绝缘缺陷模型 B 中产生的与绝缘缺陷模型 A 产生的局放脉冲差别较大的样本进行同步挤压小波变换,与绝缘缺陷模型 A 产生局放脉冲的时频谱图对比如图 2-7 所示,由图 2-7 可看出两类时频谱图差别较大。

2. 局放脉冲筛选效果分析

DCNN 模型与 AM-MLCNN 模型训练集,以及 AM-MLCNN 模型测试集样本构成如表 2-3 所示。

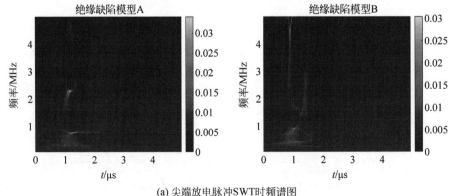

(a) 尖端放电脉冲 SWT 时频谱图

图 2-7　局放脉冲 SWT 时频谱图

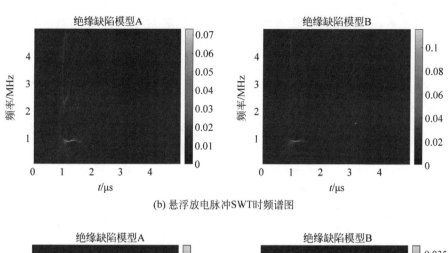

(b) 悬浮放电脉冲SWT时频谱图

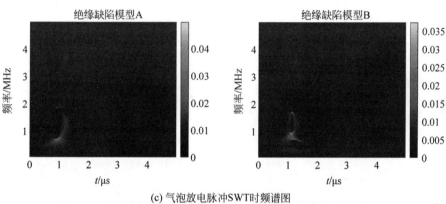

(c) 气泡放电脉冲SWT时频谱图

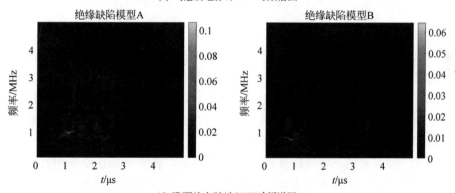

(d) 沿面放电脉冲SWT时频谱图

图 2-7　（续）

表 2-3　识别及筛选模型训练集与测试集构成　　　单位：个

绝缘缺陷模型种类	DCNN 模型训练集样本数	AM-MLCNN 模型	
		训练集样本数	测试集样本数
绝缘缺陷模型 A	400	0	0
绝缘缺陷模型 B	0	200	400

表 2-3 中,样本数为各放电类型样本个数,各放电类型样本数相同,AM-MLCNN 模型样本为各局放脉冲在训练好的 DCNN 模型中各层的特征,以 DCNN 模型是否准确识别作为特征是否已知的评判标准,使用生成对抗网络模型对 AM-MLCNN 模型训练集进行样本生成,扩充特征未知样本数至与特征已知样本数相同后对 AM-MLCNN 模型训练。

将特征已知局放样本划分为特征未知局放样本作为误检,将特征未知局放样本划分为特征已知局放样本作为漏检,得到不同筛选阈值下的筛选准确率如图 2-8 所示。

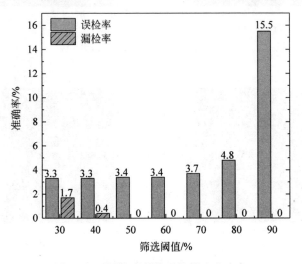

图 2-8　不同筛选阈值下的筛选准确率

由图 2-8 可知,基于 AM-MLCNN 的局放脉冲筛选模型在各筛选阈值下的误检率不超过 15.5%,漏检率不超过 1.7%,推断结果准确率较高。筛选阈值低于 40% 时出现漏检样本,筛选阈值高于 80% 后误检样本数量出现大幅度增加,特征未知局放样本的漏检会造成模式识别准确率下降,而特征已知局放样本误检会造成专家标注工作量上升,综合考量各影响因素,筛选阈值定于 70% 较为合理。

3. 局放脉冲模式标注效果分析

设置三位专家的三类标注准确率组合见表 2-4,各专家标注结果相互独立,设置四种标注结果判定方案见表 2-5,使用 Python 随机采样模块模拟专家标注过程,模拟标注筛选得到的各放电类型特征未知局放样本各 1000 个,得到表 2-5 各方案标注准确率对比如图 2-9 所示。

表 2-4　专家标注准确率工况　　　　　　　　单位:%

场景名称	专家 a 标注准确率	专家 b 标注准确率	专家 c 标注准确率
场景 1	60	70	85
场景 2	80	80	80
场景 3	75	75	90

表 2-5　标注结果判定方案

方案名称	专家 a 标注权重	专家 b 标注权重	专家 c 标注权重
方案 1	0	0	1
方案 2	0.333	0.333	0.333
方案 3	0.25	0.25	0.5
方案 4		依多专家标注策略确定标注权重	

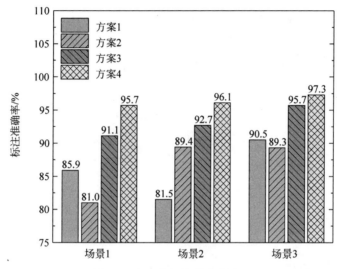

图 2-9　各方案标注准确率对比

由图 2-9 可知,场景 1 下方案 2 标注准确率显著低于方案 1,说明标注权重设置不当在特殊场景下会造成标注准确率降低。各场景下方案 4 的标注准确率均不低于 95% 且为所有方案中最高,高于所有专家的标注准确率,多专家标注策略可有效弱化专家系统对专家经验的依赖,提升标注准确率。

4. 局放脉冲数据增强效果分析

测试实验设置两种测试方案见表 2-6。

表 2-6　各测试方案测试集样本数设置　　　　　单位:个

编号	绝缘缺陷模型 A 样本数	绝缘缺陷模型 B 样本数
1	1000	0
2	0	1000

表 2-6 中,测试方案 2 样本对应的绝缘缺陷模型与训练样本库对应绝缘缺陷模型不同,包含特征未知局放样本较多,表中样本数为各类放电类型样本的总数,各放电类型样本数量相同。

为论证所提方法的有效性,设置 4 种数据增强方案,各方案及其参数见表 2-7。

表 2-7 局放脉冲数据增强方案

编号	方 案 名 称	样本扩充方案
1	数据驱动	直接使用训练集样本进行样本生成模型训练
2	无筛选知识-数据驱动	不进行样本筛选,专家标注全部现场采样样本,使用训练集及专家标注样本训练样本生成模型
3	本文方案	依照 2.2 节进行数据增强
4	理想方案	直接使用真实样本对样本库进行扩充,扩充后特征已知与特征未知的局放样本数量一致

表 2-7 中,设定现场采样样本为绝缘缺陷模型 B 部分采样样本,各放电类型样本数均取 200 个。

为定量评价各类模型分类准确率,引入 F1 度量[26]评价参数计算式如下:

$$
\begin{cases}
\lambda_{\mathrm{F1}} = \dfrac{2}{L_c} \dfrac{\displaystyle\sum_{i=1}^{L_c} R_i \sum_{i=1}^{L_c} P_i}{\displaystyle\sum_{i=1}^{L_c} R_i + \sum_{i=1}^{L_c} P_i} \\
P_i = \dfrac{n_{ii}}{\displaystyle\sum_{i=1}^{L_c} n_{ij}}, \quad R_i = \dfrac{n_{ii}}{\displaystyle\sum_{j=1}^{L_c} n_{ij}}
\end{cases}
\tag{2-7}
$$

式中: n_{ij} 为混淆矩阵 i 行 j 列元素; L_c 为类别数。

1) 专家数量及专家标注准确率影响分析

设定筛选阈值为 70%,在所有专家标注准确率分别为 70%、80%、90% 的条件下,进行随机抽样模拟标注过程。使用表 2-5 中方案 3 进行数据增强,对表 2-6 中两方案进行测试,得到结果如图 2-10 与图 2-11 所示。

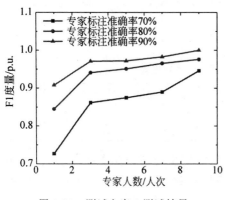

图 2-10 测试方案 1 测试结果

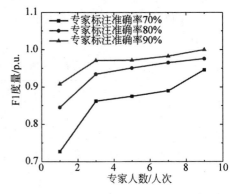

图 2-11 测试方案 2 测试结果

由图 2-10 与图 2-11 专家人数相同时纵向对比可知,专家标注准确率对模式识别准确率影响较大,随着专家标注准确率的提升,局放脉冲模式识别模型对各测试方案的识别准确率均大幅提升。专家标注准确率不变时横向对比可知,随着参与专家人数的提升,局放脉冲模式识别模型对各测试方案的识别准确率均大幅提升,通过增加参与标注的专家人数可有效降低专家系统对专家经验的依赖。

2) 各数据增强方案效果对比

数据增强方案 2 与方案 3 设定专家数量为 3 人,筛选阈值为 70%,分别在专家标注准确率为 80% 与 90% 下进行测试,使用表 2-5 各数据增强方案扩充局放样本库并对模式识别模型再训练,按表 2-6 各方案进行测试,得到测试结果如图 2-12 和图 2-13 所示,得到各方案最高准确率及标注工作量对比如表 2-8 所示。

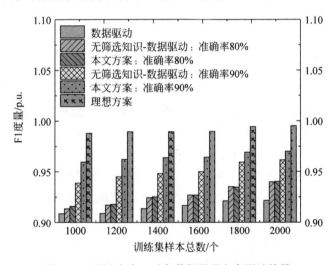

图 2-12　测试方案 1 对各数据增强方案测试结果

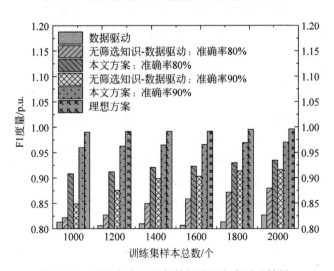

图 2-13　测试方案 2 对各数据增强方案测试结果

表 2-8　各数据增强方案准确率及标注工作量对比

方 案 名 称	测试方案 1 准确率/%		测试方案 2 准确率/%		标注工作量
	增强前	增强后	增强前	增强后	
数据驱动	91.7	92.2	80.2	82.7	0
无筛选知识-数据驱动：准确率80%	91.7	94.0	80.2	87.9	400
本文方案：准确率80%	91.7	94.1	80.2	93.4	53
无筛选知识-数据驱动：准确率90%	91.7	96.2	80.2	91.6	400
本文方案：准确率90%	91.7	97.1	80.2	97.1	53
理想方案	91.7	99.5	80.2	99.7	0

由图 2-12 可知,随着数据扩充数量的逐渐增大,各数据增强方案所增强的模式识别模型对测试方案 1 的测试准确率均有所提升;无筛选知识-数据驱动方案与本文方案均引入了专家知识,所增强的模式识别模型泛化性较高,模型识别准确率均高于数据驱动方案,随着专家标注准确率的提升,两方案的准确率均有所提升;在同专家准确率的条件下,本文方案准确率高于无筛选知识-数据驱动方案的准确率。

由图 2-13 可知,由于数据驱动方案缺乏局放脉冲特征知识补充,其增强的模式识别模型对测试方案 2 的识别准确率较低。无筛选知识-数据驱动方案与本文方案均引入了专家知识,所增强的模式识别模型对测试方案 2 的识别准确率均高于数据驱动方案。本文方案加入了局放脉冲筛选,在补充了局放脉冲特征知识的同时,实现了特征知识已知与未知局放样本间的样本均衡,在各专家标注准确率工况下所增强的模式识别模型的准确率均高于无筛选知识-数据驱动方案,接近理想状态。

由表 2-8 可知,本文方案由于经过局放脉冲筛选,其标注工作量较无筛选知识-数据驱动方案低,降低专家标注工作量的同时,削弱了专家标注失误带来的影响;各知识-数据融合驱动的增强方案对局放脉冲模式识别模型识别准确率的提升效果均优于数据驱动方案,本文方案的提升效果尤为明显,专家标注准确率为90%时,本文方案所增强的模式识别模型较增强前测试方案 1 与测试方案 2 的识别准确率分别提升了 5.4% 与 16.9%,较数据驱动方案增强的模式识别模型两类测试方案识别准确率分别高出 4.9% 与 14.4%。

2.3 基于 DAE-GAN 的局放信号数据增强技术

2.3.1 基于深度自编码器的局放信号降维

具有相似特征的某类时域信号,可认为其由低维表示经非线性映射得到,通过训练时域信号与低维表示的映射与逆映射函数,形成符合真实时域信号函数,使用生成对抗网络生成局放信号的低维表示,将低维表示输入映射函数产生局部放电脉冲样本,可在提升生成对抗网络收敛速率的同时,增强样本的真实性与可解释性。

自编码器(autoencoder,AE)是一种无监督算法,由网络结构对称的全连接编码器(encoder)与解码器(decoder)两大模块组成,将无标签的原始数据由编码器提取低维潜码,再将潜码输入解码器重构原始数据,以重构误差最小为目标,对编码器与解码器进行优化,得到原始数据最优的低维表达。

深度自编码器(deep autoencoder,DAE)在自编码器基础上加以改进,通过增加编码器与解码器的隐藏层数,增强自编码器编码与解码能力,其网络结构如图 2-14 所示,其中,DAE 的编码器与解码器即可作为时域信号与低维表示的逆映射与映射函数。

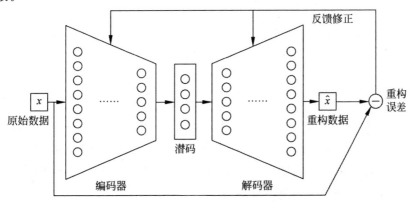

图 2-14 DAE 结构示意图

图 2-14 中,x 与 $\hat{x}$ 分别为原始数据与重构数据。

DAE 的损失函数如下:

$$\begin{cases} \hat{x}_i = \mathrm{De}[\mathrm{En}(x_i)] \\ \mathrm{loss}_{\mathrm{DAE}} = \sum_{i=1}^{n}(x_i - \hat{x}_i)^{\mathrm{T}}(x_i - \hat{x}_i) \end{cases} \qquad (2\text{-}8)$$

式中:En 与 De 分别为编码与解码函数;x_i 与 $\hat{x}_i$ 分别为原始数据与重构数据。

局放脉冲作为一种时域信号,也可使用 DAE 网络对其进行重构,以局放脉冲波形中各采样点所组成的向量作为原始数据及重构数据,即可训练 DAE 网络,得到局放信号降维的映射与逆映射函数。

2.3.2　基于 DAE-GAN 的局放信号数据增强

1. CWGAN-GP 样本生成模型

生成对抗网络(generative adversarial network,GAN)分为生成器 G 与判别器 D 两部分,其中生成器 G 通过训练构建已知分布向目标分布映射的映射函数,判别器 D 通过训练构建生成分布与目标分布间差异的评价函数,二者通过博弈训练达到利用已知分布映射目标分布的生成目的。条件式生成对抗网络(conditional generative adversarial networks,CGAN)针对多种类生成问题,在 GAN 基础上引入附加信息条件,以指导样本的生成过程,CWGAN-GP 在 CGAN 基础上加以改进,解决了 CGAN 的梯度消失及模式坍塌的问题,将 Wasserstein 距离作为目标函数,Wasserstein 距离如式(2-9)所示。Wasserstein 距离越小,表明分布间差异越小。

$$W(P_r, P_g) = \inf_{\gamma \sim \Pi(P_r, P_g)} E_{(\boldsymbol{x}, \boldsymbol{y}) \sim \gamma} \big[\| \boldsymbol{x} - \boldsymbol{y} \| \big] \tag{2-9}$$

式中:P_r 为变量 $\boldsymbol{x}$ 的分布;P_g 为变量 $\boldsymbol{y}$ 的分布;inf 代表下确界;Π 为($\boldsymbol{x}, \boldsymbol{y}$)联合分布 γ 的所有可能分布的集合;$E[\cdot]$ 代表期望计算。

其 Kantorovich-Rubinstein 对偶形式如下:

$$W(P_r, P_g) = \max_{\| f \|_L \leqslant 1} E_{\boldsymbol{x} \sim P_r} [f(\boldsymbol{x})] - E_{\boldsymbol{y} \sim P_g} [f(\boldsymbol{y})] \tag{2-10}$$

式中:f 为距离代价函数。

以判别器近似作为距离代价函数,CWGAN 中 Wasserstein 距离表示形式如下:

$$W(P_r, P_g) = \max_{\| D \|_L \leqslant 1} E[D(\boldsymbol{x} \mid \boldsymbol{c})] - E[D(G(\boldsymbol{z} \mid \boldsymbol{c}) \mid \boldsymbol{c})] \tag{2-11}$$

式中:P_r 为样本 $\boldsymbol{x}$ 的真实分布;P_g 为随机噪声 $\boldsymbol{z}$ 的变换 $G(\boldsymbol{z} \mid \boldsymbol{c})$ 的分布;$\boldsymbol{c}$ 表示类别编码;$\| D \|_L \leqslant 1$ 表明判别器网络需要满足 1-Lipschitz 条件限制。

引入梯度惩罚项来满足 1-Lipschitz 条件限制[20],CWGAN-GP 损失函数如式(2-12)所示,网络结构如图 2-15 所示。

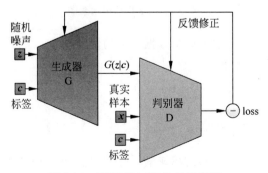

图 2-15　CWGAN-GP 结构示意图

$$\begin{cases} L_G = -E_{z \sim P_z}[D(G(z \mid c) \mid c)] \\ L_D = E_{z \sim P_z}[D(G(z \mid c) \mid c)] - E_{x \sim P_r}[D(x \mid c)] + GP \mid_{\hat{x}} \qquad (2\text{-}12) \\ GP \mid_{\hat{x}} = \lambda E_{\hat{x} \sim P_{\hat{x}}}\left[(\parallel \nabla_{\hat{x}} D(\hat{x} \mid c) \parallel_p - 1)^2 \right] \end{cases}$$

式中：L_G 为生成器损失函数；L_D 为判别器损失函数；P_z 为随机噪声 z 的先验分布；$GP \mid_{\hat{x}}$ 为梯度惩罚项；λ 为正则项系数。

2. DAE-GAN 样本生成模型

本文通过在 GAN 的样本生成过程中嵌入 DAE 对生成过程进行约束，增强生成数据的真实性。集合与其补集之间呈强度很高的负相关，故补集同样可为本类样本提供概率信息。本文在生成过程中将其他类样本作为补集数据引入生成过程，构建 DAE-GAN 网络结构如图 2-16 所示，网络参数如图 2-17 所示。

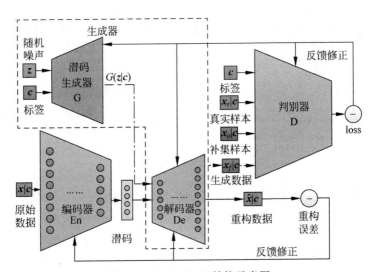

图 2-16　DAE-GAN 结构示意图

图 2-16 中点划线为生成数据逻辑走向。

采用 CWGAN-GP 模型作为样本生成的基础模型，由于 x_r、y 及 x_o 处于相同空间，它们具有相同的距离代价函数，则 CWGAN-GP 中 Wasserstein 距离 Kantorovich-Rubinstein 对偶形式如下：

$$\begin{cases} W(P_r, P_g) = \max_{\parallel D \parallel_L \leqslant 1} E[D(x_r \mid c)] - E[D(G(z \mid c) \mid c)] \\ W(P_r, P_o) = \max_{\parallel D \parallel_L \leqslant 1} E[D(x_r \mid c)] - E[D(x_o \mid c)] \end{cases} \qquad (2\text{-}13)$$

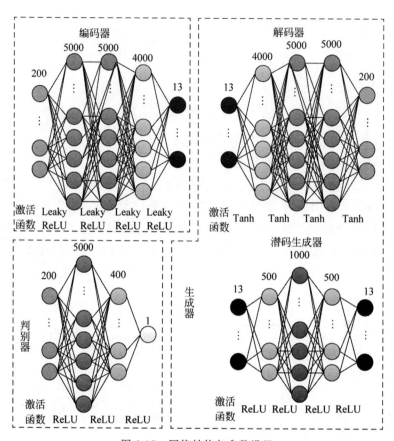

图 2-17　网络结构与参数设置

以判别器 D 为距离代价函数,生成网络应同时满足式(2-13)中两距离式。解码器也同时需要欺骗判别器及满足式(2-8),各模块损失函数如下:

$$\begin{cases} L_{\mathrm{En}} = \min_{\mathrm{En}} \sum_{i=1}^{n} (\boldsymbol{x}_{ri} - \hat{\boldsymbol{x}}_{ri})^{\mathrm{T}} (\boldsymbol{x}_{ri} - \hat{\boldsymbol{x}}_{ri}) \\[3mm] L_{\mathrm{De}} = \min_{\mathrm{De}} M \cdot L_{\mathrm{margin}} - \gamma_2 E_{\boldsymbol{z} \sim P_z} [D(\boldsymbol{x}_f \mid \boldsymbol{c})] + \sum_{i=1}^{n} (\boldsymbol{x}_{ri} - \hat{\boldsymbol{x}}_{ri})^{\mathrm{T}} (\boldsymbol{x}_{ri} - \hat{\boldsymbol{x}}_{ri}) \\[3mm] L_{\mathrm{D}} = \min_{\mathrm{D}} \big\{ -(1 + \gamma_1) E_{\boldsymbol{x}_r \sim P_r} [D(\boldsymbol{x}_r \mid \boldsymbol{c})] + \gamma_1 E_{\boldsymbol{x}_o \sim P_o} [D(\boldsymbol{x}_o \mid \boldsymbol{c})] + \\[3mm] \qquad\quad E_{\boldsymbol{z} \sim P_z} [D(\boldsymbol{x}_f \mid \boldsymbol{c})] \big\} \\[3mm] L_{\mathrm{G}} = \min_{\mathrm{G}} \{ -E_{\boldsymbol{z} \sim P_z} [D(\boldsymbol{x}_f \mid \boldsymbol{c})] \} \end{cases}$$

(2-14)

其中，

$$
\begin{cases}
x_f = \mathrm{De}[G(\boldsymbol{z} \mid \boldsymbol{c})] \\
\mathrm{dis}_1 = E_{\boldsymbol{x}_r \sim P_r}[D(\boldsymbol{x}_r \mid \boldsymbol{c})] - E_{\boldsymbol{z} \sim P_z}[D(\boldsymbol{x}_f \mid \boldsymbol{c})] \\
\mathrm{dis}_2 = E_{\boldsymbol{x}_r \sim P_r}[D(\boldsymbol{x}_r \mid \boldsymbol{c})] - E_{\boldsymbol{x}_o \sim P_o}[D(\boldsymbol{x}_o \mid \boldsymbol{c})] \\
\gamma_1 = \sqrt{\dfrac{\{\mathrm{dis}_1\}^2}{\{\mathrm{dis}_2\}^2 + \beta_1}} \\
\gamma_2 = \sqrt{\dfrac{\left[\displaystyle\sum_{i=1}^{n}(\boldsymbol{x}_{ri} - \hat{\boldsymbol{x}}_{ri})^{\mathrm{T}}(\boldsymbol{x}_{ri} - \hat{\boldsymbol{x}}_{ri})\right]^2}{E_{\boldsymbol{z} \sim P_z}[D(\boldsymbol{x}_f \mid \boldsymbol{c})]^2 + \beta_2}} \\
L_{\mathrm{margin}} = \max\left\{\displaystyle\sum_{i=1}^{n}(\boldsymbol{x}_{ri} - \hat{\boldsymbol{x}}_{ri})^{\mathrm{T}}(\boldsymbol{x}_{ri} - \hat{\boldsymbol{x}}_{ri}) - ma, 0\right\}
\end{cases}
\tag{2-15}
$$

式(2-14)与式(2-15)中：L_{En}、L_{De}、L_D 及 L_G 分别为编码器、解码器、判别器及潜码生成器的损失函数；γ_1 与 γ_2 为自适应多目标函数线性组合系数，用以平衡判别器与解码器多目标函数协同优化进度，防止协同优化失衡导致模式崩塌，β_1 与 β_2 均取 1×10^{-10}，防止分母为 0 导致算法崩溃；L_{margin} 为重构误差罚函数，防止重构误差被梯度淹没；M 为惩罚因子；ma 为重构误差裕度；$\max\{\bullet\}$ 为最大值函数。

DAE-GAN 网络训练流程如下。

步骤 1：以真实样本对 DAE 网络进行预训练，以预训练结束时的重构误差作为重构误差裕度。

步骤 2：根据式(2-14)对网络各模块进行优化。

步骤 3：重复步骤 2，当生成对抗网络达到纳什均衡时截止迭代。

3. 基于 DAE-GAN 的局放信号数据增强

DAE-GAN 网络可生成局放时域样本，同时其判别器经迁移训练也可实现局部放电模式识别。基于 DAE-GAN 的局部放电数据增强及模式识别方法框架如图 2-18 所示。其主要步骤如下。

步骤 1：数据增强及模式识别模型训练。

（1）数据预处理：对长时局放信号进行自适应加权分帧快速稀疏表示去噪，并进行脉冲分割，形成各类局放信号单脉冲训练样本库。

（2）数据增强模型训练：将各类局放信号单脉冲训练样本输入 DAE-GAN 网络，按 DAE-GAN 网络训练流程对 DAE-GAN 网络训练，得到训练好的潜码生成器 G、判别器 D 及解码器 De。

（3）模式识别模型训练：根据样本不均衡状态使用训练好的潜码生成器 G 及解码器 De 对样本库进行扩充，将扩充后的样本输入训练好的判别器 D 进行迁移训练，得到局放模式识别分类器。

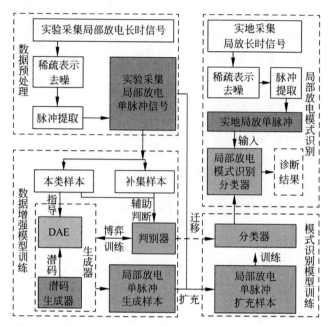

图 2-18 基于 DAE-GAN 的局放数据增强与识别方法框架

步骤 2：局部放电模式识别。

（1）**数据预处理**：将实际采样获得的长时局放信号进行自适应加权分帧快速稀疏表示去噪，并进行脉冲分割，得到局部放电单脉冲。

（2）**模式识别**：将局部放电单脉冲输入局放模式识别分类器，得到各单脉冲的放电模式，实现模式识别。

2.3.3 算例分析

经反复测试，得到潜码维度为 13 时网络收敛后重构误差最低，基于此本书构建 DAE-GAN 网络结构及参数设置如图 2-17 所示。硬件环境如下。

台式计算机（Windows 10 系统、CPU 型号为 AMD Ryzen5 3600、GPU 型号为 1660 super ultar）。

软件环境如下。

Pytorch 开发环境，优化求解器为 Adam，编码器与解码器设置学习率为 5×10^{-6}，矩估计因子分别为 0.9 和 0.99，判别器与潜码生成器设置学习率为 5×10^{-5}，矩估计因子分别为 0.5 和 0.9。预训练次数为 2000 次，DAE-GAN 网络训练次数为 5000 次。

1. DAE-GAN 模型数据增强能力评价

模型的数据增强效果取决于模型的生成能力，模型的生成能力主要表现为生成样本的真实性及概率分布拟合精度，为直观体现本书提出模型的生成能力，本书纳入 CWGAN-GP、BEGAN、VAE 三种生成模型参与对比,从生成样本多样性及与真实样本的相似性两个角度对生成模型进行能力评价。

　　1) 模型生成样本相似性评价

　　以气泡放电为例,任选一真实样本,以相关系数作为评价标准,选定各模型生成样本与真实样本相似度最高的局放脉冲时域波形,对比如图 2-19 所示。

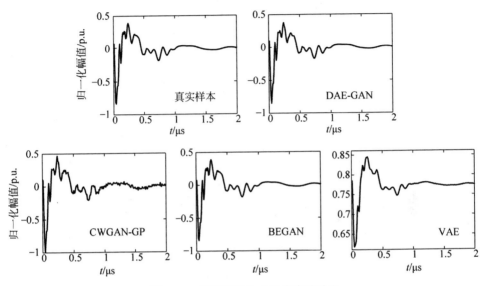

图 2-19　不同模型生成局放波形对比

　　由图 2-19 可观察到,BEGAN 及 VAE 生成样本均较为平滑,但 VAE 丢失了原始样本的部分波动,CWGAN-GP 生成波形包含部分类似噪声的波动;DAE-GAN 生成样本均较为平滑,且无类似 VAE 将原样本部分波动丢失的问题。

　　将上述真实样本及各类模型生成的局放样本进行 FFT 变换[21],得到各样本二维时频图,采用感知哈希算法[22]对时频图相似度进行分析,并以指纹匹配比例作为相似度指标,匹配比例越高表明两样本相似度越高,结果对比见表 2-9。

　　由表 2-9 可知,VAE 的生成样本由于丢失了部分波动,其时频图相似度指标普遍较低;BEGAN 的悬浮放电由于发生了模式崩塌,生成波形时频图相似度指标最低;DAE-GAN 的各类放电生成波形时频图相似度指标及其均值均最大,其波形与原样本相似度最高。

表 2-9　不同模型生成局放样本时频图的相似度指标

方　法	尖端放电	悬浮放电	气泡放电	沿面放电	均值
CWGAN-GP	0.9863	0.9766	0.9398	0.8164	0.9298
BEGAN	0.9980	0.6787	0.9320	0.9561	0.8912
VAE	0.5596	0.6055	0.7539	0.9609	0.7200
DAE-GAN	0.9980	0.9922	0.9428	0.9775	0.9776

2）模型生成样本多样性及分布相似度评价

以沿面放电为例，利用 t-分布随机邻域嵌入算法[23]（t-distributed stochastic neighbor embedding，t-SNE）对真实样本及各模型的部分生成样本进行降维分析，并可视化于图 2-20 中。

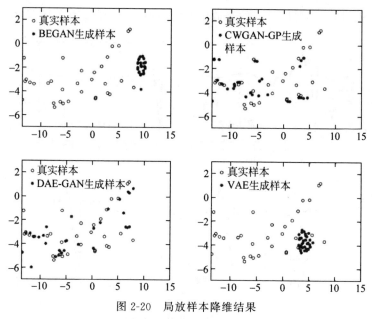

图 2-20　局放样本降维结果

由图 2-20 可明显看出，BEGAN 与 VAE 两模型发生了模式崩塌，生成的样本集中于临近真实样本的某一小范围内，而 CWGAN-GP 与 DAE-GAN 由于考虑了 1-Lipschitz 条件限制，生成样本散落分布在真实样本分布范围内，多样性较好。

引入种群多样性度量指标[24]如式（2-16），对各模型生成样本的多样性进行定量计算，得到不同模型不同样本容量多样性度量值，如图 2-21 所示。

$$\mathrm{loss}_{\mathrm{div}} = \frac{1}{m \parallel K \parallel} \sum_{\boldsymbol{u} \in \Omega} \sqrt{(\boldsymbol{u} - \bar{\boldsymbol{u}})^{\mathrm{T}} (\boldsymbol{u} - \bar{\boldsymbol{u}})} \tag{2-16}$$

式中：$\mathrm{loss}_{\mathrm{div}}$ 为多样性代价函数；Ω 为真实样本及生成样本的集合；$\parallel K \parallel$ 为集合 Ω 空间最大对角距离；m 为集合中元素总个数。

图 2-21 中，由于 BEGAN 与 VAE 出现模式崩塌，其生成样本多样性较差，随着样本容量逐渐增大，生成样本分布逐渐淹没真实样本的分布，多样性指标随样本容量的增大迅速降低；CWGAN-GP 与 DAE-GAN 生成样本多样性评价指标随样本容量增加，其多样性指标下降较为缓慢，而 DAE-GAN 生成样本多样性评价指标始终最高。

模型的生成能力主要表现在对原分布拟合的准确性，仅由多样性来评价模型性能的优劣仍存在一定局限性。利用 MATLAB 中 ksdensity 函数包对降维后样本的分布进行近似拟合，得到真实样本及各模型的生成样本概率分布对比如图 2-22 所示。

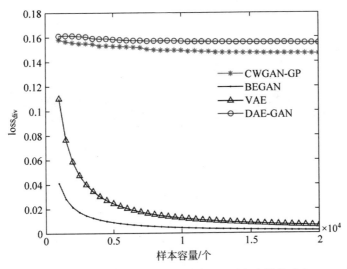

图 2-21 不同样本容量下各模型生成样本多样性对比

对比图 2-22 中的(a)、(b)子图可发现,BEGAN 与 VAE 样本概率分布集中于某一区域内,真实样本概率分布差别较大;CWGAN-GP 出现概率的区域与真实样本较为类似,但其存在部分小区域概率过大的问题;DAE-GAN 生成样本的概率分布从三维图像上观察,与真实样本概率分布最为相似。

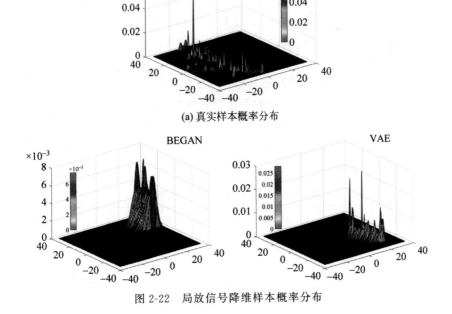

图 2-22 局放信号降维样本概率分布

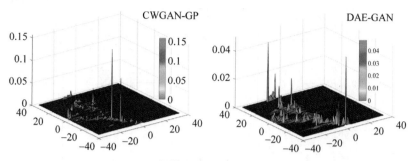

(b) 各模型生成样本概率分布

图   2-22(续)

将三维概率分布图压缩为二维图像后灰度化并进行去零操作,定量计算各模型生成局放样本的概率分布图与真实局放样本的概率分布图感知哈希算法指纹,各模型生成样本分布图与原分布图相似度指标如表 2-10 所示。

表 2-10   不同模型概率分布图的相似度指标

模型	CWGAN-GP	BEGAN	VAE	DAE-GAN
相似度指标	0.8374	0.7888	0.7747	0.8771

由表 2-10 仍可明显对比出 BEGAN 及 VAE 的相似度指标明显低于其他两种模型,DAE-GAN 模型的相似度指标最高,其生成的局放样本概率分布拟合精度最高。

2. 网络数据增强与模式识别效果分析

为全面且有效地验证本书数据增强方法对不同分类器的适用性及提升分类准确率的效果,选用基于混淆矩阵的多分类评价指标体系,其分类准确率 $\lambda_{accuracy}$、F1 度量 λ_{F1} 及 G-mean 指标 $\lambda_{G\text{-}mean}$ 计算公式见文献[25]。

1) DAE-GAN 适用性

为评价本书所提数据增强方法的适用性,纳入核函数为径向基函数的支持向量机(support vector machine,SVM)及分类器网络结构为 13-5000-400-1 的稀疏自编码器(sparse autoencoder,SAE)参与对比。计算使用原样本及经 DAE-GAN 生成样本扩充后的样本库训练,使用训练结束的分类器对局放信号进行模式识别,得到各评价指标对比如表 2-11 所示。

表 2-11   数据增强前后分类效果对比   单位:%

分类器	$\lambda_{accuracy}$		λ_{F1}		$\lambda_{G\text{-}mean}$	
	增强前	增强后	增强前	增强后	增强前	增强后
SVM	78.74	88.89	77.92	88.25	78.20	88.33
SAE	87.51	91.05	85.56	92.59	87.83	92.88
本文分类器	90.12	98.36	88.62	97.82	89.93	97.62

通过对比表 2-11 各分类器数据增强前后的评价指标可明显看出,经 DAE-GAN 数据增强后,各分类器的评价指标较数据增强前均有所提升,本书所提数据增强方法适用于 SVM、SAE 及本文分类器。

2）不同数据增强方法的分类效果对比

为了验证本书方法对局放脉冲样本数据增强方法的优势,选用 ROS、SMOTE、CWGAN-GP、BEGAN、VAE 五种过采样方法进行对比分析,分别采用上述五种过采样方法及本书样本生成方法将各类局放样本容量均衡扩充至 1500 个,利用扩充后的不同样本库对本书分类器进行训练,得到原始样本及不同过采样方法扩充后训练本书分类器各评价指标对比,如图 2-23 所示,使用本书方法增强前后识别准确率变化如表 2-12 所示。

由图 2-23 及表 2-12 可知,原始样本由于局放样本的非平衡及小样本特性,训练得到的分类器识别准确率较低,ROS 无法有效提升分类性能,SMOTE、BEGAN 及 VAE 均能有效提升分类性能,但提升效果相对较小,CWGAN-GP 生成样本较为多样,对分类性能提升较高,DAE-GAN 数据增强后 $\lambda_{accuracy}$、λ_{F1}、$\lambda_{G\text{-}mean}$ 三类指标比原始样本训练的模式识别指标分别提高了 8.24%、9.20% 及 7.69%,相比其他数据增强算法模式识别准确率也有不同程度的提升。

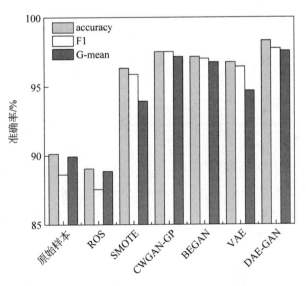

图 2-23　不同数据增强方法分类增强效果对比

表 2-12　不同数据增强方法的分类效果对比　　　　　　单位：%

数据增强方法	$\lambda_{accuracy}$	λ_{F1}	$\lambda_{G\text{-}mean}$
原始样本	90.12	88.62	89.93
DAE-GAN	98.36	97.82	97.62

3. 补集样本引入作用分析

为验证本书将补集样本加入生成模型训练过程的作用,分别在加入与不加入补集样本的条件下训练生成模型,同"2.网络数据增强与模式识别效果分析"的方法,得到不同样本容量多样性变化图及概率分布图的基于感知哈希算法的相似度指标对比,如图 2-24 及表 2-13 所示。

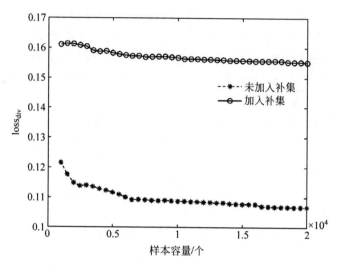

图 2-24 不同情况下的模型生成样本多样性对比

表 2-13 不同情况下概率分布图的相似度指标

模 型	未加入补集	加入补集
相似度指标	0.7986	0.8771

由图 2-24 可知,加入补集训练后 DAE-GAN 生成局放样本多样性评价指标始终高于未加入补集,补集样本的加入对生成样本的多样性提升有效,由表 2-13 可知加入补集样本训练后 DAE-GAN 概率分布图相似度指标明显高于未加入补集,补集样本的加入对概率分布拟合精度的提升有效,可有效缓解局放小样本特性带来的概率信息匮乏问题。

采用两种情况下得到的 DAE-GAN 对样本进行扩充,使用扩充后样本对本文分类器进行训练并进行模式识别,得到各评价指标取值如表 2-14 所示。

表 2-14 不同数据增强方法的分类效果对比　　　　　　单位：%

数据增强方法	$\lambda_{accuracy}$	λ_{F1}	$\lambda_{G\text{-}mean}$
未加入补集	97.21	96.50	96.50
加入补集	98.36	97.82	97.62

由表 2-14 可知,加入补集后,生成模型扩充后的样本训练出的分类器各项分类效果评价指标均高于未加入补集时的分类效果,$\lambda_{accuracy}$、λ_{F1} 及 λ_{G-mean} 分别提升了 1.15%、1.32% 与 1.12%,补集样本的加入对分类效果的提升有效。

2.4　本章小结

局放数据增强技术是保证基于深度学习的变电设备故障诊断高准确率的重要一环,当现场采集到的局放样本与训练样本库中脉冲波形特征匹配度低时仍会限制模式识别的准确性,本章针对上述问题提出了基于知识-数据融合驱动的局放脉冲数据增强方法,采用基于 AM-MLCNN 的局放脉冲筛选与多专家标注策略的局放脉冲特征知识补充方法,可针对缺失的局放脉冲特征知识进行有效补充。同时提出了一种基于 DAE-GAN 的局放信号数据增强方法,将深度自编码器嵌入到生成对抗网络中,生成的局放数据样本真实性及概率分布拟合精度更高,能够有效扩充不平衡局放样本集,为基于深度学习的变电设备故障诊断系统提供良好的数据基础。

2.5　参考文献

[1] Geng G-G,Wang C-H,Li Q-D,et al. Boosting the performance of Web spam detection with ensemble under-sampling classification[C]. The 4th International Conference on Fuzzy Systems and Knowledge Discovery Washington,DC,2007.

[2] Batista G E,Prati R C,Monard M C. A study of the behavior of several methods for balancing machine learning training data[J]. Acm Sigkdd Explorations Newsletter,2004,6(1):20-29.

[3] 黄建明,李晓明,瞿合祚,等.考虑小波奇异信息与不平衡数据集的输电线路故障识别方法[J].中国电机工程学报,2017,37(11):3099-3107.

[4] 王守相,陈海文,潘志新,等.采用改进生成式对抗网络的电力系统量测缺失数据重建方法[J].中国电机工程学报,2019,39(1):56-64.

[5] 王怀远,陈启凡.基于代价敏感堆叠变分自动编码器的暂态稳定评估方法[J].中国电机工程学报,2020,40(7):2213-2220.

[6] 宋辉,代杰杰,张卫东,等.基于变分贝叶斯自编码器的局部放电数据匹配方法[J].中国电机工程学报,2018,38(19):5869-5877.

[7] 刘云鹏,许自强,和家慧,等.基于条件式 Wasserstein 生成对抗网络的电力变压器故障样本增强技术[J].电网技术,2020,44(4):1505-1513.

[8] 朱永利,张翼,蔡炜豪,等.基于辅助分类——边界平衡生成式对抗网络的局部放电数据增强与多源放电识别[J].中国电机工程学报,2021,41(14):5044-5053.

[9] 曹毅,费鸿博,李平,等.基于多流卷积和数据增强的声场景分类方法[J].华中科技大学学报(自然科学版),2022,50(4):40-46.

[10] Goodfellow I J,Shlens J,Szegedy C. Explaining and harnessing adversarial examples[J].

arXivpreprint arXiv：1412. 6572，2014.

[11] Papernot N，Mcdaniel P，Jha S，et al. The limitations of deep learning in adversarial settings [C]. 2016 IEEE European Symposium on Security and Privacy（EuroS&P），Saarbrucken，Germany，2015.

[12] Wang J. Adversarial examples in physical world[C]. IJCAI，2021：4925-4926.

[13] Chen P Y，Zhang H，Sharma Y，et al. Zoo：Zeroth order optimization based black-box attacks to deep neural networks without training substitute models[C]. Processings of the 10th ACM Workshop on Artificial Intelligence And Security，2017：15-26.

[14] Chen J，Jordan M. Hopskipjumpattack：a query-efficient decision-based adversarial attack [J]. 10. 48550/arXiv. 1904. 02144，2019.

[15] Berthelot D，Schumm T，Metz L. BEGAN：Boundary equilibrium generative adversarial networks[J]. arXiv preprint arXiv：1703. 10717，2017.

[16] Huang R，Zhang S，Li T Y，He R. Beyond face rotation：Globaland local perception GAN for photorealistic and identity preserving frontal view synthesis ［C］. 2017 IEEE International Conference on Computer Vision（ICCV），Venice，Italy，2017.

[17] Acosta A. Photo-realistic single image super-resolution using a generative adversarialnetwork[C]. 2017 IEEE Conference on Computer Vision and Pattern Recognition（CVPR），Honolulu，USA，2017.

[18] 谢庆，杨天驰，裴少通，等.基于多尺度协作模型的电气设备红外图像超分辨率故障辨识方法[J].电工技术学报，2021，36(21)：9.

[19] Yin Yichun，Shang Lifeng，Jiang Xin，et al. Dialog state tracking with reinforced data augmentation[C]. AAAI Conference on Artificial Intelligence，New York，2020.

[20] Press O，Bar A，Bogin B，et al. Language generation with recurrent generative adversarial networks without pretraining[J]. arXiv：1706.01399，2017.

[21] 李蓉，周凯，万航，等.基于输入阻抗谱的电力电缆本体局部缺陷类型识别及定位[J].电工技术学报，2021，36(8)：1743-1751.

[22] 任明，夏昌杰，陈荣发，等.局部放电多光谱比值特征分析方法[J].中国电机工程学报，2023，43(2)：809-819.

[23] 李斯盟，李清泉，刘洪顺，等.正极性直流电压下油纸绝缘针板电极局放脉冲波形与局放机理[J].中国电机工程学报，2018，38(20)：6173-6187.

[24] 侯慧娟，盛戈皞，姜文娟，等.基于信号模型参数辨识的变电站局部放电电磁波信号重构[J].高电压技术，2015，41(1)：209-216.

[25] 叶海峰，钱勇，王红斌，等.开关柜表面暂态地电压信号频谱特征[J].高电压技术，2015，41(11)：3849-3857.

[26] 陈苏彬.一起 GIS 非典型局放波形图谱的故障分析[J].技术与市场，2020，27(11)：80-82.

[27] 王刘旺，周自强，林龙，等.人工智能在变电站运维管理中的应用综述[J].高电压技术，2020，46(1)：1-13.

[28] G. C. Montanari，R. Hebner，P. Seri，et al. Self-assessment of health conditions of electrical assets and grid components：a contribution to smart grids[J]. IEEE Transactions on Smart Grid，2021，12(2)：1206-1214.

[29] 宋辉，代杰杰，张卫东，等.复杂数据源下基于深度卷积网络的局部放电模式识别[J].高电压技术，2018，44(11)：3625-3633.

第 **3** 章

基于局部特征提取与Rep-VGG的
油浸设备局部脉冲放电模式识别方法

3.1 引言

3.1.1 局部放电故障诊断应用背景及其必要性

电能是一种方便控制和转换的经济、实用的能源,电能的发现与应用极大地解放了社会生产力,电力行业因此一直蓬勃发展。电能的持续稳定输出是电力行业核心的需求,一旦发生事故导致电力断供,会对人类生产生活造成巨大影响,造成大量财力物力损失,如果重要负荷断电还可能对人的生命和公共安全产生危害[1]。美国时间 2021 年 2 月 12 日夜间,美国南部得克萨斯州部分地区遭遇冬季风暴,由于极端天气导致用电需求暴增,2 月 15 日到 2 月 19 日发生大规模停电事故,该州遭遇停电影响的人口超 450 万。但这并不是大面积停电事故首次在美国发生,在美国时间 2003 年 8 月中旬,就发生了一场波及范围广、影响 5000 万人的大型停电事故,其影响面积和严重程度至今难见。

停电事故在全世界都屡见不鲜,西欧电网在 2006 年冬季发生了一场涉及数个国家的停电事故,这次停电导致德国某个工业镇停转数小时,几乎陷入瘫痪,多个地区遭遇了一个小时的强制断电。在我国,2008 年第一季度时遭遇了超大雪灾,极端低温和冰雪天气造成了西电东送的部分通道无法工作,电网内部的联系被断开,强行解列分割成区域网孤立运行,造成湖南电网一段时间内频繁地大面积停电。以上事故只是电力系统故障事件的冰山一角,在大量停电事故的事后调查溯源中,研究人员发现:除自然因素影响外,系统老化或损耗引起的设备绝缘性能下降是发生停电事故的主要原因。

电力设备的安全可靠工作是电网稳定运行的前提,对于运行中的电力设备进行在线监测,对故障进行早期预警一直是电网的安全保障手段之一。电力变压器是一种具有重要意义的电力设备,直接影响电能是否能安全传输和分配。变压器正常工作的前提之一是绝缘系统完好,对变压器的绝缘性能进行监测是确保其绝缘有效的必要工作。

电力变压器绝缘的结构十分复杂,当绝缘内部出现毛刺、气隙等缺陷时,在高压环境下,可能发生局部放电现象,局部放电现象的长期存在会导致绝缘性能下降[2]。因此对局部放电进行检测,可以对变压器进行绝缘状况诊断,根据检测情况可对绝缘故障进行早期预警,甚至可以进一步评估变压器的运行状态。

3.1.2　国内外研究现状

1. 检测方法

局部放电发生时绝缘介质会因物理和化学变化而产生超声波、光、热、电脉冲、电磁波以及一些化学气体,通过检测和评估这些物理和化学信号,可以判断局部放电是否发生以及绝缘劣化的程度和类型,也可以对局部放电源进行定位。根据所检测的信号不同,可将检测方法分为以下几种[3]。

1) 脉冲电流法

局部放电会产生脉冲电流,脉冲电流作为一种电信号,易于进行检测和分析,脉冲电流信号本身即含有局部放电的信息,通过分析这些信息可以判断出绝缘劣化的情况,这就是脉冲电流法的原理。虽然该方法的灵敏度较高,但是采集到的脉冲电流淹没在大量电气干扰中,且信号的传播速度很快,难以实现定位。

2) 光学法

在导体表面的毛刺或者尖部容易因电场畸变而引发电晕现象,即电晕放电,会伴随有蓝光出现,此外还可能存在红外线、紫外线以及其他光波,因此可通过检测光信号及光的波长来获得局部放电信息,这就是光学检测法的原理。该方法的优点是抗电气干扰能力强,灵敏度高;缺点是光纤传感器必须铺设到待测设备内部,现阶段只能在实验室中判断透明设备的局部放电,由于变压器内部结构复杂且外壳并非透明材质,在其中安装光纤传感器比较困难,无法应用于现场,为了满足工程仍需要进行大量研究。

3) 化学法

化学检测法也叫油色谱分析法,其原理是:局部放电会引起绝缘缺陷部位温度升高,导致介质氧化分解产生各种化学气体,通过油色谱分析仪检测气体的成分和浓度可以大致判断局部放电类型及绝缘劣化的程度。根据放电量的不同,变压器油中产生的气体种类也不同,利用三比值法分析气体成分可以判断局部放电类型及原因,放电量低时,产生的气体主要是 CH_4 和 O_2,放电量高时,产生的气体主要包括 C_2H_2、C_4H_4、CO、CO_2 和 H_2。该方法难以对局部放电现象做定量分析,产生的气体溶解在变压器油中,需要一定时间分离出气体,难以应对突发性故障,且单次检测数据存在偶然性，无法准确反映绝缘劣化情况。

4）超高频检测法

局部放电发生时会产生超高频电磁波信号，可以通过在变压器内部安装超高频检测仪的方法来检测该信号，从而判断局部放电是否发生及发展程度，这就是超高频检测法的原理。该方法需要将超高频检测仪安装在变压器内部，用以接收高频电磁波信号，可利用变压器外壳隔离外部干扰，同时由于检测电磁波信号的频率较高，可直接避免低频干扰，又由于检测范围较宽，因此具有较高的灵敏度。但是超高频电磁波信号传播速度快，难以用时延差对局部放电源进行定位，且无法量化描述缺陷程度，传感器需置于变压器内部，安装不方便。

5）超声波检测法

局部放电发生时，高频脉冲电流会导致绝缘缺陷部位介质体积周期性压缩和膨胀，产生高频超声波信号，局部放电的信息以声压形式反映在超声波信号中，因此可通过检测该信号来判断局部放电是否发生及发展程度，这就是超声波检测法的原理。超声波是一种机械波，局部放电源产生超声波信号后经油纸绝缘层、铁芯、绕组传播到变压器外壳，被安装在变压器外壳上的超声波探头采集后传输到计算机中。

综上所述，由于超声波检测法抗电气干扰能力强，灵敏度较高，传感器可安装在变压器外壳，操作简单，对检测人员的要求不高，具有准确定位局部放电源的能力，便于检修，因此该检测方法得到了科研工作者的广泛认可，被认为是最成熟的局部放电检测方法之一。

变压器内部绝缘系统由于老化或损耗而引起的缺陷有多种类型，不同类型的缺陷危害不同，预防、改善方法也不同，因此对变压器的局部放电进行模式识别的意义重大。典型的局部放电模式包括气隙放电、沿面放电、悬浮放电和电晕放电等。局部放电的严重程度、绝缘影响等指标与缺陷类型直接相关，因此对局放进行模式识别可以对其风险评估提供有价值的信息。目前局部放电的超声波检测法受检测灵敏度和传播特性影响较大，国内外研究者对于局部放电超声信号的模式识别进行过许多尝试，但并没有建立公认有效的标准，缺乏系统的理论体系。

2. 去噪算法

除了发生局部放电时发出的超声波，变压器一旦启动，其运行环境还充满了复杂的电磁干扰，按其来源主要包括窄带干扰和白噪声[4]，在局部放电前期，微弱的局部放电信号很容易淹没在噪声中，使得波头难以分辨，从而影响检测精度。因此，需要对局部放电信号做抗干扰处理，抗干扰方法主要包括硬件滤波和数字信号去噪两种，由于现场检测到的噪声比较复杂，采集线路本身也存在干扰，采用硬件滤波的效果不佳，近年来对局部放电去噪研究的重点逐渐转向数字信号去噪，常见的数字信号去噪法主要包括以下几种。

1）模拟滤波技术

采用数字方法模拟滤波器用以滤除窄带干扰[5]，该方法需要预先了解窄带干扰的一些先验知识，进而才能设置滤波器的中心频率和带宽，以数字带通滤波器为例，若设置的带宽较宽，可能导致滤波不完全，若选取的中心频率偏移较多或者带宽较窄，则可能会造成有效信号的部分损失。

2）FFT 阈值法

FFT 阈值法对含噪信号进行快速傅里叶变换[6]，根据频域上窄带噪声和有效信号的幅值特性设置阈值，保留幅值低于该阈值的信号，滤除其余信号，但该方法的阈值选取不具有自适应性，没有权威的选取方式，可能导致滤波不完全。

3）小波分析法

小波变换是傅里叶变换的一种发展方法，具有时频局部化的特点，可以从微小尺度上对信号进行时频变换，目前，小波阈值法以其优良的多分辨率特性成为局部放电信号去噪研究的重点，需选取与局部放电信号相关度高的小波基，通过设置阈值的方式对分解后的各层小波做降噪处理。但是局部放电信号微弱时将导致小波基选择困难，对于阈值的选取也因人而异，去噪效果不稳定[7-9]。

4）经验模态分解法

经验模态分解（EMD）也是一种时频分析方法，适用于非线性非平稳信号，能够将信号按照频率高低分解为一组固有模态函数（IMF），再通过不同的噪声剔除策略对分解出的 IMF 进行处理后重构信号实现去噪，具有较强的噪声自适应性。但 EMD 的模态分离特性较弱，分解出的各层 IMF 都包含了大量噪声干扰信息和有效信息，此时不同的噪声剔除策略对去噪结果影响较大，为克服上述缺点，总体经验模态分解（EEMD）利用了白噪声频谱分布连续的特点来克服模态混叠效应。但采用该方法时为了削弱添加的噪声影响，需要较高的计算复杂度，在重构信号时难以保持完备性[10,11]。

为了克服 EEMD 的缺点，完备总体经验模态分解（CEEMD）[12]通过在分解的每一阶段向剩余分量中添加特定比例的白噪声来保持信号完备性，同时也具有良好的模态分离效应，能够实现对原始信号的精准重构，具有更高的计算效率。因此，在变压器局部放电信号处理中，CEEMD 的思想为去噪研究提供了新思路。

还有一种 CEEMD-WPT 联合去噪法[13]，该方法对噪声干扰模态的选择与处理策略为：计算 CEEMD 分解得到的各层 IMF 排列熵，通过排列熵值选择出噪声模态，再对其进行小波去噪。但该方法对小波基的选取比较敏感，难以应对微弱的局部放电信号。

为了滤除信号采集系统混入的各种干扰，一种基于 ICA-CEEMD 小波阈值的组合去噪法[14]，首先利用 ICA 的盲源分离特性初步分离出噪声信号，然后对分离信号做 CEEMD 分解，再对 IMF 做小波阈值去噪，最后重构信号。该方法比起CEEMD-WPT 联合去噪法具有一定的进步意义，但该方法太过侧重于对信号的处理过程,在盲源分离阶段可能会破坏信号的完备性。为了增强去噪方法的自适应能力,基于 CEEMD-EEMD 的阈值去噪法,先对局部放电信号采用 CEEMD 分解,再对分解出的 IMF 做 EEMD 分解,从数理统计的角度利用 3δ 准则经对双层分解后得到的分量进行阈值去噪。该方法有效克服了模态混叠效应和端点效应,但同样存在对信号过度处理导致完备性较差的缺点。

　　尽管已出现了大量基于 CEEMD 的数字去噪方法,但是利用 CEEMD 的分频特性去滤除局部放电信号的噪声时,往往面临两个问题:①噪声干扰模态和有效信号模态的区分判断;②对高频模态的保留与舍弃原则。若将噪声模态误判为信号模态,或者高频分量保留过多将导致滤波不完全,反之将造成有效信号的损失,因此对模态的区分判断以及对高频分量进行处理成为 CEEMD 去噪研究的重点。

3. 模式识别

　　不同类型的局部放电对设备绝缘造成的损伤程度也不相同,利用放电类型间特征表现的差异进行模式识别,可以有针对性地分析造成绝缘劣化的原因,并给出特定的检修方案,为电力设备的状态评估提供参考依据。在识别过程中分类器的选择是至关重要的环节。

　　目前,对于局部放电类型的识别大多是采用相关程序提取相应的特征参数,然后搭建基于各种算法的分类器,将提取到的特征参数导入分类器中进行模式识别[15]。但在现场,除了仪器自动识别功能,还需要检测人员识别干扰信号的各种特征,辨识现场的各类干扰信号。目前已有大量基于人工智能的分类器被用于局部放电信号的模式识别,主要包括以下几种。

　　1) 基于浅层学习的识别方法

　　(1) 人工神经网络(artificial neural network,ANN)

　　ANN 是对人脑神经元系统进行抽象从而建立的一种自适应信息分析处理模型。根据网络的拓扑结构、神经元的特征、学习规则的差异,ANN 已衍生出几十种具有不同特性和功能的网络,如误差反向传播神经网络(或称 BP 网络)、概率神经网络等[16]。ANN 的非线性映射能力较强,针对输入端的样本数据,通过学习实际输出与期望输出的误差,以此调整网络的权值和阈值,最终利用识别效果最优的分类模型识别测试集样本。然而 ANN 也存在一些不足:在处理高维大数据样本时,需经多次迭代计算才能确定网络结构和参数,导致其收敛速度较慢;另外,当解决复杂非线性问题时,ANN 在搜索优化的过程中极易陷入局部极小值。

　　(2) 支持向量机(support vector machine,SVM)

　　SVM 是一种适用于小样本、非线性、高维数情况下的分类方法,通过求取最优超平面实现样本数据的最大可分,具有优越的泛化能力[17]。尽管 SVM 在电力设备故障诊断领域已取得一定的应用成果,但其自身仍存在一些缺陷:①SVM 作为传统的二分类器,在多分类问题的处理中需要构造多分类 SVM,这个过程往往比较复杂;②SVM 核参数的选取在很大程度上会影响最终的分类结果,若选择的参数不合理,无法保证结果的可靠性。

2) 基于深度学习的识别方法

深度学习的概念由 Hinton 教授于 2006 年提出,突破了神经网络发展的瓶颈,目前在数据挖掘、自然语言处理,图像和语音识别等领域成果丰硕。与传统浅层神经网络相比,基于深度学习的各种网络模型通过多个隐含层的堆叠可以逐层提取输入数据更本质的特征,为局部放电的特征提取和识别提供了新的视角与机遇。

(1) 深度置信网络(deep belief network,DBN)

DBN 由受限玻尔兹曼机(RBM)堆叠而成,以无监督的方式由下自上逐层训练 RBM 以获取数据的结构信息,然后采用监督学习方式调整网络参数,有效避免了传统网络易陷入局部最优的问题[18]。

(2) 堆栈自编码器(stacked auto-encoder,SAE)

SAE 是多层自编码器构成的层级深度神经网络,通过增加隐藏层深度来逐层提取输入数据的高阶特征,以获得更好的识别效果[19]。对自编码器的结构进行改进可得到其他类型的自编码器,如通过增加稀疏约束可得堆栈稀疏自编码器(SSAE)[20],降低了网络参数数量和训练难度;利用加噪数据训练网络可得到堆栈降噪自编码器(SDAE),提高了网络的鲁棒性和泛化性能。

(3) 卷积神经网络(convolutional neural network,CNN)

CNN 是一种包含卷积计算且特别适合处理图像数据的深度神经网络,其最大的优势在于可直接以二维数据作为输入,完整保留了数据的原始特征。另外,由于其在训练过程中具有稀疏交互和参数共享的运算特点,极大地降低了网络复杂度和训练难度,在计算机视觉领域表现优异。目前,已有部分学者将 CNN 初步应用于电力设备局部放电识别中,获得了不错的效果[21]。

3.2   基于改进 LISTA 的局部放电信号噪声抑制技术

3.2.1   融合深度学习的迭代阈值收缩算法(LISTA)原理

在传统稀疏编码阶段,通常采用 OMP 算法对 $\bar{x} \in \mathbf{R}^N$ 在 $\boldsymbol{D} \in \mathbf{R}^{N \times M}$ 中系数分解,该方法内积计算次数较大。同时,在稀疏表示向量更新过程中,需要较多矩阵乘法及逆矩阵求解,计算复杂,影响时效[22]。此外,在神经网络框架内,由于 OMP 算法在学习过程中不会伴随训练进行参数更新,导致无法引入深度学习,特征挖掘不充分[23]。针对上述问题,本书提出在稀疏编码阶段采用迭代阈值收缩算法,使得该过程可导可微分。

对于一个形如式(3-1)的基础线性无约束优化问题:

$$y = \boldsymbol{D}x + w \tag{3-1}$$

通常可用最小二乘法对其求解,得到:

$$x^+ = \underset{x}{\arg\min} \parallel Dx - y \parallel_2^2 \tag{3-2}$$

然而,在局放信号稀疏表示的分解过程中,由于过完备字典 D 本身是病态矩阵,最小二乘法的无偏估计特性使得其在病态系统中受到微小扰动的干扰而无法获得理想结果。因此,式(3-2)和式(3-3)通过在标准线性回归的基础上添加 $\ell-1$ 正则化,解决线性回归过拟合的问题。

$$x^+ = \underset{x}{\arg\min} \parallel Dx - y \parallel_2^2 + \lambda \parallel x \parallel_1 \tag{3-3}$$

在过完备字典 $D \in \mathbf{R}^{N \times M}$ 已知的基础上,对 $\bar{x} \in \mathbf{R}^N$ 在 D 中基于迭代阈值收缩算法稀疏分解,可得第 k 次匹配进程中稀疏表示系数 $\bar{x}_k (k = 1, 2, \cdots, T)$,并有 $\bar{x} = (x^1, x^2, \cdots, x^N)^{\mathrm{T}}$,$\bar{x}_k^i$ 可表示为:

$$\bar{x}_k^i = \underset{\upsilon, \lambda \parallel x \parallel_1}{prox} \left[\bar{x}_{k-1}^i - \upsilon D^{\mathrm{T}} (D\bar{x}_{k-1}^i - y) \right] \tag{3-4}$$

式中: $prox(\bullet)$ 为近端算子的符号表示,对于 Lasso 线性回归模型,$\bar{x}_k^i$ 还可表示为:

$$\bar{x}_k^i = S_{\lambda\upsilon} \left[\bar{x}_{k-1}^i - \upsilon D^{\mathrm{T}} (D\bar{x}_{k-1}^i - y) \right] \tag{3-5}$$

式中: $S_{\lambda\upsilon}(\bullet)$ 为软阈值算子; υ 为梯度求解过程的迭代步长,其值等于函数 Lipchitz 常数的倒数。因此,求解软阈值算子回归问题,式(3-5)的显式解有:

$$\bar{x}_k^i = \mathrm{sign}(z_{k-1}^i)(\mid z_{k-1}^i \mid - \lambda\upsilon)_+ \tag{3-6}$$

式中: $z_{k-1}^i = \bar{x}_{k-1}^i - \upsilon D^{\mathrm{T}} (D\bar{x}_{k-1}^i - y)$,$\mathrm{sign}(\bullet)$ 为符号函数。

综上,基于近端梯度下降思想提出利用迭代阈值收缩算法实现 $\bar{x}_k^i$ 更新,该过程中可以通过深度学习对参数 D、λ、υ 进行更新。该方法有效解决了 ISTA 算法步长 υ 计算困难的问题,同时针对不同的分帧信号矩阵块能够自适应确定正则化系数 λ。故采用该方法替代 OMP 算法可在稀疏编码进程中对各参数进行学习更新,提升数据挖掘能力。

由上述可知,所提出的 LISTA 网络主要包括软阈值参数 λ 估计和 ISTA 编码两个阶段,同时在 ISTA 编码阶段,将字典作为网络参数更新迭代。

其中软阈值参数 λ 的设置至关重要,这个参数取决于待处理的信号块本身。为每一个小块 y_i 设置一个合适的 λ,才能使稀疏编码更有针对性,达到更好的去噪效果。

目前对 λ 的估计没有确定的解,所以采用学习一个回归函数的方法,根据每一个待处理的信号块来计算所对应的软阈值参数。LISTA 采用多层感知机(MLP)实现这个功能,即 $\lambda = f_\theta(y)$,其中 θ 是 MLP 中各种参数的集合,是一个超参数。LISTA 中的 MLP 网络由三个隐藏层构成。输入层有 n 个节点,对应于将含噪小块向量化后的维度 $y \in \mathbf{R}^n$,输出层只包含一个节点,即求出的软阈值参数 λ。多层感知机的结构如图 3-1 所示,包含三个隐藏层,大小分别为 $2n$、n、$0.5n$,其中每两个节点之间连线代表一个一元一次函数,包含权重和偏差两个参数,所以整个回归

流程需要 $9n^2$ 个参数。

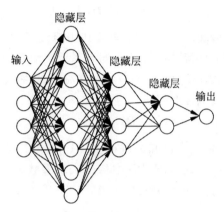

图 3-1　多层感知机的结构

算法中参数 λ 的估计阶段包含了对噪声信息的考虑,所以可以忽略噪声水平对去噪结果的影响。只要能够对各个阶段的输入进行正确的参数估计,就不需要噪声的相关信息。所以在面对统计信息不完备的未知噪声时,不需要对噪声进行统计分析求得均值方差等指标,只需将含噪信号输入 MLP,那么输出的参数是含有噪声信息的,极大地简化了去噪的工作量也改善了去噪效果。

在确定好了软阈值参数后就可以根据追踪算法 ISTA 计算稀疏系数,进而用字典 $\boldsymbol{D}$ 和稀疏系数 $\boldsymbol{x}$ 求处理后的信号 $\boldsymbol{y} = \boldsymbol{D}\boldsymbol{x}$。需要注意的是在整个网络中字典 $\boldsymbol{D}$ 是当作一组参数来训练的而不是一个整体,字典中每个原子都作为参数进行训练和更新。$\boldsymbol{D}$ 的初始值同样采用的是 DCT 字典,但是不再采用奇异值分解的更新方式。

处理含噪信号时首先将其重叠分块,然后将每个小块分别送到以上所描述的块去噪的阶段,然后根据去噪后的各个小块来重建干净的信号。定义 $\boldsymbol{w} \in \boldsymbol{R}^{\sqrt{n} \times \sqrt{n}}$ 是信号重建时的权值,那么纯净信号可以表示为 $\boldsymbol{y}_s = \dfrac{\sum\limits_k \boldsymbol{R}_k^{\mathrm{T}}(\boldsymbol{w} * \boldsymbol{x}_k)}{\sum\limits_k \boldsymbol{R}_k^{\mathrm{T}}\boldsymbol{w}}$,其中 $*$ 是 Schur 乘法;$\boldsymbol{w}$ 作为参数参与训练,通过误差的反向传播更新。

在过完备字典 $\boldsymbol{D} \in \boldsymbol{R}^{N \times M}$ 已知的第 t 次稀疏编码过程中,迭代阈值收缩算法基本步骤如图 3-2 所示。

步骤 1:输入染噪信号 $\boldsymbol{y}$,并将信号分帧为若干信号块 $\boldsymbol{y}_i$,$i = 0, 1, 2, 3, \cdots$。

步骤 2:将某一帧信号 $\boldsymbol{y}_t (t \in i)$ 输入 LISTA 网络,通过感知机模型估计软阈值参数 λ。

步骤 3:将 $\boldsymbol{y}_t$ 和软阈值参数 λ 送至 ISTA 稀疏编码模块,迭代 n 次计算稀疏系数。

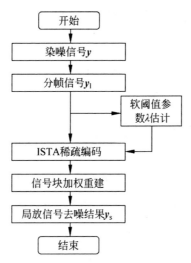

图 3-2　迭代阈值收缩算法框图

步骤 4：对计算完成的稀疏系数和字典进行重构。

步骤 5：将信号块重建获得去噪结果 y_s。

3.2.2　基于改进 LISTA 算法的局部放电信号噪声抑制

1. 局部放电加权分帧提取

局放信号 $\bar{x}$ 在 D 中稀疏分解，若信号长度 N 过大，必然要求 D 中原子数目 M 也较大，这将使基于 LISTA 等理论的稀疏表示存在下列难题[24]。

（1）计算复杂度过高。$\bar{x} \in \mathbf{R}^N$ 在 $D \in \mathbf{R}^{N \times M}$ 中稀疏分解，各次迭代内积计算需乘法、加法运算次数分别为 MN 及 $M(N-1)$。若 M 及 N 过大，计算复杂度过高。

（2）过完备字典构建困难。过完备字典需原子数目 $M > N$。若 N 过大，将导致后续构建学习型过完备字典所需训练样本数目过多，因此难以实现。

对原信号分帧可降低信号长度 N，并减少过完备字典原子数量 M，进而解决上述难题。但直接对原信号连续分帧，由于分帧时强制截断，各帧信号难以平稳过渡到零，且边缘处存在突变，进而使各帧信号与原局放脉冲存在差异，且越接近边缘处差异越明显，即存在边缘效应。为此，本研究提出局放信号加权分帧方法。

对信号 $\bar{x}$ 重叠分帧，各帧长度 $2L$，第 p 帧可表示为 $\bar{y}_p = (y_p^1, y_p^2, \cdots, y_p^{2L})^T$ $(p=1,2,3,\cdots)$，且有：

$$y_p^l = x^{(p-1)L+l} \tag{3-7}$$

式中：y_p^l 为第 p 帧信号第 l 个采样点；$x^{(p-1)L+l}$ 为原信号第 $(p-1)L+l$ 个采样点，且 $l=1,2,\cdots,2L$。基于上述方法，相邻两帧重叠部分长度为 L，且 $y_p^i = y_{p+1}^{l-L}$ $(l=L+1,L+1,\cdots,2L)$。

对各帧信号进行加权，得到加权分帧信号 $\bar{\boldsymbol{x}}_p = (x_p^1, x_p^2, \cdots, x_p^{2L})^{\mathrm{T}}$ $(p=1,2,3,\cdots)$，并有：

$$x_p^l = y_p^l \cdot \eta(l) \quad (l=1,2,\cdots,2L) \tag{3-8}$$

式中：$\eta(l)$ 为 y_p^l 权值，$\eta(\cdot)$ 为权值函数，并有：

$$\eta(l) = \begin{cases} f\left(\dfrac{2l-L}{L}\right) & l \in (0,L] \\[2mm] f\left(\dfrac{3L-2l}{L}\right) & l \in (L,2L] \end{cases} \tag{3-9}$$

式中：$f(t) = \sin^2\left[\dfrac{\pi}{8}(2+3t-t^3)\right]$。由 $f(t)$ 定义可知，$\eta(\cdot)$ 平稳光滑，无突变点。

进行加权分帧时，原信号采样点 $x^{(p-1)L+l}$，以权值 $\eta(l)$ 分配到 $\bar{x}_p$ 中，并为其采样点 x_p^l；以权值 $\eta(l-L)$ 分配到 $\bar{x}_{p+1}$ 中，并为其采样点 x_{p+1}^{l-L}。由权值函数定义可知：

$$x^{(p-1)L+l} = x_p^l + x_{p+1}^{l-L} \quad (l=L+1,L+1,\cdots,2L) \tag{3-10}$$

综上，局放信号加权分帧具有如下优势。

（1）相邻帧存在重叠，且重叠长度为帧长一半。若原信号采样点存在于第 p 帧边缘处，其必同时存在于第 $p+1$ 帧中间处，则该采样点处信息必在某帧信号中得以保留，可削弱边缘效应。

（2）权值函数可使各帧信号平稳过渡到零，避免了强制截断导致信号突变，且各帧信号越接近边缘，其权值越小，进一步削弱了边缘效应。

（3）重叠与加权相配合，根据式（3-10）易实现由各加权分帧信号恢复为原信号。

2. 基于改进 LISTA 网络的去噪方法

在 LISTA 网络中，字典采用网络参数的方法迭代优化，此时字典中含有噪声信息，导致在稀疏编码时仍有部分噪声信息混入；同时，原方法的信号没有采用加权分帧的方法，导致边缘效应严重。本文在原方法上做如下改进。

（1）添加字典预训练阶段，将干净信号作为训练样本训练字典。

（2）在信号分帧阶段，采用加权分帧方法，减小信号强行阶段导致的边缘效应。

（3）将三个三层感知机级联，加强网络的数据挖掘能力，得到更加准确的软阈值参数 λ。

在字典预训练阶段，在实验室环境下采集局放信号，由于实验室环境没有太大电磁干扰，可以作为干净信号 y，将信号 y 输入网络，更新字典，此时字典中只含有局放信号信息，排除了字典阶段的噪声干扰，将训练好的字典 $\boldsymbol{D}$ 下载保存。将字典 $\boldsymbol{D}$ 作为稀疏编码阶段的字典，并固定字典，字典并不随着网络更新迭代，输出训练后的稀疏编码 $\boldsymbol{X}$。$\boldsymbol{D} * \boldsymbol{X}$ 即为干净信号。

改进 LISTA 网络是一个端到端的网络映射 F，即输入一个含噪信号 $\boldsymbol{Y}$，输出

$X = F(Y)$。通过学习可以求得 MLP 超参数 θ 包含各节点间权重和偏差、LISTA 步长 t、字典 D、小块重建信号的权值 w 构成的参数集合。

参数集合的计算是通过最小化如下损失函数进行的：

$$\ell = \sum_i X_i - F(Y_i)_2 \tag{3-11}$$

式中：自变量是 F 中的参数 θ、t、D、w。通过梯度下降的方法将损失函数值由链式法则反向传播，将以上提到的各参数进行更新，使它们朝着损失函数值更小的方向移动，直到满足停止条件。训练集由纯净信号小块和与之对应的含噪信号小块组成，含噪信号作为训练数据，纯净信号作为训练标签。

3.2.3　算例分析

图 3-3 为实验室放电模型测得的局放信号。通过向该信号添加噪声仿真信号构成染噪局放信号，其中，白噪声采用标准差为 0.15 的高斯白噪声模拟，如图 3-4 所示。采用本书方法对该信号进行去噪处理，且仍采用前文基于实验室高信噪比局部放电信号学习构建的局部放电脉冲自适应过完备字典。对上述信号进行去噪处理，去噪结果如图 3-5 所示。

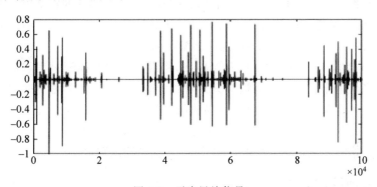

图 3-3　干净局放信号

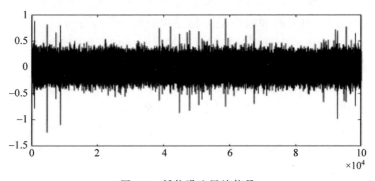

图 3-4　低信噪比局放信号

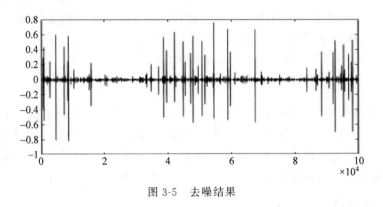

图 3-5　去噪结果

由图 3-5 所示去噪结果可知,本文去噪后波形畸变率较小。

3.3　基于 ORB-Rep-VGG 的高鲁棒性局放模式识别技术

本书提出一种结合 ORB 特征提取算法与 Rep-VGG 神经网络模型的局部放电模式识别方法,基于 ORB 算法提取局放信号时频特征谱图的特征参量构建视觉特征字典,该方法通过提取时频谱图的局部边缘特征点有效保留了局放脉冲的有效信息,并将其可视化为容易被神经网络学习的特征频率直方图,提升了系统鲁棒性。同时,分类器采用 Rep-VGG 神经网络,将训练过程与推理过程解耦。在训练阶段采用当前主流的多分支架构提升学习性能,而边缘部署层面的推理模型则聚合为实时快速的单链结构,契合现场局放故障诊断应用需求且极大地提升了模式识别速度。此外,该方法与传统机器学习以及卷积神经网络等模型在波形畸变且含有脉冲干扰的模式识别效果对比中,取得了优异的识别精度。

3.3.1　局放脉冲时频联合分析

根据信号分析与处理理论,信号与系统的特性可以根据其随时间或者频率的变换特性进行分析,且时间和频率是互相关联的两个物理分析域。信号分析处理的方法主要有:时域分析、频域分析和时频域联合分析方法,其中时域分析和频域分析仅就时频域中各自的特征信息而忽略了两者之间的关联,导致部分信息的缺失,无法对信号特征进行全面描述。因此,需要引入时频联合分析方法观察局部放电脉冲能量在时间和频率二维坐标内的分布情况。

局部放电信号是典型的非平稳信号,其瞬时频率是时间的函数,如上所述,仅从时域或频域提取特征得到的信息过于片面,不利于实现波形畸变且含有脉冲干扰情况下的高精度局部放电模式识别。故采用 S 变换对其进行时频变换[25]。

对从局放周波信号中提取的单次脉冲 $s(t)$ 进行一维连续 S 变换,得到时频谱图 $S(\tau, f)$。

$$S(\tau,f)=\int_{-\infty}^{+\infty}s(t)g(\tau,f)\mathrm{e}^{-\mathrm{j}2\pi ft}\mathrm{d}t \tag{3-12}$$

$$g(\tau,f)=(2\pi)^{-\frac{1}{2}}\mid f\mid \mathrm{e}^{-\frac{(\tau-t)^{2}f^{2}}{2}} \tag{3-13}$$

式中：$g(\tau,f)$为高斯函数；τ为控制高斯窗函数在时间坐标轴上位置的参数；f为频率；$\mathrm{e}^{-\mathrm{j}2\pi ft}$为相位检验因子。

对幅值归一化后的单次局放脉冲信号进行时频变换，并将变换得到的时频谱图以图片等非结构化形式予以保存。由于不同类型的局部放电其放电机理各不相同，因此时频分布会表现出较大差异，本书主要针对气泡放电、悬浮放电、尖端放电以及沿面放电四种放电类型展开研究。气泡放电在频域中呈带状分布且放电集中在较短的时间内；尖端放电则分布在更为广泛的时频跨度内，其能量聚集区域通常集中在多个频带；悬浮放电相比较于尖端放电，虽然也存在分布广泛的特点，但信号能量更为集中；沿面放电的时频谱图较为特殊，呈现规律的窄带状且分布集中于低频区域。上述四种典型放电类型的时频变换谱图如图 3-6 所示，其中横、纵坐标分别代表时间与频率。

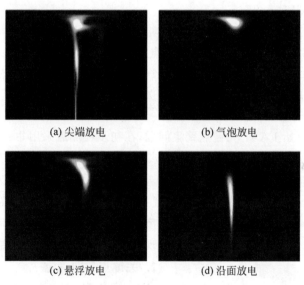

(a) 尖端放电　　　　　　　　　　(b) 气泡放电

(c) 悬浮放电　　　　　　　　　　(d) 沿面放电

图 3-6　典型放电类型的时频变换谱图

在实验条件保持不变且无外部明显干扰的情况下，同种局部放电类型的时频谱图常表现出一定的共性，这是由其放电机制决定的，因此我们能够基于上述原理对局部放电进行分类并验证分类器的识别性能。

3.3.2　基于 ORB 算法局部特征提取方法

通常，基于神经网络的局放模式识别方法会以典型局放类型的时频谱图作为训练网络的输入数据集，但受去噪后波形畸变以及去噪过程中残留的脉冲型噪声干扰的影响，导致训练样本质量下降，影响神经网络的训练效果。针对该情况，本节结合时频变换与深度学习对局部放电进行模式识别。考虑到其在现场应用过程中受复杂电磁环境的影响导致模式识别效果不佳(这是由于去噪技术的局限性,对白噪声进行抑制处理后虽然能够有效提升信号的信噪比,但会导致原始局放脉冲波形发生一定程度的畸变,影响分类器识别性能,且信号去噪阶段无法滤除与局部放电脉冲时频域特征相似度较高的随机脉冲型干扰,造成局部放电故障诊断现场应用的误报率高居不下),本书将计算机目标检测领域的特征表示方法与神经网络模型相结合,对局放时频谱图构成的初始训练样本进行处理。采用 ORB 特征提取算法对时频谱图进行局部特征提取与视觉特征字典可视化得到相应的频率特征直方图,增强含噪局放信号的识别颗粒度。

FAST(features from accelerated segment test,特征点检测)是一种关键点检测算法,通过判别图片某一像素点与其周围像素点的差异实现关键点检测,与其他检测算法如 SURF(speeded up robust features,加速稳健特征)以及 SIFT(scale-invariant feature transform,尺度不变特征转换)相比,其具有速度快、鲁棒性好等优点。处理流程如下。

1. 关键点提取

FAST 关键点提取首先从局部放电灰度化时频谱图中选取区域中像素灰度变化明显的一点,假设其灰度为 T 并以该点灰度为基础设置阈值。以像素点为圆心选取半径为 3 的邻域圆形路径上关联的 16 个像素点,检测该邻域圆上序号为 1、5、9、13 的灰度值是否满足下式以初步确定关键像素点:

$$n_i \in (n_p - T, n_p + T), \quad i = 1, 5, 9, 13 \tag{3-14}$$

为了解决原始 FAST 关键点聚集问题,在初步检测后采用非极大值抑制方法,在关联区域内仅选择 Hessian 矩阵行列式最大值所在位置作为关键点。

同时,为涵盖不同尺度下的关键点,ORB 算法构建了如图 3-7 所示的图像金字塔,通过在下采样基础上引入高斯滤波得到不同尺度下的高斯模糊图像,使得计算机能够有效发现对不同尺度下图像的关键点。

2. 关键点方向确定

ORB 特征提取算法利用灰度质心法为 FAST 关键点补充了其缺少的方向信息,通过计算关键点的灰度质心可以得到一个方向向量,该方向向量即为关键点的方向。

BRIEF(binary robust independent elementary features)描述子是由二进制 0 和 1 组成的一段关键点的特征描述向量,通过在关键点邻域依据正态分布随机选取对像素点进行灰度值对比,若邻域点灰度值比关键点灰度值大,则描

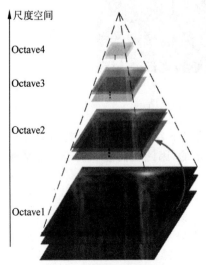

图 3-7　高斯图像金字塔

述符对应位置数值为 1;反之,则为 0。重复上述步骤,最终 BRIEF 算法将为整幅时频图谱中的每一个关键点建立其特征描述向量。

利用 FAST 和 BRIEF 算法从图像中抽象出包含关键信息的特征点描述向量后,采用 K-means 聚类算法根据各关键点的 BRIEF 描述子匹配程度将其聚类为 K 类,并按照一定顺序排列形成待分类数据集的视觉特征字典。通过统计每幅时频谱图的 BRIEF 描述子与特征字典原子的相似度,可以得到相应谱图的频率直方图。四种局部放电类型的特征频率直方图如图 3-8 所示。

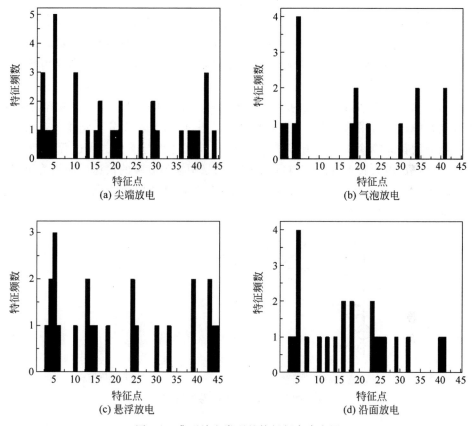

图 3-8　典型放电类型的特征频率直方图

图 3-8 中,特征频率直方图的横、纵坐标分别为特征点与特征频数,其实质上是图像特征描述符的可视化。使用特征频率直方图对时频谱图进行表征,能够充分保留有效信息,剔除无效信息,提升卷积神经网络的分类效果。

由图 3-8 可知,不同局部放电类型的时频谱图通过 ORB 特征提取算法形成对应的频率直方图存在明显差异,上述差异即为分类器进行模式识别的重要数据特征基础。

3.3.3 基于 ORB-Rep-VGG 的局部放电模式识别方法

随着深度学习技术的不断发展,VGG 神经网络的模型精度与计算结果准确度都无法与 ResNet 或 Inception 模型相媲美,也无法满足如今电气设备故障诊断领域越来越高的准确率要求,更多地只能作为特征提取或深层网络预分类模型而存在。本书将采用全新的 Rep-VGG 神经网络模型作为特征频率直方图的分类器,该方法充分结合多分支网络架构与单链架构的优势,以满足现场对局部放电实时故障诊断与高精度模式识别的多层次需求。

多分支结构(如 ResNet、Inception 等)采用残差分支或不同尺度的感受野以提升模型性能,这也带来了诸多问题,其中影响其在工程实际中应用的主要障碍在于推理时间过长、显存消耗过大等缺点。而 Rep-VGG 神经网络在训练阶段采用类似于 ResNet 网络的多分支架构,在推理阶段通过结构重参数化(re-parameterization,Rep)使其转换为与 VGG 类似的单链推理架构。得益于此,Rep-VGG 神经网络在推理过程中拥有占用内存少、计算速度快的优势,同时兼顾了分类结果的准确性。这与电力设备故障诊断的现场需求类似,即对训练过程与模型迭代过程中训练速度以及显存占用的要求较低,而对边端应用场景中缺陷故障的快速反应更为重视。

综上,本书提出将 Rep-VGG 神经网络应用于局部放电模式识别中,其典型卷积块如图 3-9 所示。

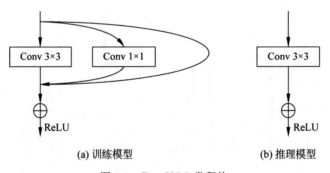

(a) 训练模型　　　　　　　　(b) 推理模型

图 3-9　Rep-VGG 卷积块

由图 3-9 可知,Rep-VGG 神经网络的训练模型以 VGG 神经网络为基础并借鉴 ResNet 的设计思想,为每一层 3×3 卷积层添加一个 1×1 的卷积分支以及一个恒等映射分支。其中 1×1 卷积与恒等映射分支可通过结构重参数化方法等效为一个 3×3 卷积层,最终实现多分支结构融合形成一个简洁的单路模型。

Rep-VGG 的训练网络与推理网络结构如图 3-10 所示。该模型的输入为 [128,3,224,224] 维的特征频率直方图,而输出为 [128,4] 维的局部放电模式识别结果。

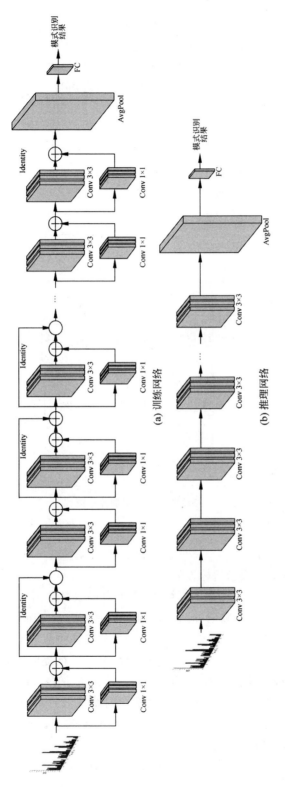

图 3-10　Rep-VGG 网络与推理网络结构

其中训练网络由 3×3 卷积层与并行的 1×1 卷积层、恒等映射分支组成,三者输出结果相加后经过 ReLU 激活函数处理进入下一模块;而推理网络仅由 3×3 卷积层与 ReLU 激活函数组成,极大地加快了推理速度并减少内存占用。最终,训练网络的参数数量为 8 万个左右,而推理模型的参数数量为 7 万个左右,降低了 10% 以上。在相同硬件设施与相同服务器配置环境下,推理网络的计算速度相较于训练网络提升了 84.6%。

基于 ORB 特征提取算法与 Rep-VGG 神经网络能够实现波形畸变且含有随机脉冲型干扰条件下局部放电的高精度模式识别,同时进一步提升深度学习模型内存利用效率、提升故障诊断速度。该方法的主要流程如图 3-11 所示。

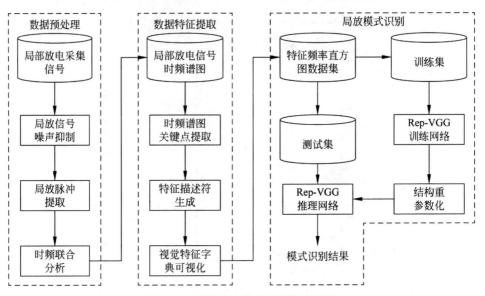

图 3-11　局部放电模式识别算法流程

3.3.4　算例分析

1. ORB 特征提取对模型鲁棒性的影响

相较于传统的深度学习模式识别算法,本书对局放脉冲信号的时频谱图进行了 ORB 特征提取,并将其转换为如图 3-12 和图 3-13 所示的特征频率直方图,以应对白噪声去噪过程中引起的波形畸变以及混杂的随机脉冲型干扰对局放模式识别结果的影响,提升模型的鲁棒性能。为量化评价 ORB 特征提取处理对数据集的影响,采用跨尺度结构相似性(multi-scale structural similarity,MS-SSIM)评估不同条件下四类典型局部放电脉冲的原始时频谱图与特征频率直方图的结构化差异性,其中 MS-SSIM 值越接近 1 代表两张图片的相似度越高,对于分类网络而言精准辨识的难度越大,其鲁棒性越差。

由图 3-12 与图 3-13 可知,针对局放信号中混杂随机脉冲型干扰以及去噪后导

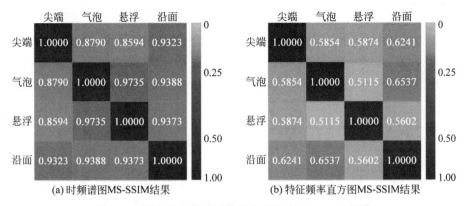

(a)时频谱图MS-SSIM结果　　　　　(b)特征频率直方图MS-SSIM结果

图 3-12　混杂随机脉冲干扰的典型局放 MS-SSIM 矩阵

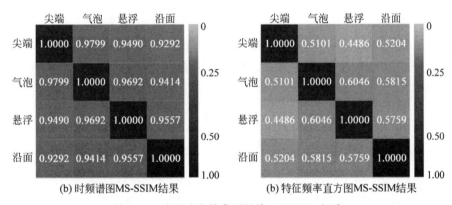

(b)时频谱图MS-SSIM结果　　　　　(b)特征频率直方图MS-SSIM结果

图 3-13　波形畸变的典型局放 MS-SSIM 矩阵

致局放波形畸变的两种情况,经 ORB 特征提取后的数据集其 MS-SSIM 值显著优于原始时频谱图,不同放电类型之间存在明显差异,有助于 Rep-VGG 神经网络模型对四类典型局部放电类型进行模式识别。

2. 波形畸变对局部放电模式识别的影响

现场局放检测环境中通常包含有白噪声干扰、连续周期性窄带干扰以及随机型脉冲干扰,其中连续周期性窄带干扰具有典型窄带脉冲特征,极容易在频域中与局部放电信号分离开来。因此,本书主要研究白噪声干扰抑制后造成的波形畸变,以及常规噪声抑制算法无法有效识别的随机型脉冲干扰对局部放电模式识别的影响。

其中,为了模拟现场环境中存在的高斯白噪声,本书通过仿真手段在局部放电监测信号中添加一定量白噪声信号,以便利用信噪比(signal-to-noise ratio,SNR)表征原始信号被噪声污染的程度以量化和评价算法效果。信号的信噪比计算公式如下:

$$\mathrm{SNR} = 10\log_{10}\left(\frac{P_{\text{Signal}}}{P_{\text{Noise}}}\right) \tag{3-15}$$

$$P_{\text{Signal}} = \sum_{i=1}^{N} \boldsymbol{X}^2(i) \tag{3-16}$$

$$P_{\text{Noise}} = \sum_{i=1}^{N} \boldsymbol{Y}^2(i) \tag{3-17}$$

式中：P_{Signal} 为信号功率；$\boldsymbol{X}(i)$ 为局部放电信号；P_{Noise} 为噪声功率；$\boldsymbol{Y}(i)$ 为仿真噪声信号。考虑不同现场环境中信号信噪比有所差异，因此实验选取两种不同的高低信噪比，分别得到 SNR＝－8.95dB 以及 SNR＝－18.95dB 的局部放电信号。

通过不同的去噪算法对两种信噪比条件下的局放信号进行噪声抑制处理，以观察波形畸变情况。为评价去噪后局部放电信号的波形畸变程度，本文采用波形相似系数（normalized correlation coefficient，NCC）、变化趋势参数（variation trend parameter，VTP）两种指标进行对比。在计算环境相同时，NCC 与 VTP 的数值越接近 1，代表波形畸变越小，如表 3-1 所示。

表 3-1　不同去噪方法的波形畸变评价指标

去 噪 算 法	高 信 噪 比		低 信 噪 比	
	NCC	VTP	NCC	VTP
稀疏表示去噪算法	0.9219	1.0742	0.5456	1.4684
AMW-OSVD	0.8923	0.9823	0.58	1.8782
STSVD	0.9163	0.9656	0.307	1.5335

由表 3-1 可知，当局放信号的信噪比较高时，其去噪后的波形畸变更小，变化趋势也更符合实际信号的波形特征。本书选取三种主流局部放电噪声抑制算法进行试验，并选取综合效果最优的稀疏表示去噪算法构建数据集。

针对波形畸变情况，本书利用 ORB 特征提取算法生成特征表示更为简单、直观的特征频率直方图。根据局部放电信号的时频谱图可以初步判断该信号在时域与频域中的分布，便于对同组数据样本的相关性进行初筛，同时利用 ORB 特征提取算法将波形畸变后区分度并不明显的局放信号时频谱图进一步转换为特征频率直方图，以达到波形畸变条件下进行局放信号模式识别的目的。

依照前述结构与参数构建 Rep-VGG 网络对局放信号特征频率直方图的各项特征进行分类和识别，采用多分支结构训练，批量数为 128，学习率为 0.001，经过 300 次迭代后趋于稳定，经模型转换后通过单路卷积神经网络进行推理得到最终的分类结果如表 3-2 所示。

表 3-2　基于不同信噪比样本库的模式识别结果　　　单位：%

放电类型	高 信 噪 比		低 信 噪 比	
	识别率	总识别率	识别率	总识别率
尖端放电	95.45		90.625	
气泡放电	92.10	93.75	90.32	87.5
悬浮放电	89.74		93.10	
沿面放电	100		77.78	

由表 3-2 可知,基于 ORB-Rep-VGG 模型的波形畸变条件下局部放电模式识别结果具有较高的准确率。其中,高信噪比数据集的整体识别准确率显著高于低信噪比数据集,尤其是针对尖端放电和沿面放电两种放电类型,识别效果提升尤为明显。而数据集中悬浮放电识别率随着信噪比的升高而降低的现象可能是由于 ORB 特征提取过程中对于该类放电缺陷其特征点的选择以及视觉特征字典的形成具有一定的局限性,导致无法突出其特有的分布特征。因此,在后续研究中将重点关注悬浮放电缺陷的局放时频特征,以此增强最终的局放模式识别精度。

3. 含脉冲干扰的局部放电模式识别

实际上,现场监测环境中存在着大量与局放脉冲波形特征相似的脉冲干扰信号,与白噪声不同,其无法被常规噪声抑制方法剔除,是导致模式识别算法分类错误的主要原因。为了进一步评估和验证本书所提算法及模型的性能,在单个局放脉冲的基础上混杂一定量的脉冲干扰,形成一组新的含脉冲干扰的局部放电数据,以模拟现场环境下的监测信号。经上述处理后的四种典型缺陷类型的局部放电时频谱图以及特征频率直方图如图 3-14 和图 3-15 所示。

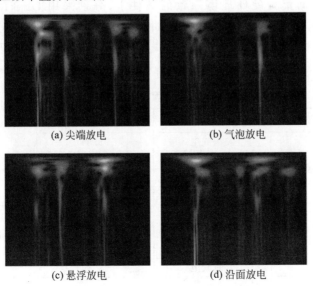

(a) 尖端放电　　　　　　　(b) 气泡放电

(c) 悬浮放电　　　　　　　(d) 沿面放电

图 3-14　含脉冲干扰的典型绝缘缺陷局部放电时频谱图

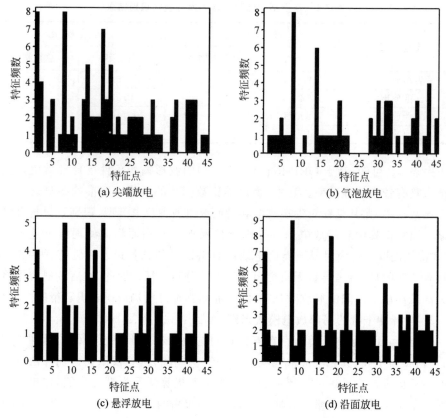

图 3-15　含脉冲干扰的典型绝缘缺陷局部放电

在保证数据集与硬件环境一致的条件下,分别采用 ORB-Rep-VGG、Rep-VGG、ResNet、SVM 作为分类器对含脉冲干扰的局部放电脉冲样本库进行学习,并根据识别目标的标签将其分为尖端放电、气泡放电、悬浮放电以及沿面放电,最终的分类结果如表 3-3 所示。

表 3-3　不同算法流程的模式识别结果　　　　单位:%

算 法 模 型	放 电 类 型	识别率	总识别率
ORB-Rep-VGG	尖端放电	93.94	94.53
	气泡放电	93.94	
	悬浮放电	100	
	沿面放电	90.63	
Rep-VGG	尖端放电	100	86.72
	气泡放电	100	
	悬浮放电	91.89	
	沿面放电	68.89	

续表

算 法 模 型	放电类型	识别率	总识别率
ResNet	尖端放电	95.83	82.03
	气泡放电	86.67	
	悬浮放电	75.56	
	沿面放电	75.86	
SVM	尖端放电	87.10	76.56
	气泡放电	79.41	
	悬浮放电	77.42	
	沿面放电	62.50	

显然,对于含脉冲干扰的局放模式识别任务,深度学习算法相较于机器学习具有更高的识别准确度。且上述分类结果是以实验室环境所测得到的有限样本数据作为训练集所得到的,在现场应用中,电网存储的数据体量更大,种类也更为丰富,深度学习的应用效果也更好。

由表 3-3 可知,预先经 ORB 进行特征处理后的 Rep-VGG 模式识别方法取得了更高的识别精准度,同时其针对四类典型缺陷局部放电均取得了良好的分类效果。综上所述,本文提出的 ORB-Rep-VGG 分类算法相较于其他方法而言,终端分类精度更高。

3.4 本章小结

本章首先针对传统稀疏表示去噪方法对局放特征提取不充分的缺点,提出了改进 LISTA 算法,将深度学习与稀疏表示去噪方法相结合,利用深度学习可以深度挖掘信号特征的优势,提高局放信号去噪的效果,为接下来的局部脉冲放电模式识别奠定良好的基础。

本章提出一种结合 ORB 特征提取算法与 Rep-VGG 神经网络模型的局部放电模式识别方法。首先采用 S 变换对其进行时频变换,解决了仅从时域或频域提取特征得到的信息过于片面,不利于实现波形畸变且含有脉冲干扰情况下的高精度局部放电模式识别的问题。为增强含噪局放信号的识别颗粒度,本章采用 ORB 特征提取算法对时频谱图进行局部特征提取与视觉特征字典可视化得到相应的频率特征直方图。最后采用全新的 Rep-VGG 神经网络模型作为特征频率直方图的分类器,将训练过程与推理过程解耦。在训练阶段采用当前主流的多分支架构提升学习性能,而边缘部署层面的推理模型则聚合为实时快速的单链结构,契合现场局放故障诊断应用需求且极大地提升了模式识别速度,该方法充分结合了多分支网络架构与单链架构的优势,以满足现场对局部放电实时故障诊断与高精度模式识别的多层次需求。经过算例分析,证明了该方法与传统机器学习以及卷积神网络等模型在波形畸变且含有脉冲干扰的模式识别效果相比,取得了优异的识别精度。

3.5　参考文献

[1] 周梦茜.电力变压器局部放电超声信号的声纹识别方法研究[D].北京:华北电力大学,2021.

[2] 郭俊,吴广宁,张血琴,等.局部放电检测技术的现状和发展[J].电工技术学报,2005(2):29-35.

[3] 李军浩,韩旭涛,刘泽辉,等.电气设备局部放电检测技术述评[J].高电压技术,2015,41(8):2583-2601.

[4] 律方成,谢军,李敏,等.局部放电稀疏分解模式识别方法[J].中国电机工程学报,2016,36(10):2836-2845.

[5] 佘昌佳.变压器局部放电超声波信号分析与定位研究[D].南京:东南大学,2019.

[6] 谢良聘,朱德恒.FFT 频域分析算法抑制窄带干扰的研究[J].高电压技术,2000,26(4):6-8.

[7] 钱勇,黄成军,陈陈,等.多小波消噪算法在局部放电检测中的应用[J].中国电机工程学报,2007,27(6):89-95.

[8] 江天炎,李剑,杜林,等.粒子群优化小波自适应阈值法用于局部放电去噪[J].电工技术学报,2012,27(5):77-83.

[9] Li J,Cheng C K,Jiang T Y,et al. Wavelet denoising of PD signals based on genetic adaptive threshold estimation [J]. IEEE Transactions on Dielectrics & Electrical Insulation,2012,19(2):543-549.

[10] Chan J C,Hui M,Saha T K,et al. Self-adaptive partial discharge signal denoising based on ensemble empirical mode decomposition and automatic morphological thresholding [J]. IEEE Transactions on Dielectrics & Electrical Insulation,2014,21(1):294-303.

[11] Xie J,Lü F C,Li M,et al. Suppressing the discrete spectral interference of the partial discharge signal based on bivariate empirical mode decomposition [J]. International Transactions on Electrical Energy Systems,2017,27(10):1-17.

[12] Yeh J R, Shieh J S, Huang N E. Complementary ensemble empirical mode decomposition. A novel noise enhanced data analysis method [J]. Advances in Adaptive Data Analysis,2010,2(2):135-156.

[13] 王蛟,李振春,王德营.基于 CEEMD 的地震数据小波阈值去噪方法研究[J].石油物探,2014,53(2):164-172.

[14] 赫彬,张雅婷,白艳萍.基于 ICA-CEEMD 小波阈值的传感器信号去噪[J].振动与冲击,2017,36(4):226-231+242.

[15] 赵希希.考虑外部电晕干扰信号的电力变压器局部放电模式识别研究[D].济南:山东大学,2019.

[16] 范高锋,王伟胜,刘纯,等.基于人工神经网络的风电功率预测[J].中国电机工程学报,2008(34):118-123.

[17] 赵万明,黄彦全,谌贵辉.基于支持向量机的电力系统静态电压稳定评估[J].电力系统保护

与控制,2008,36(16)：16-19.

[18] 张新伯,唐炬,潘成,等.用于局部放电模式识别的深度置信网络方法[J].电网技术,2016,40(10)：3272-3278.

[19] Vincent P, Larochelle H, Lajoie I, et al. Stacked denoising autoencoders[J]. Journal of Machine Learning Research,2010,11(12)：3371-3408.

[20] 戴晓爱,郭守恒,任清,等.基于堆栈式稀疏自编码器的高光谱影像分类[J].电子科技大学学报,2016,45(3)：382-386.

[21] 万晓琪,宋辉,罗林根,等.卷积神经网络在局部放电图像模式识别中的应用[J].电网技术,2019,43(6)：2219-2226.

[22] 吕永正.深度 K-SVD 算法在沙漠地震勘探噪声压制中的应用[D].长春：吉林大学,2020.

[23] Scetbon Meyer, Elad Michael, Milanfar Peyman. Deep K-SVD denoising[J]. arXiv：1909.13164,2019.

[24] 谢军,刘云鹏,刘磊,等.局放信号自适应加权分帧快速稀疏表示去噪方法[J].中国电机工程学报,2019,39(21)：6428-6439.

[25] 宋立业,蒲霄祥,李希桐.基于广义 S 变换和随机子空间的局放窄带干扰抑制方法[J].电工电能新技术,2021,40(11)：29-36.

第 **4** 章

基于DGA和改进SSAE的
变压器故障诊断方法

4.1 引言

4.1.1 研究背景和意义

变压器是电力系统的关键设备之一。然而,电力变压器运行环境复杂,常遭受各种恶劣运行条件的影响,一旦发生故障,极有可能造成突然大规模停电,甚至爆炸、火灾等事故,带来直接或间接的经济损失可达数亿元。因此,对变压器故障进行准确诊断及快速处置对提高电力系统安全稳定运行水平具有重要意义。

大型电力变压器多采用油浸式。对于油浸式变压器,常采用变压器油中溶解气体分析(dissolved gas analysis,DGA)来诊断和检测变压器的故障类型。变压器绝缘油主要由多种碳氢化合物组成,变压器固体绝缘材料属于纤维素绝缘材料,电和热的作用会使其中的 C-H 键、C-C 键、C-O 键断裂,并形成少量氢原子和碳氢化合物,再通过复杂的化学反应形成氢气(H_2)、一氧化碳(CO)、二氧化碳(CO_2)、甲烷(CH_4)、乙烷(C_2H_6)、乙烯(C_2H_4)和乙炔(C_2H_2)等低分子烃类气体。上述气体通过对流和扩散作用溶解在油中,油中溶解的上述气体浓度可以反映变压器的状态[1]。不同故障类型产生的主要气体组成和次要气体组成可归纳为表 4-1。

表 4-1　不同故障类型对应产生气体

故 障 类 型	主要气体组成	次要气体组成
油过热	CH_4、C_2H_4	H_2、C_2H_6
油和纸过热	CH_4、C_2H_4、CO、CO_2	H_2、C_2H_6
油纸绝缘中局部放电	H_2、CH_4、CO	C_2H_2、C_2H_6、CO_2

续表

故　障　类　型	主要气体组成	次要气体组成
油中火花放电	H_2、C_2H_2	
油中电弧	H_2、C_2H_2	CH_4、C_2H_4、C_2H_6
油和纸中电弧	H_2、C_2H_2、CO、CO_2	CH_4、C_2H_4、C_2H_6

注：进水受潮或油中气泡可能使氢含量升高。

通过监测上述特征气体的含量变化，并结合导则可对变压器的故障状态和故障类型做出判断。传统的方法主要包括特征气体法、三比值法和大卫三角形法等，但是，上述方法存在编码不完全、判断边界过于绝对等缺陷，这严重影响了基于DGA的变压器故障诊断效果。

随着机器学习等技术的发展，众多先进分析方法开始在基于DGA的变压器故障诊断中得到了应用，主要包括专家系统法[2]、神经网络法(artificial neural network，ANN)[3]、支持向量机(support vector machine，SVM)[4,5]等，上述方法的应用有利促进了变压器故障诊断效果的提升，但是却存在着如下缺陷：基于专家系统的变压器故障诊断方法其诊断效果受先验知识影响较大，ANN处理大样本数据时收敛速度较慢，且易陷入局部最优；SVM法本质上为二分类器，为实现变压器故障诊断，需多个SVM分类器，且各分类器参数设置烦琐，影响了故障诊断效果。

传统基于人工智能及机器学习的变压器故障诊断方法均为浅层学习方法，存在着学习能力不足、特征挖掘能力欠缺等缺点，影响了变压器故障诊断效果。相比浅层学习方法，深度学习理论具有多隐藏层结构，可实现复杂输入的高效逼近。基于深度学习理论，可完成原始特征的深层挖掘及分析，具有高效的容错及扩展能力[6]。深度学习在特征学习、分类预测及智能决策等方面效果突出，并迅速得到推广运用[7]。将深度学习应用于基于DGA的变压器故障诊断中，有望进一步提高变压器故障诊断效果，提升电力系统的安全性。

4.1.2　国内外研究现状

1. 电力变压器故障诊断的研究现状

对于变压器的故障类型主要有内部故障和外部故障之分，而内部故障占主要部分，内部故障的表现形式主要是电性故障和热性故障，通常电性故障分为低能放电、局部放电、高能放电；热性故障分为中低温过热和高温过热。不同故障DGA的浓度和气体类型都有所不同。一般用变压器油中溶解气体中的乙烯(C_2H_4)、甲烷(CH_4)、一氧化碳(CO)、二氧化碳(CO_2)、乙烷(C_2H_6)、氢气(H_2)、乙炔(C_2H_2)等气体的含量来判断变压器的故障类型。因DGA在进行故障诊断时比较稳定，一般不受外界环境的影响，且可在设备带电的情况下操作，已成为变压器故障诊断的一种普遍运用的方法，针对变压器DGA的监测和故障诊断装置已投入大量的研究，并取得了一定的成效。对DGA所得信息的充分利用，有利于进行变压器故障诊断和变压器油中溶解气体浓度预测的研究。

对于现在已有的研究,传统诊断法和智能诊断法是目前基于 DGA 变压器故障诊断的主要方法。其中特征气体法和特征气体比值法是传统诊断法中的两种主要方法,但这些传统方法存在编码不完整、诊断标准单一等问题。智能诊断法包括极限学习机(extreme learning machine,ELM)、支持向量机、人工神经网络、专家系统、深度学习等人工智能学习方法,这些智能方法的出现使变压器故障诊断有了新的突破,并且在不同程度上使故障诊断的准确率得到了提高。

1)特征气体判别法

特征气体判别法主要是根据变压器故障时所产生的气体的种类和含量进行判别。此法操作简便易行,能快速判别变压器存在的内部故障,但是当气体含量偏低时,其诊断准确率较低,判别效果不是很理想。

2)特征气体比值法

特征气体比值法是通过分析特征气体含量的比值范围判断变压器内部故障类型,主要包含德国的四比值法、革新罗杰斯法、IEC 三比值法、改进的 IEC 三比值法。此方法的优点是结构简单易操作,且当发生多种故障时仍有较高的准确率;缺点是因其比值边界值过于绝对化,会使某些编码组合与其实际故障类型不匹配。

3)人工神经网络

人工神经网络因具有自学习能力强、自适应力强、可充分逼近任意复杂的非线性关系等优点,可实现变压器的故障诊断、模拟仿真等作用,是处理非线性系统的强力模型,并且已广泛应用到电力设备的故障诊断领域。标准的 BP 神经网络存在收敛速度慢、易陷入局部最优等问题,因此,通常采用改进神经网络或与其他算法相结合的方法判别变压器的故障类型。

4)支持向量机

支持向量机是以统计学理论为基础的机器学习模型,是以非线性变换原理进行故障分类的。该方法用于电力设备故障诊断的优点是结构风险小、泛化能力强、诊断速度快、准确率高;缺点是支持向量机是二分类模型,在实现故障诊断时其训练时间长,样本重复较多,使得在处理多分类问题时,会存在分类类型不明显的问题。

5)专家系统

专家系统是一种进行模拟的系统,它主要是根据专家们丰富的学习经验和推理能力而发挥作用的;同时,它也是机器学习重要的一个分支,专家系统可根据数据信息,运用专家经验进行推理分析,最后做出相应的判断。其优点是灵活性强,具有较强的自适应性和容错能力;缺点是专家系统是以丰富的专家知识和经验为前提,且主观能力较强,在一定程度上降低了诊断的准确性。

2. 基于深度学习的变压器故障诊断方法研究现状

深度学习技术是当今人工智能领域一个新的研究方向。深度学习中的"深度"

一词是相对"浅层"而言的。"浅层"方法包括决策树、最大熵法、提升方法等,主要是依靠经验来分析和确定样本特征,最后训练得到的是单层特征结构;在深度学习中,通过分层特征提取将原始样本变换到不同的空间,并在自动学习后获得分层的特征表示。与其他传统机器学习相比,深度学习增加了隐藏层的个数,可以挖掘更深层的联系和数据含义。近年来,深度学习在语音识别、计算机视觉和自然语言处理方面取得了重大的突破。文献[8]在语音识别中使用了深度学习技术,通过使用深度信念网络建立多声学模型,实现了电话语言识别。文献[9]将深度学习应用于人脸识别,通过对算法的改进,进一步提高了人脸识别的准确率。文献[10]将深度学习应用于自然语言处理领域,通过自然语言处理技术生成图像字幕。

在变压器故障诊断领域,深度学习也体现出重要的研究价值。文献[11]率先将基于自适应学习率的深度学习算法应用到变压器故障状态诊断,该算法很大程度上解决了原有学习率固定的深度学习算法模型收敛速度慢、精度低的问题。文献[12]对变压器的故障数据进行预处理,转换为多维空间的状态数据,并将其拟合成多段状态变迁曲线作为模型的输入训练样本,建立基于 AlexNet 卷积神经网络模型,该方法进一步提高了诊断模型的准确率。文献[13]通过 K 步对比散度对无标签样本数据进行无监督训练,用于优化故障诊断模型的各受限玻尔兹曼机,并通过监督算法调整故障诊断模型的参数,最后通过 Softmax 回归确定电力变压器故障类型,该方法可有效解决数据提取可用性、更好的局部最优、梯度消失等问题。文献[14]为准确评估电力变压器的健康状况并预测早期运行故障,提出一种基于DGA 隐马尔可夫模型的动态故障预测技术,为基于变压器的实际情况维护提供决策依据。文献[15]以油中溶解气体作为变压器故障诊断的重要依据,利用深度信念网络实现变压器故障诊断,相较传统基于支持向量机及 BP 神经网络的方法,该方法具有更优越的辨识性能。文献[16]考虑了设备状态与油中溶解气体分析结果间的模糊性映射规律,构建了误差修正决策以提升模型对模糊性规律的表达能力,利用稀疏自编码器及多层受限玻尔兹曼机实现变压器故障诊断,有效提升了变压器故障诊断准确率。

然而,深度学习是典型的数据驱动型模型。为实现深度学习故障诊断,需较多已知故障案例样本,且各类故障状态训练样本数目应基本均衡[6]。然而,由于设备及运行环境等限制,变压器在运行过程中较难获得完备样本信息,突出表现为正常样本较多,故障样本偏少,进而产生训练样本不平衡。训练样本不平衡严重限制了深度学习特征提取能力,并影响深度学习故障诊断效果。为此,急需解决不平衡样本下基于深度学习和 DGA 的变压器故障诊断效果难以提升的难题。

4.1.3　本章主要内容

为进一步提升变压器故障诊断效果,本章将栈式稀疏自编码(stack sparse auto-encoder,SSAE)深度学习模型应用于变压器故障诊断中,同时,面向不平衡样本这一工程背景,提出了两种解决思路。

(1) 提出一种基于加权综合损失优化深度学习和 DGA 的变压器故障诊断方法。该方法基于 SSAE 深度学习模型,采用质疑因子加大小样本学习强度,同时采用综合损失函数提高样本诊断正确及诊断错误的区分度。

(2) 提出一种基于变分自编码器预处理深度学习和 DGA 的变压器故障诊断方法,该方法以 DGA 特征量为基础,基于变分自编码器对少数类训练样本进行预处理,通过学习得到少数类样本分布特征实现样本自动扩充,进而提高训练样本的均衡性,同时基于堆栈稀疏自编码深度学习模型实现变压器故障诊断。

4.2 基于加权综合损失优化深度学习和 DGA 的变压器故障诊断方法

4.2.1 SSAE 基本原理

1. 自编码器基本原理

自编码器(auto-encoder,AE)是深度学习的典型结构之一。AE 输出层及输入层神经元个数相等,其输入层到隐含层(编码层)的过程为编码,隐藏层到输出层(解码层)的过程为解码[17]。设输入、输出层均有 N 个神经元,隐含层共有 M 个神经元。某输入 $x \in \mathbf{R}^N$,经编码和解码后分别可表示为 $h \in \mathbf{R}^M$ 及 $\hat{x} \in \mathbf{R}^N$,且编、解码过程分别可由式(4-1)及式(4-2)表示,即

$$h = f(Wx + b) \tag{4-1}$$
$$\hat{x} = g(W'h + b') \tag{4-2}$$

式中:W、W' 分别为编、解码权重矩阵;b、b' 分别为编、解码偏置向量;$f(\cdot)$、$g(\cdot)$ 分别为编、解码过程非线性激活函数,一般可采用 Sigmoid 函数。

通过调整网络参数,可实现 $\hat{x}$ 到 x 重构误差最小,则 h 可作为原始输入内在特征。

2. 栈式稀疏自编码深度学习模型

隐藏层神经元数目较多时,AE 准确性较高,但计算量较大。为提高收敛速度,可对隐藏层进行稀疏性限制,进而构成稀疏自编码器(sparse auto-encoder,SAE)[18],SAE 代价函数为:

$$L = \| \hat{x} - x \|_2^2 + \beta K_L(\bar{\rho}, \rho_0) \tag{4-3}$$

式中:β 为稀疏惩罚项系数,一般可设为 0.3;$K_L(\cdot)$ 为 KL 散度;ρ_0 为稀疏性参数,一般可设为 0.05;$\bar{\rho}$ 为隐藏层神经元平均激活量,且有 $\bar{\rho} = \| h \|_2^2 / M$。

SAE 仍为浅层学习模型,为实现特征深度提取,可按栈式结构对多级 SAE 进行堆叠,且各 SAE 输入层均为上级 SAE 输出层,进而构建栈式稀疏自编码(stack sparse auto-encoder,SSAE)深度学习模型[19]。SSAE 深度学习模型可获得原始输入更复杂、更抽象的深层次特征表达。

对于训练集$\{(\boldsymbol{x}_i,y_i)\mid i\in 1,2,\cdots,N,y_i\in 1,2,\cdots,K\}$,其中$\boldsymbol{x}_i$及$y_i$分别为第$i$个训练样本特征向量及状态标签,且共有$K$个状态。基于该训练集,通过预训练过程及微调过程,可实现SSAE深度学习模型网络参数训练。

(1)预训练过程。预训练阶段为无监督学习过程。该阶段基于无标签样本数据,根据式(4-3),采用逐层贪婪法依次实现SSAE各层网络参数的训练。

(2)微调过程。微调阶段为有监督学习过程。在该阶段中,SSAE深度学习模型去除传统输出层,并加入Softmax分类层,基于交叉熵损失函数梯度值及BP算法实现SSAE各层网络参数的优化。对于训练样本$(\boldsymbol{x}_i,y_i)$,经SSAE深度学习模型后,其交叉熵损失值C_i可表示为:

$$C_i=-\sum_{k=1}^{K}1\{k=y_i\}\log p_i^k \tag{4-4}$$

式中:$1\{k=y_i\}$为示性函数,若$k=y_i$,则其值为1,若$k\neq y_i$,其值为0;p_i^k为Softmax层第k个神经元值,即为SSAE深度学习模型判断属于第k类状态的概率。

4.2.2　基于加权综合损失改进深度学习方法

由式(4-4)可知,对于训练样本$(\boldsymbol{x}_i,y_i)$,深度学习模型正确判定属于状态y_i的概率值越大,交叉熵损失值越低,此时认为效果更优。但该方式并未考虑误判为其他状态的概率的影响。例如,对同一训练样本$(\boldsymbol{x}_i,2)$,经两个不同SSAE深度学习模型(模型1及模型2)后,Softmax层输出及交叉熵损失函数值如表4-2所示(设共有9个状态类别)。

表4-2　Softmax层输出及交叉熵损失示例

模型	Softmax层输出	交叉熵损失
1	$[0.10,0.50,0.10,0.10,0.04,0.04,0.04,0.04,0.04]^{\mathrm{T}}$	0.693
2	$[0.40,0.50,0.04,0.01,0.01,0.01,0.01,0.01,0.01]^{\mathrm{T}}$	0.693

由表4-2可知,模型1误判的最大概率为0.1,模型2误判的最大概率为0.4。显然,对于其他同类样本,模型2更易误判为状态1,模型2效果更优。然而,基于交叉熵损失函数对两深度学习模型进行评价,其效果却一致。理想的深度学习模型应保证正确判定概率较高,同时误判为其他状态的概率较低,以加大正判和误判的区分度,提高深度学习故障诊断正确率及稳定性。

此外,变压器在实际运行及监测过程中,较难获得完备样本,易产生不平衡样本集,突出表现为故障样本或某特定类型故障样本数目小。大样本学习机会较多,易正确诊断,但由于样本数量众多,其在损失函数中占主要部分;小样本学习机会较少,较难正确诊断,但由于样本总数偏少,其在损失函数中仍为次要部分。深度学习模型在训练过程中虽经多次迭代,仍难以实现小样本特征有效提取,进而影响了小样本故障诊断的正确率。理想的深度学习模型应增大小样本的训练强度,提高不对称训练样本集下故障诊断的准确率。

为提高深度学习模型正判和误判的区分度,提出加权综合损失函数。对于样本$(\boldsymbol{x}_i,y_i)$,其综合损失函数L_i为:

$$L_i = R_i + \sum_{k=1,k\neq y_i}^{K} W_i^k \tag{4-5}$$

式中:R_i为该样本正确判定为状态y_i的损失值,其即为交叉熵损失值;W_i^k为将样本误判为状态$k(k\neq y_i)$的损失值,且有

$$W_i^k = -\log(1-p_i^k) \tag{4-6}$$

由式(4-4)~式(4-6)可知,样本判定为正确类别的概率越高,R_i的值越小;样本判定为错误类别的概率越低,W_i的值越低。综合损失函数可使样本正确判定概率较高,误判为各类的概率均较低,进而加大正判及误判为其他各状态的区分度,提高故障诊断准确性和稳定性。

为提高小样本训练强度,本章引入损失权重。将样本$(\boldsymbol{x}_i,y_i)$判定为状态k时,损失权重值η_i^k为:

$$\eta_i^k = \begin{cases} (1-p_i^k)^2, & k=y_i \\ (p_i^k)^2, & k=1,2,\cdots,K,\text{且}\,k\neq y_i \end{cases} \tag{4-7}$$

由式(4-7)可知,损失权重$\eta_i^k\in(0,1)$。样本正确判定为状态y_i的概率越高,损失权重值$\eta_i^{y_i}$越低;误判为状态$k(k\neq y_i)$的概率越低,损失权重值η_i^k越低。对于小样本,其受学习机会小,此时损失权重值均较大,进而提高了损失函数值,增强了小样本的训练强度。

将损失权重与综合损失函数结合,可构成加权综合损失函数:

$$L_i' = \eta_i^{y_i} R_i + \sum_{k=1,k\neq s_i}^{K} \eta_i^k W_i^k \tag{4-8}$$

加权综合损失函数加大了样本正判与误判的区分度,同时提高了小样本在损失函数中的比重,进而加强其学习强度,提高了故障诊断效果。

4.2.3　基于加权综合损失优化深度学习和DGA的变压器故障诊断方法

1. 输入量及故障状态编码

大型电力变压器多为油浸式,变压器状态异常时,油中溶解气体组分及含量会随之改变,可基于DGA实现变压器故障诊断,一般可选择H_2、CH_4、C_2H_6、C_2H_4、C_2H_2作为特征气体。

变压器常见故障主要有低温过热、中温过热、高温过热、低能放电、高能放电、低能放电兼过热、高能放电兼过热、局部放电等。可对变压器故障状态进行编码,

如表 4-3 所示。

表 4-3　变压器故障状态编码

状 态 名 称	状 态 标 签	状 态 编 码
正常	1	$(1,0,0,0,0,0,0,0,0)$
低温过热	2	$(0,1,0,0,0,0,0,0,0)$
中温过热	3	$(0,0,1,0,0,0,0,0,0)$
高温过热	4	$(0,0,0,1,0,0,0,0,0)$
低能放电	5	$(0,0,0,0,1,0,0,0,0)$
高能放电	6	$(0,0,0,0,0,1,0,0,0)$
低能放电兼过热	7	$(0,0,0,0,0,0,1,0,0)$
高能放电兼过热	8	$(0,0,0,0,0,0,0,1,0)$
局部放电	9	$(0,0,0,0,0,0,0,0,1)$

　　SSAE 深度学习模型具有特征深层次提取能力,可将深度学习与 DGA 结合,实现变压器故障诊断。基于加权综合损失改进深度学习和 DGA 的变压器故障诊断模型的基本结构如图 4-1 所示。

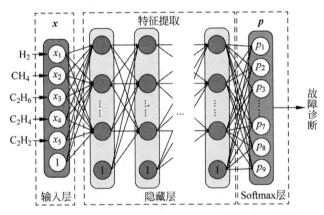

图 4-1　变压器 SSAE 深度学习故障诊断模型基本结构

　　(1) 输入层设置。SSAE 深度学习模型的输入层共需 5 个神经元(不考虑偏置神经元,下同),且可表示为 $\boldsymbol{x}=(x^1,x^2,x^3,x^4,x^5)^T$,其元素分别代表 H_2、CH_4、C_2H_6、C_2H_4、C_2H_2 的体积分数($\times 10^{-6}$)。

　　(2) 输出层设置。输出层为 Softmax 层,且该层含 9 个神经元。

　　(3) 隐含层设置。隐含层网络参数可基于训练样本,通过预训练及微调过程优化构建。

2. 基于加权综合损失改进深度学习和 DGA 的变压器故障诊断方法基本步骤

　　下面所提加权综合损失改进深度学习及 DGA 的变压器故障诊断方法,其基本过程如下。

　　(1) 初始化变压器故障诊断 SSAE 深度学习模型网络参数。

（2）去除 Softmax 层，加入解码层，基于无标签训练样本实现 SSAE 深度学习网络参数预训练。

（3）去除解码层，加入 Softmax 层，采用式（4-8）所示加权综合损失函数，对 SSAE 网络参数进行微调，构建基于加权综合损失改进深度学习和 DGA 的变压器故障诊断模型。

（4）对于待诊断样本，以 H_2、CH_4、C_2H_6、C_2H_4、C_2H_2 的体积分数为输入，根据 Softmax 层输出值，实现变压器故障诊断。

4.2.4　应用案例分析

1. 样本及网络参数设置

从实际运行的变压器油色谱数据中提取了 880 组数据，其中 680 组作为训练样本，200 组作为测试样本，各主要状态下训练样本及测试样本组成如表 4-4 所示。该训练样本中低能放电及高能放电训练样本数目明显较少，出现了不平衡样本情况。

表 4-4　训练样本及测试样本组成

状 态 名 称	状 态 标 签	训练样本数	测试样本数
正常	1	100	22
低温过热	2	84	19
中温过热	3	104	22
高温过热	4	88	30
低能放电	5	20	22
高能放电	6	20	19
低能放电兼过热	7	84	26
高能放电兼过热	8	88	20
局部放电	9	92	20

为加快训练速度，采用文献[11]所述自适应学习率，学习率调整系数设置为 0.5，最大迭代次数为 500。为确定本节所提变压器故障诊断方法隐藏层及其神经元理想数值，分别设置隐藏层数目为 1～10，首个隐藏层神经元数目为 40～200，各隐藏层神经元数目与上级隐藏层神经元数目之比为 2：1[20]（且不低于 10）。从各状态训练样本中随机抽取 25% 构成训练集，基于本方法进行变压器故障诊断实验。共进行 10 次实验。各隐藏层及神经元数目下，诊断结果准确率平均值结果如图 4-2 所示。

由图 4-2 可知，随着隐藏层的增加，深度学习模型对样本特征提取及分析能力逐渐增强，基于本方法的诊断准确率不断提高；当隐藏层总数达到 4 时，诊断准确率随着隐藏层总数的增加趋于平稳。各隐藏层总数下，当神经元数目小于 120 时，诊断准确率随神经元数目的提高而明显提高；当神经元数目为 120～160，诊断准

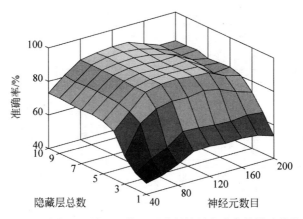

图 4-2　隐藏层及神经元数目对诊断结果准确率的影响特性

确率基本保持稳定;进一步提高神经元数目,易出现过拟合现象,使诊断准确率有所下降。综合考虑准确率及训练时间双重影响,隐藏层设为 4 层,首个隐藏层含 120 个神经元。故所提变压器故障诊断模型的网络结构为:5(输入层)-120(隐藏层 1)-60(隐藏层 2)-30(隐藏层 3)-15(隐藏层 4)-9(输出层)。

2. 结果分析

各状态随机抽取 25%、50%、75% 及 100% 训练样本,并构成 25%、50%、75% 及 100% 训练集,基于本方法对测试样本进行故障诊断。同时,一并采用 SSAE 深度学习、ANN、SVM 及三比值变压器故障诊断方法进行测试。SSAE 深度学习模型参数设置与本节方法一致;ANN 网络输入层含 5 个神经元,输出层含 9 个神经元,隐含层含 120 个神经元,学习率为 0.01,最大迭代次数为 500;SVM 法采用 RBF 核函数,核函数参数为 0.5,规则化系数为 500。

图 4-3 为不同训练样本数下各方法诊断准确率。由于各训练集下,低能放电及高能放电训练样本明显偏少,为小样本情况。同时,此处一并给出了各训练集下,低能放电及高能放电测试样本故障诊断准确率。

由图 4-3 可知:

(1)三比值法无须基于训练样本实现故障诊断,训练样本集对诊断结果无影响,然而三比值法编码不全且边界设置过于绝对,基于该方法的变压器故障诊断结果准确率偏低。

(2)深度学习具有深层特征提取及分析能力,基于深度学习构建变压器故障诊断模型,其效果明显优于 ANN 及 SVM 等浅层学习方法。

(3)基于深度学习的变压器故障诊断方法,其诊断准确率随训练样本数的增加而提高;ANN 及 SVM 等浅层学习方法扩展能力有限,随着训练样本数的扩充,其诊断效果提升有限。

(4)相比传统 SSAE 深度学习,本书所提方法增加了小样本学习强度,削弱了

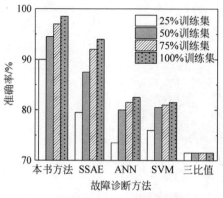

(a) 测试样本总体故障诊断准确率

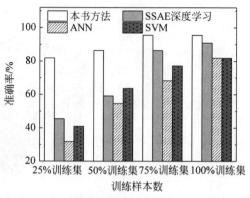

(b) 低能放电测试样本故障诊断准确率

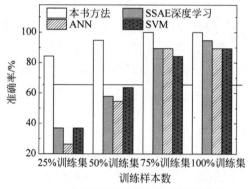

(c) 高能放电测试样本故障诊断准确率

图 4-3   不同训练样本数下各方法诊断准确率

误判影响，有效提高了诊断正确率。各训练集下，所提方法诊断结果准确率均可达到 90％以上。

由图 4-3 可知，训练样本不平衡分布时，ANN、SVM 及传统 SSAE 深度学习模型对低能放电及高能放电的故障诊断结果准确率明显偏低。而所提方法采用损失函数权值加大了小样本的学习强度，有效提高了小样本条件下故障诊断结果准确率。本例中，训练样本数仅有 5 个，识别该类故障正确判定的准确率仍超 80％。

4.3   基于变分自编码器预处理深度学习和 DGA 的变压器故障诊断方法

4.3.1   基于变分自编码器的不平衡样本预处理

变分自编码器（variational auto-encoders，VAE）是 AE 的变体，是一种典型的数据生成模型[21]，其基本结构如图 4-4 所示。VAE 首先通过编码器对训练数据 X 行特征提取,进而生成隐变量 $Z=F(X)$。经过解码器生成扩充数据 $\hat{X}=G(Z)$。

设 θ 为网络参数,根据贝叶斯理论,隐变量 Z 的分布可由后验概率密度函数 $p_\theta(Z|X)$ 表示。然而 $p_\theta(Z|X)$ 无法基于观测值确定,故可引入识别模型 $q_\varphi(Z|X)$,并将其作为 Z 近似后验概率分布。可基于 KL 散度描述 $p_\theta(Z|X)$ 与 $q_\varphi(Z|X)$ 间的差异,且两者的 KL 散度 $D_{KL}(p_\theta(Z|X)|$ $q_\varphi(Z|X))$ 可表示为

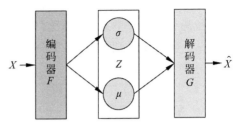

图 4-4　变分自编码基本结构

$$D_{KL}[p_\theta(Z|X)|q_\varphi(Z|X)]=\log p_\theta(X)-L(\theta,\varphi,X) \qquad (4\text{-}9)$$

由于 KL 散度具有非负性,故最小化 KL 散度可转化为最大化 $L(\theta,\varphi,X)$,$L(\theta,\varphi,X)$ 为对数似然函数 $\log p_\theta(X)$ 的变分下界,并有

$$L(\theta,\varphi,X)=E_{q_\varphi(Z|X)}\log p_\theta(Z|X)-D_{KL}[q_\varphi(Z|X)|p_\theta(Z)] \qquad (4\text{-}10)$$

式中: $E_{q_\varphi(Z|X)}\log p_\theta(Z|X)$ 为 $p_\theta(Z|X)$ 的似然期望,即 VAE 实现由 Z 重建 X 过程的概率应足够高; $D_{KL}[q_\varphi(Z|X)|p_\theta(Z)]$ 为 KL 散度,即 VAE 实现由 X 生成 Z 的概率应与 Z 真实概率接近。故式(4-10)即为 VAE 目标函数。

VAE 参数训练时,经编码过程,可得到 X 概率分布对应均值 μ 及方差 σ。由于传统采样过程对均值及方差均不可导,难以基于梯度下降实现网络参数更新。故可引入重参数范围方法,且基于高斯标准正态分布随机采样得到隐变量 Z,即

$$Z=\mu+\varepsilon\cdot\sigma \qquad (4\text{-}11)$$

式中: ε 为符合标准正态分布的随机数。

综上,VAE 通过引入变分下界,简化了边缘似然概率密度的计算,同时引入了重参数方法,简化了采样过程。基于 VAE 可实现原始数据分布的预测,并实现数据生成及扩充的目标。

基于 VAE 可实现不平衡样本预处理,其基本过程如下。

(1) 以少数类样本作为 VAE 输入,并基于 VAE 编码过程计算其概率分布的 μ 及 σ。

(2) 从标准正态分布 $N(0,1)$ 中随机采样,并基于式(4-11)计算隐变量 Z。

(3) 以隐变量为 VAE 解码过程输入,基于式(4-11)实现 VAE 网络参数的更新。

(4) 重复上述过程,基于 VAE 生成若干扩充样本,并将其与原始不平衡样本合并,进而实现原始不平衡样本的预处理,得到相对平衡的样本。

4.3.2　基于变分自编码器预处理深度学习和 DGA 的变压器故障诊断模型建立方法

基于表 4-3 的编码方式,变压器故障诊断 SSAE 深度学习模型 Softmax 输出

层共含 9 个神经元,且各神经元数值可表示诊断为该故障状态的概率。

　　综上,本书所提不平衡样本下基于变分自编码器预处理深度学习和 DGA 的变压器故障诊断方法的基本步骤如下。

　　(1)获取原始训练样本,初始化变压器 SSAE 深度学习故障诊断模型网络参数。

　　(2)分析各类型故障下训练样本的组成,设置 VAE 的最大迭代次数,基于 VAE 扩充少数类训练样本。

　　(3)基于少数类扩充样本及原始训练样本,构建平衡训练样本集。

　　(4)采用构建的平衡训练样本集,基于预训练及微调过程,构建变压器 SSAE 深度学习故障诊断模型。

　　(5)对于待诊断样本,以 H_2、CH_4、C_2H_6、C_2H_4、C_2H_2 等 DGA 特征气体体积分数为输入,基于 SSAE 深度学习诊断模型 Softmax 输出层实现故障诊断。

　　图 4-5 为所提方法故障诊断流程示意图。

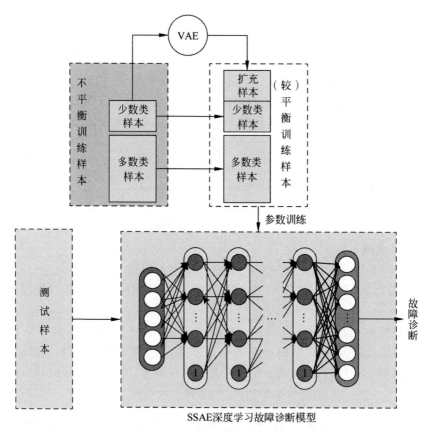

图 4-5　故障诊断流程示意图

4.3.3 案例分析

1. 样本数据及初始参数设置

从实际运行的变压器油色谱数据中提取1593组案例数据,各状态案例数据数目如表4-5所示。各状态中,随机抽取若干案例作为测试样本,其余案例置于训练样本库待选。

表 4-5　样本组成

故障类型	故障代码	样本总数	测试样本数目
正常	N	632	232
低温过热	T1	153	53
中温过热	T2	157	57
高温过热	T3	162	62
低能放电	D1	163	63
高能放电	D2	175	75
放电兼过热	TD	151	51

对于VAE样本扩充模型,采用交叉熵作为损失函数,其最大迭代次数设置为1000。对于SSAE变压器故障诊断模型,为加快训练速度,采用文献[11]所述自适应学习率,学习率调整系数设置为0.5,最大迭代次数为1000;综合诊断效果及诊断效率,变压器SSAE深度学习故障诊断模型可采用3隐层结构,各隐层与下级隐层神经元数目之比为2:1,且各隐层神经元数目不低于10,首个隐层神经元数目为60[22]。综上,所述变压器SSAE深度学习故障诊断模型其网络结构为:5(输入层)-60(隐层1)-30(隐层2)-15(隐层3)-7(输出层)。

2. 实例结果分析

从训练样本库中随机抽取若干样本组成不同的训练集。各训练集下样本组成如表4-6所示。

表 4-6　不同训练集下样本组成

代码	样本数目				
	训练集1	训练集2	训练集3	训练集4	测试集
N	50	100	200	400	232
T1	50	100	100	100	53
T2	50	100	100	100	57
T3	50	100	100	100	62
D1	50	100	100	100	63
D2	50	100	100	100	75
TD	50	100	100	100	51

　　基于各训练集,采用所提方法对测试集进行故障诊断。同时,为对比说明本节所提方法的效果,一并采用传统 SSAE 深度学习、ANN、SVM 及三比值变压器故障诊断方法对测试集进行测试。其中,SSAE 深度学习的参数设置与本方法一致;SVM 法采用 RBF 核函数,核函数参数为 0.5,规则化系数为 500。ANN 法输入层及输出层分别含 5 个及 7 个神经元,学习率系数设置为 0.01,最大迭代次数为 1000。不同训练集下,不同方法诊断结果准确率如表 4-7 所示。

表 4-7　不同方法诊断结果准确率　　　　　　　　单位:%

诊断方法	准确率			
	训练集 1	训练集 2	训练集 3	训练集 4
本节方法	84.32	91.06	93.59	95.45
SSAE	84.32	91.06	90.89	87.02
ANN	79.76	85.33	86.51	82.12
SVM	79.60	84.65	86.34	82.12
三比值	75.89	75.89	75.89	75.89

　　由表 4-7 可知,三比值法无须基于训练样本实现故障诊断,不同训练集下其诊断结果保持稳定,但准确率仅在 75% 左右,难以满足工程需求;深度学习具有深层特征提取及分析能力,采用本节方法及常规 SSAE 深度学习方法对测试集进行故障诊断,其效果明显优于 ANN 及 SVM 等浅层学习方法。

　　进一步分析表 4-7 的结果可知,训练集 2、训练集 3 及训练集 4 下,训练样本不平衡度逐渐增大,虽然训练样本总数增多,但 SSAE 深度学习、ANN、SVM 的变压器故障诊断结果准确率却呈下降趋势。本节方法采用 VAE 实现了少数类样本的扩充,进而降低了训练样本的不平衡度,对比本节方法及传统 SSAE 深度学习变压器故障诊断方法可知,训练集 2、训练集 3 及训练集 4 下,本节方法效果明显优于基于 SSAE 深度学习的变压器故障诊断方法,且训练样本不平衡对诊断结果无明显影响,整体诊断结果准确率保持在 91% 以上。

　　为进一步分析各方法诊断效果,可对各训练集下诊断结果漏报率 F_P 及误判率 F_N 进行计算,其计算公式可分别表示为:

$$F_P = \frac{N_{n \to p}}{N} \times 100\%$$ (4-12)

$$F_N = \frac{P_{p \to n}}{P} \times 100\%$$ (4-13)

式中:N 为故障状态测试样本总数;$N_{n \to p}$ 为将故障状态漏报为正常状态的测试样本总数;P 为正常状态测试样本总数;$P_{p \to n}$ 为将正常状态误报为故障状态的测试样本总数。

　　不同测试集下,各方法诊断结果漏报率及误报率结果如图 4-6 所示。

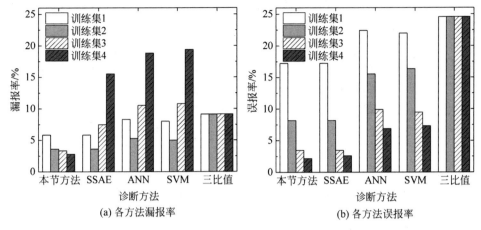

图4-6　各方法漏报率及误报率

　　由图 4-6 可知,训练集 1 及训练集 2 下,训练样本呈平衡分布,随着训练样本数目的增多,除三比值外各方法漏报率及误报率均明显降低;训练集 2、训练集 3 及训练集 4 下,故障状态训练样本保持不变,但正常状态训练样本明显增多,故基于 SSAE 深度学习、ANN、SVM 等变压器故障诊断方法对正常状态训练样本的训练强度将加大,使得上述诊断方法更易将测试样本判定为正常状态。对于实际运行的变压器,其正常状态样本一般明显多于故障状态样本,训练样本不平衡分布普遍存在,此时将明显影响上述诊断方法诊断结果,特别是提高漏报率。而对于变压器故障诊断,将故障漏报为正常的危害往往比将故障正常误报为故障的危害更严重。

　　本节方法基于 VAE 学习确定少数类样本概率分布,结合随机采样技术实现指定概率分布下少数类样本的自动生成,可在保留原始样本分布特征的基础上实现样本自动扩充,进而达到样本均衡性改善的目的。经上述预处理后,可加强少数类样本学习强度,使得深度学习诊断模型兼顾了各状态的诊断效果,故本节方法可提高训练样本不平衡分布时的诊断效果,特别是降低漏报率。

4.4　本章结论

　　本章介绍了基于深度学习的变压器故障诊断方法,同时分析了面向不平衡样本时,基于深度学习和 DGA 的变压器故障诊断模型改进策略,主要结论如下。

　　(1)训练样本不平衡可造成模型欠学习,使包括深度学习在内的变压器故障诊断方法对少数类样本故障诊断正确率明显偏低,为此,提出了两个改进策略:通过改进损失函数提高少数类样本训练强度;通过对少数类样本智能扩充提高样本平衡度。

　　(2)针对改进损失函数提高少数类样本训练强度,本章提出了基于加权综合损失优化深度学习和 DGA 的变压器故障诊断方法。该方法通过质疑因子加大少数类样本学习强度,基于综合损失函数增大各样本正判及误判的区分度,有效提高了故障诊断水平及稳定性。兼顾诊断效果及训练时间,该方法采用 4 层隐藏层结构,且首级隐藏层神经元数目为 120。应用案例表明,该方法故障诊断正确率较高,并可改善训练样本不平衡对故障诊断的不利影响。

（3）针对智能扩充少数类样本,提高样本平衡度,本章提出了基于 VAE 预处理深度学习和 DGA 的变压器故障诊断方法。VAE 可学习确定少数类样本分布特征,结合随机采样技术可实现少数类样本自动生成,进而改善变压器故障诊断训练样本的均衡性。为改善训练样本不平衡对故障诊断结果不利影响,可基于 VAE 对训练样本进行预处理,进而实现少数类样本扩充。实验表明,该方法可改善训练样本不平衡对变压器故障诊断的影响,提高变压器故障诊断效果。各训练集下,采用本方法的变压器故障诊断结果准确率均保持在 91% 以上,且漏报率较低。

4.5　参考文献

[1] 华北电力科学研究院有限责任公司. 变压器油色谱分析与故障诊断案例[M]. 北京：中国电力出版社,2021.

[2] Wang Z,Liu Y,Griffin P J. A combined ANN and expert system tool for transformer fault diagnosis[J]. IEEE Transactions on Power Delivery,2000,13(4):1224-1229.

[3] 刘凯,彭维捷,杨学君. 特征优化和模糊理论在变压器故障诊断中的应用[J]. 电力系统保护与控制,2016,44(15):54-60.

[4] 贾京龙,余涛,吴子杰,等. 基于卷积神经网络的变压器故障诊断方法[J]. 电测与仪表,2017,54(13):62-67.

[5] 柳强,丁宇. 基于 SVM 和 Kriging 模型的变压器故障诊断方法[J]. 高压电器,2018,54(12):286-292.

[6] Hamidinekoo A,Denton E,Rampun A,et al. Deep learning in mammography and breast histology,an overview and future trends.[J]. Medical Image Analysis,2018,47:45-67.

[7] 孙志军,薛磊,许阳明,等. 深度学习研究综述[J]. 计算机应用研究,2012,29(8):2806-2810.

[8] Mohamed A,Dahl G,Hinton G. Deep belief networks for phone recognition[J]. Nips Workshop on Deep Learning for Speech Recognition and Related Applications,2009,1(9):39.

[9] Hariharan H,Koschan A,Abidi B,et al. Fusion of visible and infrared images using empirical mode decomposition to improve face recognition[C]. 2006 International Conference on Image Processing,Atlanta,2006.

[10] Sehgal S,Sharma J,Chaudhary N. Generating image captions based on deep learning and natural language processing[C]. 2020 8th International Conference on Reliability,Infocom Technologies and Optimization(Trends and Future Directions)(ICRITO),Noida,2020.

[11] 牟善仲,徐天赐,符奥,等. 基于自适应深度学习模型的变压器故障诊断方法[J]. 南方电网技术,2018,12(10):14-19.

[12] 童国锋,朱梅. 基于深度学习的变压器在线故障检测[J]. 计算机测量与控制,2020,28(9):

65-68.

[13] Ji X,Zhang Y,Sun H,et al. Fault diagnosis for power transformer using deep learning and softmax regression[C]. 2017 Chinese Automation Congress(CAC),Jinan,2017.

[14] Jiang J, Chen R,Chen M,et al. Dynamic fault prediction of power transformers based on hidden Markov model of dissolved gases analysis [J]. IEEE Transactions on Power Delivery,2019,34(4)：1393-1400.

[15] J. Dai,H. Song, G. Sheng, et al. Dissolved gas analysis of insulating oil for power transformer fault diagnosis with deep belief network[J]. IEEE Transactions on Dielectrics and Electrical Insulation,2017,24(5)：2828-2865.

[16] 齐波,王一鸣,张鹏,等.基于自决策主动纠偏的电力变压器油色谱诊断模型[J].高电压技术,2020,46(1)：23-32.

[17] 孟令恒.自动编码器相关理论研究与应用[D].徐州：中国矿业大学,2017.

[18] 徐德荣,陈秀宏,田进.稀疏自编码和Softmax回归的快速高效特征学习[J].传感器与微系统,2017,36(5)：55-58.

[19] Xu J,Xiang L,Liu Q,et al. Stacked sparse auto-encoder for nuclei detection of breast cancer histopathology images[J]. IEEE Transactions on Medical Imaging,2016,35(1)：119-130.

[20] Bejoy A，Nair M S. Computer-aided classification of prostate cancer grade groups from MRI images using texture features and stacked sparse autoencoder [J]. Computerized Medical Imaging and Graphics,2018,69(12)：60-68.

[21] Walker J，Doersch C,Gupta A,et al. An Uncertain Future：Forecasting from Static Images Using Variational Autoencoders[C]. European Conference on Computer Vision,Springer International Publishing,2016.

[22] 马利洁,朱永利.基于SDAE-VPMCD的变压器故障诊断方法研究[J].电测与仪表,2019,56(17)：96-101.

第5章

基于FC-SAE的全景数据融合及 贝叶斯网络的变压器综合诊断方法

5.1 绪论

5.1.1 变电站全景数据接入与融合技术研究现状

对电力设备运维数据处理的研究是在对变电设备的状态监控与检修的基础上进行的。不少国家在变电系统的设备检修方面,已经积累了相当多的研究成果。1970年美国的杜邦公司就发明了变电装置工作状态检测模型。20世纪70年代末期,美国政府的有关科学研究组织就开展对发电设施的状态评估工作并展开了深入研究。这一时期的日本已经着手对电力设备展开基于状态评估的检修模式,而欧美的许多发达国家也正在进行着供电设备检修模式的变革,它们也都是以状态评估为基础的模式变革。现阶段,利用网络通信技术对设备进行管理并进行故障分析与预警的系统在加拿大等国家已经获得了较普遍的运用,而且已经推出许多系统版本,比如 Integrated Maintenance System 系统。由于现在的各项技术手段已经相当成熟,因此变电设备的工作状态监测技术也已经具有相当高的安全性,而且整体的技术水平也越来越高了,在许多发达国家已经获得了相当广泛的使用。美国的监测系统主要监测设备的故障状况、判断设备的运行状态、查看设备的健康状况,并针对在监测过程中出现的问题提出相对应的检修措施。英国的某些电力企业对水电机组也安装了监视系统,以便于有关的人员可以随时掌握设备的工作状况,在得到测量结果的同时不需进行停机操作[1-3]。

中国在运维与分析决策等技术方面研究的开始时间相对晚于发达国家,在20世纪80年代初期才起步。在吸收了国外有关技术成果的基础上开展了自己的研发工作,并形成了一个适应于我国的技术开发体系;从 1979 年至 1990 年,该技术方向的理论研究工作达到了高度活跃的阶段,并通过利用谱分析、FFT、信号处理等先进技术手段,完成了对电力设备的基本情况监测。20 世纪 90 年代,由于中国工业科技的大力发展,基于现代化科学管理的数据分析决策技术也获得了快速的发展。目前,中国已经在模式识别、故障分析、智能化专家控制系统设计与计算等各个领域与角度,进行了广泛的变电所故障分析决策系统研发工作,并在基础理论领域与工程应用领域建立了一个具有中国特色的电力设备状态监测与故障分析决策体系[4-6]。2009 年,我国电力部门提出了"坚强智能电网"的有关规定,促使供电系统的信息化、智能化、自动化、互动化,并在 2020 年初期达到建设"坚强智能电网"。这推动了从基础理论研究向全面应用的过渡[7]。

杭州供电分公司还与南京某电力公司合作研发了智能变电站继电保护在线监测系统,并提供了一个关于智能变电站继电保护过程和关键设施状态的在线监控系统,确定了电力系统中继电保护设备的状态监测信息和传输方式,还设计并研发了一套关于回路的物理链路和逻辑链路的监控技术,该系统在实际电力系统中进行了应用,大大提高了智能变电站继电保护的运维管理水平[8]。

综上所述,目前对变电全景数据处理方面的研究是在设备的状态监测和检修的基础上进行的,因此对于研究变电所终端设备及其数据特征,提出统一建模和通信标准,实现站端终端设备的即插即用以及研究变电站全景孪生平台对站端终端与业务系统的接入、信息模型整合与协议转换技术,满足非标准设备和存量业务系统的接入和业务互通的需求方面还需进一步的研究。

5.1.2　变电站全景数据融合技术研究现状

当前电力系统虽然已朝着智能化方向发展,但是对变电站全景数据的处理仍存在以下问题:变电站中不同的业务体系被划分为不同的信息"孤岛",彼此之间的数据无法共享,也不能以系统全景的视角分析问题;为保证整个系统的实时性,大量可以增加计算精度和准确性的信息资源并不接入数据中心,这样导致系统内部因为无法协调所有的可用资源,造成了整个系统工作效能和数据处理效率低下。通过对变电站全景数据进行融合,可以帮助解决上述问题。全景数据融合是对全景数据中的多源数据进行综合处理的方法,利用数据推理和识别技术从原始全景数据源中获取统计和判断信息,以提高数据分析的置信度、增强可信度、减少信息不确定性[9-11]。

目前国内在全景数据融合的研发方面,文成林提供了一个基于全景数据融合的分布式预测算法[12],何友等人提供了一个有、无反馈式航迹融合方程,能够调节对局部节点的预测准确度[13]。随着下一代人工智能技术的进展以及计算机硬件性能的改善,国内研究者也开始把神经网络原理和模糊理论运用到全景数据融合技术当中,比如荣健提出将自适应模糊神经网络和卡尔曼滤波器应用到目标跟踪系统中的全景数据融合算法中,通过自适应调整跟踪参数,从而避免了目标遗漏[14]。王峰等人根据物联网中的全景信息处理问题,提供了一个多级多源异构数据融合方法,通过挖掘无线消息、视频和深度感知数据信息以及其他与异构数据固有关联的源,实现对多源异构数据中消息的高效利用[15]。

JDL 模型诞生于 1986 年,目前仍为数据融合领域最普遍采用的模型。近年来,Bowman 等人给出了数据融合树的基本定义,并对 JDL 模式进行了扩展,把数据融合问题细分为概念结点,而各个结点中又包含了数据关联、相关、评估等功能[16]。在此基础上,Bosse E 提供了一个基于模型与仿真的方法,实现一个数据融合体系的实际应用设计[17]。Wanli Ouyang 等人通过提供多源深度模型,从全景数据中的多种信息源中学习有效的特征,并将其融合为一种联合表示方式来实现姿态预测[18]。

虽然上述研究已不断成熟,但对大规模复杂细节变电站全景数据的融合算法、大规模实时数据调度、分析技术的研究仍有不足。由于变电站内全景数据日益增多以及设备运行方式的复杂多变,从全景数据的角度进行复杂变电站数据分析、监测等工作,更有利于全景数据的深度运用,仍有较大的研究价值。

5.1.3　电气设备诊断方法研究现状

目前电气设备的诊断方法种类很多,其中主要有红外图像诊断方法、声-振联合诊断法、三比值法,还有近些年迅速发展的模糊逻辑、支持向量机、人工神经网络等新方法。

国内外学者对基于红外图像处理技术的电力设备监测系统进行了深入研究,并提出了各种电力设备的红外图像处理故障诊断方法。1997 年,Kazuo 等人率先将红外图像和可见光图像配准融入,测量了融入后的图像中的输电线保护,从而完成了对红外图像中输电线保护的状态分析[19];2006 年,曹春梅等人研发了电力设备故障中红外热检测的基本原理、基本流程[20];2011 年,韦强分析研究了各种高压电力设备故障时的红外热像特性,以及影响用红外检测诊断电力设备故障的相关原因[21];2013 年,魏钢等人设计了一种电气红外故障辨识系统软件,通过相对温差判断法,确定电气设备故障与否[22];2016 年,David lopez-perez 和 Jose Antonino-Daviu 在工业感应电动机故障监测中成功地运用了红外线热像仪,通过红外热成像技术展示了监测发电机故障的能力[23]。不过,以上对电力设备进行非接触式的红外检查方式仍然主要依赖于人工识别,该方式需要通过人工手动获取有关红外图像的信息,然后再对故障进行鉴别,所以,以上人工识别的方式并不具有自动识别故障的能力。

同时,人们对于声-振联合诊断法、三比值法等方法的特征提取也存在一些问题,近些年来模糊逻辑、支持向量机、人工神经网络(ANN)等方法快速发展,电气设备故障诊断的方法也得到长足进步。

模糊理论是在更加准确的理论基础上去处理那些没有办法用常规理论知识来描述的模糊事件,同时使用该理论还能够处理那些传统经典理论所没法处理的问题,包括人们头脑中存在的大量不确定性语义,以及某些模糊概念等问题。研发人员在传统比值法的基础上,融入了模糊逻辑技术,模糊化比值边界,在电气设备的故障诊断领域中,此方法取得了很好的应用效果。

支持向量机是一个机器学习算法,在统计学习理论、结构风险最小原则以及VC维理论的基础上发展而来,能够很好地解决高维度数据、非线性数据等复杂性的数学问题。有学者在对变压器设备故障诊断的研究中,引入了支持向量机算法,并通过多级的二分类进行故障判定,在设备故障诊断中具有良好的应用前景。

ANN技术是由当代神经生物学发展而来的,在使用ANN技术处理故障诊断问题时,应用比较广泛的是BP神经网络(BPNN),但由于其面临不易收敛、易处于局部极小、容易形成大振荡等缺点,所以通常都会使用经过改进的神经网络算法对变压器故障进行检测。有学者通过一种自适应变异粒子群优化BPNN权值的方式,解决BPNN易发生局部极小的问题,从而大大提高了故障识别准确性并加速了网络的收敛速率。

5.1.4　人工智能技术在变电站设备检测及诊断中的应用现状

近些年,人工智能技术被应用于电力系统的运维中,为设备的正常工作状况与健康水平提供了有力保证,提高了故障处理的速度,保证了电力系统的稳定运行[24]。目前,人工智能技术主要应用于下面3个场景。

1. 应用专家系统的电气故障诊断

在电气设备故障诊断中,专家系统使用得比较普遍,是新一代人工智能技术中的一项重要技术。在建立故障诊断专家系统的流程中,首先需要把大量的专家故障诊断知识和经验数据信息录入系统,并根据不同的故障类别进行分类,以便于在故障诊断过程中将收集到的设备数据信息和专家系统中的数据信息加以比较,从而实现对系统运行故障的智能化判断。当信息的对比结果为发生故障时,系统就会自动跟踪故障来源,分析故障形成的主要原因并形成解决方案,从而实现故障判断的智能化。在实际使用中,专家系统的故障诊断模块不但可以有效提升故障诊断效率,减少故障诊断时间,并且能够迅速锁定造成故障的主要因素,通过专家系统中大量专业化数据信息给出最优解决方案和处理思路,进而提高排除故障的效率[23-25]。

2. 应用人工神经网络诊断

人工神经网络通过模拟动物的神经网络,利用大量神经节点以实现复杂系统的数据处理需求。在电力系统中,由于电气设备类型的多元化、精密化等发展趋势,设备内部系统的复杂程度日益增加。在实现电气设备故障诊断和设备监测的过程中,人工神经网络技术可以通过云数据处理技术,完成对复杂系统的快速精确数据分析,进而完成对设备的故障诊断工作。在实际使用中,人工神经网络技术具备更高的稳定性和准确性,可以有效减少外界因素对设备故障诊断的影响。另外,使用人工神经网络技术还能够实现对设备更加精确的建模,为提升设备故障诊断后的问题处理效果提供了重要保障。所以,在现阶段的电气故障诊断中,基于人工神经网络进行故障诊断的研究不断深入,应用也越来越广[26]。

3. 应用模糊理论诊断

现代设备呈现出种类多、分布范围广、结构参数差异性大等特点,再加上它自身构成了非常复杂的系统,其状态特征数量多,因此在故障诊断中必须收集各种信息并加以汇总和比较分析,才可以得出故障诊断结论,并提出处理措施。由于这些信息之间存在着很大的模糊性和不确定性,并有着交叉耦合,大大增加了故障诊断的难度。使用模糊理论诊断可以根据故障形成的原因、现象特点及专家经验形成模糊关系矩阵,并使用其中的逻辑关系对故障进行判断。所以,模糊理论是在一个比较合理的逻辑关系的基础上,通过大数据分析与互联网云数据进行分析,所形成的一个和人脑思路比较接近的故障诊断方法。因此运用模糊理论诊断,可以帮助操作人员进行方案设计和选择工作[27-30]。

5.2 基于 FC-SAE 的变压器全景数据融合技术

5.2.1 基于 EM-PCA-FCM 的变压器全景数据预处理方法

变压器全景数据是一个庞大而复杂的数据集合,包括不同类型的数据,采用传统的方式无法在指定的时限内对其进行处理、储存、管理与分类。在实际应用中,因为变压器的全景数据存在多源异构特性,所以直接从各数据源中采集到的信号在不同程度上都会出现某些问题。因此,在进行变压器全景数据的融合前需要对数据进行预处理,将预处理的结果作为变压器全景数据融合的数据源,其质量也会影响数据融合的好坏,因此一种好的预处理结果不但可以让融合的结果更为精确,还能够提升融合速率。

数据预处理方法有多种,本小节将重点从以下三个角度对数据预处理方法进行阐述,首先是基于 EM 算法的数据缺失填充方法;然后是基于 PCA 算法的数据降维方法;最后是基于 FCM 算法的数据去噪方法。这种技术将为后面的数据融合使用提供重要保证,同时会提升融合的性能。

1. 基于 EM 算法的数据缺失填充方法

总体上说,对于变压器全景数据的部分缺失数据的处理方式主要有三种,即删除、填充和不处理。而数据填充技术是依据统计原理,按照现有全景数据中各种数据的分布对缺失数据进行补充完善。

EM(期望最大化)算法的每个迭代包括两个步骤:第一个步骤为期望步骤 E;第二个步骤为最大化步骤 M。

EM 算法的主要思路是先对缺失数据的初始值进行预测,并计算变压器全景模型的值,之后对 2 个步骤中 E 和 M 进行迭代,并不断更新缺少的数据的具体数值,直至这个数值收敛。

EM 算法的具体流程如下。

输入:观察全景数据中的某类数据 $x=(x^1,x^2,\cdots,x^k)$,联合分布 $p(x,y|\theta)$,条件分布 $p(z|x,\theta)$。

输出:模型参数 θ 的最优值。

步骤 1:初始化参数 θ 的初值 θ^0。

步骤 2:计算联合分布的条件概率期望。

$$Q_i(y^{(i)})=P(y^{(i)}\mid x^{(i)},\theta^j)$$

$$L(\theta,\theta^j)=\sum_{i=1}^{m}\sum_{y^{(i)}}Q_i(y^{(i)})\log P(x^{(i)},y^{(i)}\mid\theta)$$

步骤 3:重新计算模型参数。

$$\theta^{j+1}=\mathrm{argmax}_\theta L(\theta,\theta^j)$$

步骤 4:重复步骤 2、步骤 3。

其中,z 为未观测数据;步骤 2 叫作 E 步,求期望;步骤 3 叫作 M 步,求极大化。

EM 算法每次迭代都需要对整个变压器全景数据进行处理,而变压器全景数据集的数据非常多,故 EM 算法的计算量非常大。因此,为了加速 EM 算法的收敛,采用增量式 EM(IEM)算法处理变压器全景数据集。

IEM 算法处理变压器全景数据的基本思路如下:首先将整体的全景数据分割成 K 块,然后对分割的每一块单独执行 E 步,同时对整个全景数据执行 M 步,每一次迭代时只更新每一块 E 步的条件期望。下面为第 $n+1$ 步的迭代步骤。

E 步:选择子数据集 y_i,其中 $i=n$。计算联合分布概率 $P_n^i=P(z_i\mid y_i,\theta^n)$ 设 $Q_j(\theta,\theta^n\mid y_j)=Q_j(\theta,\theta^{n-1}\mid y_j)$,for $j\neq i$ 计算 $Q_j(\theta,\theta^n\mid y_j)=E_{pj}[L(\theta,\theta^n\mid y_j)]$,计算 $Q(\theta\mid\theta^n,y_j)=\sum Q_j(\theta\mid\theta^n,y_j)$。

M 步:选择 θ^{n+1},使得最大化 $Q(\theta\mid\theta^n,y_j)$,其中 $\theta\in\Theta$。

在 IEM 算法中,使用改进的部分 E 步构造 Q 函数并使其局部最大化,为加快计算速度,增量式更新 Q 函数只需要加上不同的新、旧 Q_i 值。即

$$Q(\theta\mid\theta^n,y)=Q(\theta\mid\theta^{n-1},y)+Q_j(\theta\mid\theta^n,y)-Q_j(\theta\mid\theta^{n-1},y)$$

定义 K(高斯混合成分数)、d(增量因子)、初始子样本 $M=N/d$、Φ_0(初始参

数)、δ充分小,KNN 聚类算法的具体步骤为如图 5-1 所示。

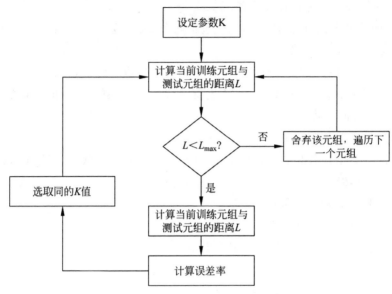

图 5-1　KNN 算法计算初值程序框架

　　因为 IEM 算法的起始节点是随机选取的,故先使用 KNN 算法对数据分析结论加以分类,并且把分类结果视为 IEM 计算的计算范围,接着再使用 IEM 算法按 E 步、M 步重复执行直至收敛,得到缺失数据的最优预测值。

　　本节采用的 EM 算法整体如下。

　　输入:原变压器全景数据集(存在缺失数据)。

　　输出:通过 IEM 算法填补过的变压器全景数据集。

　　(1)使用 KNN 算法分类得到初始值,KNN 算法计算初值程序框架如图 5-1 所示。

　　(2)将 KNN 算法的分类结果分别作为 IEM 的初始范围。分别在每个类中使用 IEM 算法计算收敛值,算法框架如图 5-2 所示。

2. 特征降维技术

　　PCA 算法能够从多元因素影响的事件中分析主要的影响因素,进而发现事件的根源,把复杂问题简单化。PCA 一般用作对数据降维,主要目的在于寻找变化大的元素,即方差较大的维度,并去除方差较小的维度,留下我们需要的,同时减小了计算量,提高计算速度。

　　PCA 的基本原理是利用协方差度量属性间的相关性,通过样本矩阵的协方差矩阵求出协方差矩阵的特征向量,由上述特征向量就能够组成投影矩阵,最后达到变压器全景数据中各类数据之间线性无关。PCA 降维算法的具体步骤如下。

给定原 d 维空间结构中的所有样本集 $X = \{x_1, x_2, \cdots, x_m\} \in \mathbf{R}^{d \times m}$，变换之后得到 n 维空间 Z 中的样本，其中 $n \ll d$。

$$Z = U^{\mathrm{T}} X \tag{5-1}$$

式中：$U \in \mathbf{R}^{d \times m}$ 是变换矩阵（即找到的新正交基），U 是由 X 协方差的特征值最大的前 n 项所相应的特性向量组成的正交矩阵；$Z \in \mathbf{R}^{d \times m}$ 是样本在新空间结构中的投影，为高维 X 降维后的低维近似。

输入：样本集 $X = \{x_1, x_2, \cdots, x_m\}$，$x_i \in \mathbf{R}^d$；低维空间维数 n。

处理过程如下。

将样本特征去均值化（即数据的中心化）。对于样本的各个特征，用当前特征的值减去样本集中所有特征的值的平均 μ_j，对第 i 个样本的第 j 个特征，$x_i^{(j)} = x_i^{(j)} - \mu_j$，其中 $\mu_j = \frac{1}{m}\sum_{k=1}^{m} x_k^{(j)}$，全部特征均值向量为

$$\boldsymbol{\mu} = (\mu_1, \mu_2, \cdots, \mu_d), \quad \mu \in \mathbf{R}^d \tag{5-2}$$

计算样本的协方差矩阵 $\boldsymbol{\Sigma} = XX^{\mathrm{T}}$。

对协方差矩阵做特征值分解，取前 l 个较大的特征值对应的特征向量构成变换矩阵 U。

生成降维后的样本集 $Z = \{z_1, z_2, \cdots, z_m\}$，$z_i = U^{\mathrm{T}} x_i$，$i = 1, 2, \cdots, m$，原始样本集的近似 $\hat{U} = \{Uz_i + \mu\}$，$i = 1, 2, \cdots, m$。

输出：$Z \in \mathbf{R}^{l \times m}$；$\hat{U} \in \mathbf{R}^{d \times m}$。

在数据预处理中，数据填充与特征降维方法在计算上都存在着很大的提升空间，即不同的算法对全景数据融合后的结果影响很大，而其他预处理方法，包括标准化、归一化、数据去重等都已经有了相对完善的方案或工具。

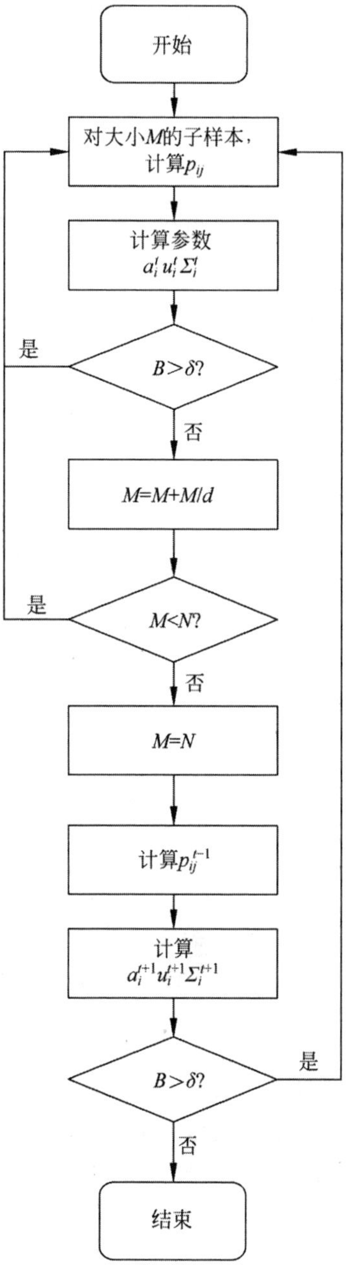

图 5-2　IEM 聚类算法步骤

3. 全景数据去噪处理

全景数据中的噪声数据对模型的影响有时也会比较显著，在对变压器的全景数据进行融合前，需要进行数据去噪，以提升训练结果。

采用聚类的去噪算法,可同时完成聚类和异常值检测的操作,对变压器全景数据的操作性较好,其时间复杂度和变压器全景数集的大小呈线性关系,因此这种算法的效率相当高。下面介绍一种基于 FCM(Fuzzy C-Means,模糊 C 均值聚类)算法改进的去噪算法。

FCM 算法的聚类是指全景统计中每一数据节点对聚类中心的隶属程度,该点隶属程度也可用某个值来描述。FCM 算法流程如图 5-3 所示。

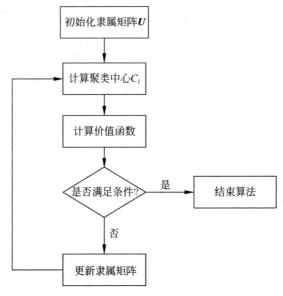

图 5-3　FCM 算法流程图

假设聚类之后某一簇的聚类中心距离为 v_j,对于在这一簇内的任何一个点 $x_t^{(j)}$,则整体风险的加权欧几里得距离为:

$$d_v(x_t, v_j) = \mathrm{sim}(x_t^{(j)}, v_j) \cdot \sqrt{(x_t^{(j)} - v_j)^{\mathrm{T}}(x_t^{(j)} + v_j)} \tag{5-3}$$

式中: $\mathrm{sim}(x_t^{(j)}, v_j)$ 表示点 $x_i^{(j)}$ 和 v_j 之间的余弦相似度。

首先设定一个欧氏距 r 作为阈值,而一般的 r 取簇内每个样本点至聚类中心之间的加权欧氏距的平均值 l。在变压器全景数据中某类数据完成聚类后,当 $d_v(x_t, v_j) > r$ 时,认为该数据是噪声点并将其删除;当 $d_v(x_t, v_j) < r$ 时,则留下该数据。

$$l = \frac{\sum_1^k \sum_1^t d_v(x_t^{(i)}, v_i)}{n} \tag{5-4}$$

对于聚类中心个数 c 的取值,可参考肘部法则。改进后的算法的整体流程如图 5-4 所示。

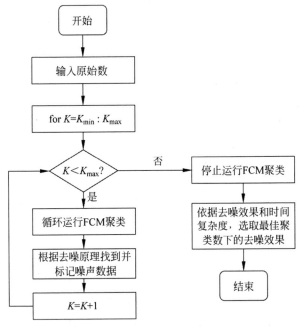

图 5-4　去噪算法流程图

5.2.2　基于 FC-SAE 的变压器全景数据融合模型建立

1. 基于 FC-SAE 的变压器全景数据融合模型框架

基于 FC-SAE 的变压器全景数据融合模型框架如图 5-5 所示。主要包括以下三个模块。

1）变压器全景数据文本特征提取

变压器全景数据中的原始文本数据要方便计算机的辨识,首先必须将其转换为数字形式,这是文本预处理阶段。它由三个部分组成：文本分词、去除停止词和生成词向量。

分词是遵照一定的规则将变压器全景数据文本序列以词语为基础单位划分成词序列的过程。

停止词指文本数据中夹杂着影响文本语义的噪声数据,例如英文中的 is,中文中的"你"等。去除停止词可降低变压器全景数据的文本数据维度。因此,文本预处理的第二阶段是建立变压器全景数据停止词词典,并将其导入到语料库中。

在基于 FC-SAE 的变压器全景数据融合模型中,当变压器全景数据中的文本数据转换为文本序列后,采用 Word2Vec 词嵌入模型进行词嵌入运算,从而把变压器全景数据中的非结构化文本转换成结构化的词向量形式。词向量的每个维度代表变压器全景数据的语义特征,其中的每一条数据都可表示为 $N \times M$ 的矩阵。这里 N 为数据中的词数,M 则是词向量的维数。如图 5-6 展示的是部分缺陷文本的三维词向量,图中数值来自 Word2Vec 的输出。

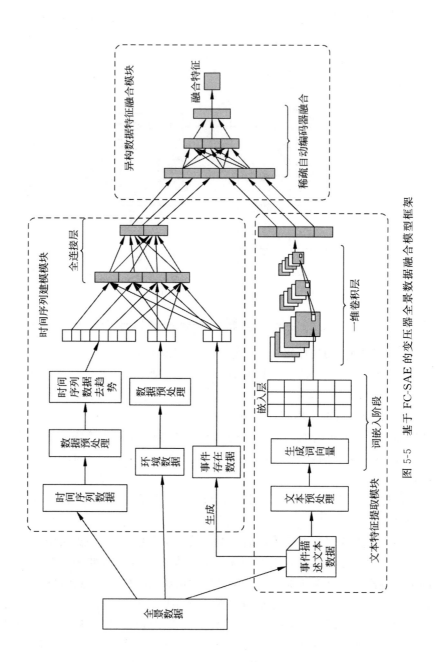

图 5-5　基于 FC-SAE 的变压器全景数据融合模型框架

为更深入掌握变压器全景数据中的文本数据在不同抽象层面的特点,基于 FC-SAE 的变压器全景数据融合模型使用了卷积神经网络来捕获词向量矩阵的特征。

2) 基于全连接层的时间序列全景数据建模

假设输入层有 n 个节点,隐藏层有 h 个节点,输出层有 m 个节点,则全连接网络结构如图 5-7 所示。

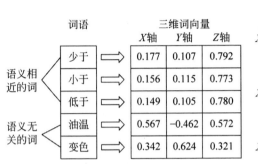

图 5-6　特征空间中的词向量表示

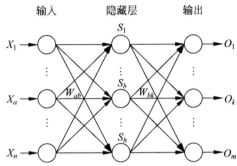

图 5-7　全连接网络结构

全连接网络输出的计算步骤如下。

$$s_b = \sum_{b=1}^{n}(W_{ab}X_a + \theta_b) \tag{5-5}$$

式中:W_{ab} 为输入层中第 a 个节点到隐藏层第 b 个节点的连接权值;θ_b 为第 b 个隐藏节点的偏置项;X_a 为第 a 个输入。每个隐藏层节点的输出根据下式进行计算:

$$S_b = \mathrm{sigmoid}(s_b) = \frac{1}{1 + \exp(-s_b)}, \quad b = 1, 2, \cdots, h \tag{5-6}$$

$$o_k = \sum_{b=1}^{h}(W_{bk}S_b + \theta_k), \quad k = 1, 2, \cdots, m \tag{5-7}$$

$$O_k = \mathrm{sigmoid}(o_k) = \frac{1}{1 + \exp(-o_k)}, \quad k = 1, 2, \cdots, h \tag{5-8}$$

式中:W_{bk} 为从第 b 个隐藏节点到第 k 个输出节点之间的连接权重;θ_k 为第 k 个输出节点的偏置项。

在基于 FC-SAE 的变压器全景数据融合模型中,全连接层网络的输入向量采用滞后观察的形式作为固定输入向量:

$$Z_{ts} = f(wT + b) \tag{5-9}$$

式中:Z_{ts} 为变压器全景数据的时间序列特征;$T = (t_1, t_2, \cdots, t_L)$;$L$ 为滞后观察长度。

3）全景数据特征融合

在基于 FC-SAE 的变压器全景数据融合模型中，全景数据特征融合需要经过解码和编码，具体方式如下：

$$y = h(Wx + b) \tag{5-10}$$

$$x' = h'(W'y + b') \tag{5-11}$$

式中：编码器和解码器的激活函数分别为 h 与 h'；编码器和解码器的权重矩阵分别为 W 和 W'；b 和 b' 为编码器和解码器的偏置项。稀疏自动编码器采用对损失函数最小化的方式优化参数。SAE 模型的损失函数可表达如下：

$$\text{Cost} = \frac{1}{n}\sum_{K}(x_k - x'_k)^2 + \frac{\lambda}{2}\sum_{l}^{L}\sum_{j}^{n}\sum_{i}^{k}[(w)'_{ij}]^2 + \beta\psi_{\text{sparsiy}} \tag{5-12}$$

$$\psi_{\text{sparsiy}} = \sum_i \rho\log\frac{\rho}{\hat{\rho}_i} + (1-\rho)\log\frac{1-\rho}{1-\beta_i} \tag{5-13}$$

$$\hat{\rho}_i = \frac{1}{n}\sum_{j=1}^{n}y_i(x_j) \tag{5-14}$$

式中：L 为隐藏层节点数目；n 为数据样本数量；k 为输入向量维度；λ 和 β 均为给定系数，分别控制权重系数正则项和稀疏正则项；$\hat{\rho}_i$ 为隐藏层神经元平均激活值；ρ 为稀疏性参数。

2. 基于 FC-SAE 的变压器全景数据融合模型建立

基于 FC-SAE 的变压器全景数据融合模型可以解决在时间序列领域中，变压器全景数据中的时间序列数据与事件文本描述数据之间的融合问题。基于 FC-SAE 的变压器全景数据融合模型算法流程具体步骤如下。

步骤 1：对变压器全景数据中的文本数据信息进行预处理。

步骤 2：使用 jieba 分词器对变压器全景数据中的文本数据进行分词，生成不定长文本序列 V，对不定长文本序列进行零填充 V，使其成为等长文本向量 V_T。

步骤 3：使用 Word2Vec 词嵌入模型将文本向量 V_T 进行词嵌入，生成词向量矩阵 M。

步骤 4：通过 CNN 网络进一步提取词向量矩阵的 M 特征，从而获得变压器全景数据中的文本数据深层特征 Z_{text}。

步骤 5：对变压器全景数据中的输电工况数据、设备状态数据和控制测量数据等相关数据进行预处理，并由事件描述数据生成事件存在数据。

步骤 6：对变压器的全景数据进行去趋势，如下所示：

$$\begin{cases} T = TS - \overline{TS} \\ \overline{TS} = \dfrac{1}{N}\sum_{i=1}^{N}TS_i \end{cases} \tag{5-15}$$

式中：T 为去趋势数据；TS 为变压器全景数据；N 为全景数据总量。

步骤 7：根据 FC 神经网络提取出变压器全景数据特征 $\boldsymbol{Z}_{ts}$。

步骤 8：将步骤 5 变压器中的全景数据、事件存在数据与 $\boldsymbol{Z}_{\text{text}}$ 以及 $\boldsymbol{Z}_{ts}$ 进行拼接，并利用 SAE 模型进行融合，输出变压器全景数据的融合特征 $\boldsymbol{y}$。

5.2.3　基于 FC-SAE 的变压器全景数据融合处理及其应用案例

1. 全景指标体系构建

为构建变压器全景数据融合体系，本书将变压器全景数据分为变压器本体、套管和分接开关等部分，变压器整体运行状态将由这三部分的数据融合综合得出。

本书在研究变压器全景数据融合的过程中需要运用科学的方法并结合实际情况建立评价指标体系，具体的指标构建方法如下。

1）边界清晰

本书研究的是变压器全景数据融合，限定了指标评价对象的范围。不同条件的变化会导致评价指标以及评价结果的不同，因此需要明确边界，建立针对变压器全景数据融合的综合评价指标体系。

2）目标明确

本书是针对变压器全景数据融合工作进行综合评价，目的是促进变压器全景数据融合工作的推进，帮助有关部门制定检修策略及方法。

根据相关标准，文中建立的变压器全景数据融合指标评价体系如表 5-1 所示。

表 5-1　变压器全景数据融合综合评价指标

一级指标类别	二级指标
本体技术指标 A	七种典型气体含量 A_1
	总烃产气速率 A_2
	绕组绝缘电阻 A_3
	地面节能改造 A_4
	吸收比 A_5
	极化指数 A_6
	绕组直流电阻 A_7
	绕组介损 A_8
	铁芯接地电流 A_9
	油中含水量 A_{10}
	油击穿电压 A_{11}
	油介损 A_{12}
	酸值 A_{13}
	运行油温 A_{14}
	糠醛含量 A_{15}
	噪声情况 A_{16}
	振动情况 A_{17}

续表

一级指标类别	二级指标
套管技术指标 B	氢气含量 B_1
	乙炔含量 B_2
	总烃含量 B_3
	CO、CO_2 含量 B_4
	套管介损 B_5
	主绝缘电阻 B_6
	电容量初值差 B_7
	油位指示 B_8
	红外测温记录 B_9
分接开关技术指标 C	分压比 C_1
	操作次数 C_2
	渗油漏油情况 C_3
	分接位置 C_4
	机械振动信号 C_5

2. 全景指标数据融合

为研究变压器全景指标数据融合,本书采用模糊综合评价方法对其进行指标数据融合。模糊综合评价方法是指采用最大隶属度原则和模糊数学理论对多因素系统进行总体评价的一种方法。当对多因素问题进行评价时,因为需要考虑的因素数量多,而各因素的重要程度也有不同,从而导致问题变的非常复杂。如果在此时用单一的数学方法进行计算将会非常麻烦,所以可以采用模糊综合评价中的模糊数学方法得到量化的综合评价结论,以便于为决策者提供依据。

模糊综合评判的三要素如下。

(1)因素集 $U=\{u_1,u_2,\cdots,u_n\}$,由评价对象的各要素所组成的集合。

(2)判断集 $V=\{v_1,v_2,\cdots,v_m\}$,由评语构成的集合。

(3)单因素判断,即对单个因素 $u_i(i=1,2,\cdots,n)$ 的评判,得到 V 上的模糊集合 $(r_{i1},r_{i2},\cdots,r_{im})$,所以也就是 U 到 V 之间的一种模糊映射:

$$f: U \to \lambda(V) \tag{5-16}$$

$$u_i \to (r_{i1},r_{i2},\cdots,r_{im}) \tag{5-17}$$

模糊映射 f 可定义为一种模糊关系 $\boldsymbol{R} \in \mu n * m$,也叫作评判矩阵。

$$\boldsymbol{R} = \begin{bmatrix} r_{11} & r_{12} & \cdots & r_{1m} \\ r_{21} & r_{22} & \cdots & r_{2m} \\ \vdots & \vdots & \ddots & \vdots \\ r_{n1} & r_{n2} & \cdots & r_{nm} \end{bmatrix} \tag{5-18}$$

它是由所有对单因素评判的 F 集组成的。

由于各因素作用未必相等,所以需要对各因素加权。用 U 上的 F 集描述对各主要因素的加权分配,其结果与评估矩阵 **R** 的组合便是对各主要因素的整体评估,并由此获得了综合评价模型 I。

根据模糊集的运算方式,可通过小中取大原则、选取最大者准则和归一加权等方式判断其隶属程度。最大隶属度原则是指选择与最大值相应的评语作为最后的评语。模糊综合评价法中隶属度函数对评价准则有着决定性的影响,传统的隶属函数一般包括梯形、半梯形、矩形等模型。

根据前文可知,得到变压器全景数据融合指标体系后,选取大量历史数据样本,将所有指标转化为正向指标,并归一化,采用如下归一化公式,其中式(5-19a)用于计算值越大,风险越大的指标;式(5-19b)用于计算值越大,风险越小的指标:

$$x' = \begin{cases} (x - x_{\min})/(x_{\max} - x_{\min}) & \text{(5-19a)} \\ (x_{\max} - x)/(x_{\max} - x_{\min}) & \text{(5-19b)} \end{cases}$$

式中:x 为变压器全景数据融合的指标实际值;$x_{\max}$、$x_{\min}$ 为变压器全景数据融合指标最大阈值和最小阈值;x' 为变压器全景数据融合指标归一化后的值。

随后采用层次分析法计算主观权重,选取 N 位专家根据各个指标的实际风险情况对每一指标进行打分,采用 5 个等级进行两两指标对比,按照两个指标对于某风险的重要度分别赋值 9、7、5、3、1 分,其中,打分标准如表 5-2 所示。

表 5-2　打分标准

分值 a_{ij}	含　义
1	两个元素相比具有同等重要性
3	第 i 个元素比第 j 个元素稍微重要
5	第 i 个元素比第 j 个元素明显重要
7	第 i 个元素比第 j 个元素强烈重要
9	第 i 个元素比第 j 个元素极端重要

打分后形成判断矩阵,当 N 位专家对某一指标的评分差异在两个等级以上时,将该指标反馈至专家进行重新评价,直到每个指标差异均在两级以内,最终采用 N 个专家对每一个指标的平均值作为判断矩阵的分值,经过一致性检验、采用特征值法得到归一化后的权重,得到初始主观权重:$Ws_{C1} = [w_{C11}, \cdots, w_{C15}]$,$Ws_{C2} = [w_{C21}, \cdots, w_{C26}], \cdots, Ws_A$。

但传统模型中指标较多,建立标准不统一,容易造成评价结果准确性低。为此,书中将隶属度函数进行组合,得到模糊分布的组合隶属度分布,如图 5-8 所示。

在得到隶属度函数后,需要对 I、II、III、IV 级指标阈值进行划分,划分结果关系着模糊综合评判的精确度,因此,书中采用粒子群算法进行聚类分析,得到聚类后的四个指标等级

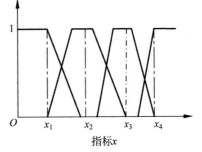

图 5-8　组合隶属度分布

中心 x_1、x_2、x_3、x_4。

初始化算法参数,具体包括指标分类数量(以下称节点)为 4,计算所有点到每一目标值的欧氏距离之和,作为适应度函数:

$$f = \sum \sqrt{(x_i - x_j)^2} \tag{5-20}$$

随后通过粒子群优化算法得到聚类中心,并初始化粒子群规模为 M。因为传统粒子群算法都是以随机方式初始化群体,因此无法确保群体的多样性与优质性,易导致过早收敛。因此本书通过精英反向策略初始化群体,保留适应度较高的个体,放弃适应度较低的个体,并利用反向策略扩大群体范围,以提高初始化群体的质量,书中提出的精英反向初始化群体方法如下。

(1)随机初始化 M_w 个粒子群个体,并组成种群 $\boldsymbol{X}_{\mathrm{raw}}$,计算适应度并将所有个体按适应度最优到最差进行排序,保留前 $M_w/2$ 个个体组成精英种群 $\boldsymbol{X}_{\mathrm{best}}$。

(2)计算每个精英个体 $\boldsymbol{X}_{\mathrm{best}}$ 的反向个体 $\boldsymbol{O}_{\mathrm{raw}}$:

$$\boldsymbol{O}_{\mathrm{raw}} = r(\alpha + \beta) - \boldsymbol{X}_{\mathrm{best}} \tag{5-21}$$

式中:r 为 $[0,1]$ 之间的随机数;α、β 分别为种群空间的上下界;当产生的反向个体越界时,则直接随机生成一个个体来替换越界个体。

由上述反向个体组成反向种群 $\boldsymbol{O}_{\mathrm{raw}}$。

(3)将初始种群 $\boldsymbol{X}_{\mathrm{raw}}$ 与反向种群 $\boldsymbol{O}_{\mathrm{raw}}$ 合并,并将适应度最优的前 M_w 个个体组成新种群 $\boldsymbol{X}_{\mathrm{new}}$,作为迭代初始化种群。

随后更新速度和位置的公式,即

$$V_{id} = \omega V_{id} + C_1 r(P_{id} - X_{id}) + C_2 r(P_{gd} - X_{id}) \tag{5-22}$$

$$X_{id} = X_{id} + V_{id} \tag{5-23}$$

式中:ω 为惯性因子;C_1、C_2 为加速常数;r 为 $(0,1)$ 之间的随机数;P_{id} 为第 i 个变量的第 d 维。

3. 基于 FC-SAE 变压器全景数据融合流程

首先将各技术指标进行预处理,并进行归一化;随后,再根据 AHP 算法估计主观权重,最后通过熵权法估计客体权重,熵权法运算流程如下。

将正向化后的每一个指标构成正向化矩阵 $\boldsymbol{X}$:

$$\boldsymbol{X} = \begin{bmatrix} x_{11} & \cdots & x_{1M} \\ \vdots & \ddots & \vdots \\ x_{n1} & \cdots & x_{nM} \end{bmatrix} \tag{5-24}$$

按照式(5-24)同样方式形成矩阵 $\boldsymbol{X}_A$、$\boldsymbol{X}_B$、$\boldsymbol{X}_C$ 并将 $\boldsymbol{X}_A$、$\boldsymbol{X}_B$、$\boldsymbol{X}_C$ 矩阵进行标准化,得到标准化矩阵 $\boldsymbol{Z}_A$、$\boldsymbol{Z}_B$、$\boldsymbol{Z}_C$,其中 $\boldsymbol{Z}$ 中的每一个元素为:

$$z_{ij} = x_{ij} \Big/ \sqrt{\sum_{i=1}^{n} x_{ij}^2} \tag{5-25}$$

对 $\boldsymbol{Z}_A$、$\boldsymbol{Z}_B$、$\boldsymbol{Z}_C$ 分别计算概率矩阵 $\boldsymbol{P}$,$\boldsymbol{P}$ 中的每一个元素 p_{ij} 的计算公式为:

$$p_{ij} = z_{ij} \left/ \sqrt{\sum_{i=1}^{n} z_{ij}} \right. \qquad (5\text{-}26)$$

计算每一个指标的信息效用值 d_j :

$$d_j = 1 + \frac{1}{\ln n} \sum_{i=1}^{n} p_{ij} \ln(p_{ij}) \qquad (5\text{-}27)$$

最终得到每个指标的权值:

$$W_O = d_j \left/ \sqrt{\sum_{j=1}^{m} d_j} \right. \qquad (5\text{-}28)$$

随后,采用熵权法计算客观权重,得到客观权重 $\boldsymbol{W}_{O_{C1}} = [w_{C11}, \cdots, w_{C15}]$, $\boldsymbol{W}_{O_{C2}} = [w_{C21}, \cdots, w_{C26}], \cdots, \boldsymbol{W}_{O_A}$ 。计算得到主、客观权重后,通过采用组合博弈的优化算法,将主客观权重进行组合,得到最优权重,最优权重与原权重的误差平方和最小,并将优化后的权重进行归一化,最终得到最优权重 $\boldsymbol{W}_A$ 、 $\boldsymbol{W}_B$ 、 $\boldsymbol{W}_C$ 的值。

将主观权重与客观权重进行结合得到组合权重,并与该指标在隶属度函数中的隶属度值进行相乘叠加,最终得到技术性指数 T 。

该指数 T 表示了某方案的技术可行性,该指数对应的不同方案的可行性分级如表 5-3 所示。

表 5-3　可行性分级

技术可行性等级	T	变压器状态
I	$0 < T \leqslant 0.3$	正常
II	$0.3 < T \leqslant 0.6$	轻微劣化
III	$0.6 < T \leqslant 0.8$	劣化
IV	$0.8 < T \leqslant 0.9$	严重劣化
V	$0.9 < T$	很严重

根据技术上的分级结果,可以依据 DL/T 573—2021《电力变压器检修导则》进行针对性检修。

最后,根据变压器历史数据,采用第 5.2 节构建的 FC-SAE 模型进行数据挖掘,得到关联规则,针对现有变压器全景数据根据规则进行评估。

5.3　基于贝叶斯网络的变压器综合诊断方法

5.3.1　电力变压器状态诊断规则集的构建方法

中国电网建设的高速发展、电力设备数据的大规模增加,为电力行业进行大数据分析和数据挖掘工作创造了基本条件。传统的信息处理与大数据分析方法仅仅分析了电力变压器的部分数据,而无法把多源数据结合起来,并且很难形成全面有效的故障诊断规则集。但在变压器的故障检测过程中,由于故障特征量在特定情形下是不确定的,所以在确定变压器正常运行状态的过程中存在着相应的模糊性问题,在这些情形下,难以使用确定性的规则对特征量和故障之间的关系加以合理表示。因此,构造有效的诊断规则集在变压器故障状态诊断中起着重要作用。

本书在广泛收集电力变压器故障案例研究数据和参照国际有关规范导则的基础上,建立了过热与过放电故障数据体系,并采用主成分分析方法对技术参数加以优选。然后,利用 Apriori 算法构建诊断规则挖掘模型,以获取诊断规则集,并实现对电力变压器故障的快速诊断。该方案具备结构简单、运行效率高及准确度高的优点,为电力变压器大数据分析和设备运维提供支持。

1. 模糊规则关联原理

对于任意一个项集 $X = \{X_1, X_2, \cdots, X_p\}$,$X$ 对模糊数据库中第 i 条数据的支持度由式(5-29)表示:

$$D_{\sup pi}(X) = T(X_{1i}, X_{2i}, \cdots, X_{pi}) \tag{5-29}$$

式中:X_{ji} 是 X_j 在第 i 条数据中的模糊值,且 $X_{ji} \subset [0,1]$,$i = 1, 2, \cdots, n$,$j = 1, 2, \cdots, p$;T 是广义三角模。X 在整个模糊数据库 D_f 的支持度为:

$$D_{\sup p}(X) = \frac{\sum_{j=1}^{n} D_{\sup pi}(X)}{|D_f|} \tag{5-30}$$

模糊关联规则 $X \Rightarrow Y$ 的支持度为:

$$D_{\sup p}(X \Rightarrow Y) = \frac{\sum_{j=1}^{n} D_{\sup pi}(X \bigcup Y)}{|D_f|} \tag{5-31}$$

在模糊数据库 D_f 中的第 i 条数据中,模糊关联规则 $X \Rightarrow Y$ 的蕴涵度为:

$$D_{\sup pi}(X \Rightarrow Y) = \text{FIO}[D_{\sup pi}(X), D_{\sup pi}(Y)] \tag{5-32}$$

式中:FIO 表示模糊蕴涵算子。

为了更好地进行说明,下面对强模糊关联规则和冗余模糊关联规则进行阐述。设最小支持度为 $D_{\min\_sup p}$,最小蕴涵度为 $D_{\min\_imp}$,假设一个规则 $X \Rightarrow Y$ 满足以下两点:$D_{\sup p}(X \Rightarrow Y) \geqslant D_{\min\_sup p}$,并且 $D_{\min\_imp}(X \Rightarrow Y) \geqslant D_{\min\_imp}$,则称 $X \Rightarrow Y$ 为强模糊关联规则。在给定扩展项目集 I_f 的子集 X、Y、Z 和最小支持度 $D_{\min\_sup p}$ 以及最小蕴涵度 $D_{\min\_imp}$ 的情况下,假设规则 $X \Rightarrow Y \cup Z$ 是强模糊关联规则,则规则 $X \Rightarrow Y$ 和 $X \Rightarrow Z$ 均为冗余模糊关联规则。建立模糊关联规则的主要目的就是从模糊属性数据库中找到超过给定的最小支持度或者最小蕴涵的各种模糊关联规则。

2. 诊断规则集构建步骤

构建诊断规则集的流程分为两步:①计算数据的支持度,然后在模糊数据库中按照计算结果生成频繁项集;②从频繁项集中筛选出候选规则集,并根据式(5-32)计算每一条规则的蕴涵度,最后根据最小蕴涵度得到所要构建的诊断规则集。

3. 诊断规则集中变压器故障类型与特征量的选取

根据所收集到的变压器故障数据以及相关规程导则,从中整理出变压器在发生故障时特征量的变化情况,将故障特征记为 $x_1 \sim x_{39}$,其中包括气体或其他杂质含量、设备温度、电气试验等,如表5-4所示。选取了变压器典型故障类型,对应的变量为 $y_1 \sim y_8$,如表5-5所示。

表 5-4　变压器故障特征量

变量	特　征　量	变量	特　征　量	变量	特　征　量
x_1	总烃	x_{14}	线圈温度	x_{27}	铁芯接地电流
x_2	C_2H_2	x_{15}	顶层油温	x_{28}	空载试验
x_3	C_2H_4	x_{16}	油枕油位	x_{29}	套管介损
x_4	CH_4	x_{17}	套管油位	x_{30}	油微水含量
x_5	C_2H_6	x_{18}	直流电阻	x_{31}	油流带电度
x_6	H_2	x_{19}	线圈介损	x_{32}	油中含气量
x_7	CO	x_{20}	线圈频谱	x_{33}	油击穿电压
x_8	CO_2	x_{21}	短路阻抗	x_{34}	糠醛含量
x_9	C_2H_2/C_2H_4	x_{22}	绝缘电阻	x_{35}	重瓦斯
x_{10}	CH_4/H_2	x_{23}	绕组变比	x_{36}	轻瓦斯
x_{11}	C_2H_4/C_2H_6	x_{24}	直流泄漏	x_{37}	后备保护
x_{12}	红外测温	x_{25}	局部放电	x_{38}	分接开关切换波形
x_{13}	异常声音	x_{26}	铁芯绝缘	x_{39}	分接开关操作次数

表 5-5　变压器典型故障类型

变量	故　障　类　型	变量	故　障　类　型
y_1	低温过热(0~300℃)	y_5	高能放电
y_2	中温过热(300~700℃)	y_6	放电兼过热
y_3	高温过热(>700℃)	y_7	绕组故障
y_4	低能放电	y_8	铁芯故障

模糊关联规则的数据集主要包括两部分:变压器的故障类型和发生故障后的特征量。将关联规则集记为 I,则

$$I = \{x_1, x_2, \cdots, x_{39}, y_1, y_2, \cdots, y_8\} \tag{5-33}$$

通过分析变压器发生故障时的特征量集 $X = \{x_1, x_2, \cdots, x_{39}\}$ 和故障集 $Y = \{y_1, y_2, \cdots, y_8\}$ 可能存在的联系,得到由 $X \Rightarrow Y$ 的映射,这种关系即是要构建的诊断规则。

4. 诊断规则集简化优选

在建立诊断规则集后,还需要采用 Apriori 算法对规则集进行优选。给定支持度阈值,计算支持度,然后进行剪枝操作,之后再进行连接、剪枝操作。此方式获取

的候选集较多,并会形成大量冗余诊断规则。而通过关联诊断规则,可以消除存在于同一特征中的关联项的规则和不符合实际意义的冗余规则,简化最终规则集。对特征参数优选后,可最大限度地精简挖掘出的诊断规则集,避免因试验数据缺失而降低故障诊断正确率。

5.3.2 基于数据融合和优化贝叶斯网络的变压器综合诊断模型构建方法

1. 贝叶斯网络相关理论及应用

1)贝叶斯定理和概率推理

贝叶斯定理是一种计算概率的方法,描述了从先验概率出发,不断利用所观测数据修正先验知识,进而得出修正后的未知量的后验概率。

贝叶斯定理的核心是贝叶斯公式,假设集合 $\{V_1,V_2,\cdots,V_n\}$ 中各事件是互斥的,且知道了各事件的先验概率值 $p(V_i)\geqslant 0,i=0,1,2,\cdots,n$,但另一个事件 U,它总是与 $\{V_1,V_2,\cdots,V_n\}$ 中的某一事件共同发生,且条件概率 $p(U|V_i)$ 已知,故由贝叶斯公式计算后验概率为:

$$p(V_i \mid U)=\frac{p(V_i)p(V_i \mid U)}{\sum_{j=1}^{n}p(V_j)p(U \mid V_j)} \tag{5-34}$$

式(5-34)说明,在事件 U 出现的条件下,求出 V_i 发生的事件的概率,并寻找最有可能引起事件 V_i 的因素。

贝叶斯推理法将已知的信息和贝叶斯方程所构成的数学模型相结合,来推理实际情况的条件概率分布。给定集合 E 为 X 的子集,其中变量值用 e 表示(设变量为逻辑变量,取值为 0 或 1),即 $E=e$,在故障诊断决策中,所有给定的变量常常都能够得到,即检测时所需要的故障信号。此时计算某事件 x_i 的条件概率 $p(X=x_i|E=e)$,即在给定故障信息下求取变量 $X=x_i$ 发生的概率。计算公式为:

$$p(X=x_i \mid E=e)=\frac{p(X=x_i,E=e)}{p(E=e)} \tag{5-35}$$

式中:$p(X=x_i|E=e)$ 和 $p(E=e)$ 均可利用高阶联合概率密度计算低阶联合概率的方法得到。由于故障信号满足条件独立,因此采用贝叶斯概率推理法进行故障的诊断和决策能产生较好的效果。

2)贝叶斯网络模型

贝叶斯网络是一个可以通过概率推理的有向无环图,由有向无环图和若干个条件概率表构成。其数学结构表示为 $B=\langle(X,E),P\rangle$,其中的 (X,E) 表示有向图,其由若干节点及连接这些节点的有向弧构成;P 表示每个节点上的条件概率。

一种最简单的贝叶斯网络模型如图5-9所示,该网络系统由$\{x_1, x_2, \cdots, x_5\}$五种节点所组成,其联合概率$p(x_1, x_2, \cdots, x_5)$为:

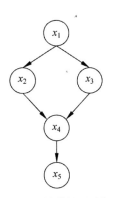

$$p(x_1, \cdots, x_5) = p(x_5 \mid x_4) p(x_4 \mid x_3, x_2) \cdot$$
$$p(x_3 \mid x_1) p(x_2 \mid x_1) p(x_1) \tag{5-36}$$

3)贝叶斯网络推理

贝叶斯网络推理法是在给定一种贝叶斯网络模型的情形下,根据已有变量节点的状态,计算某未知节点的概率分布。

图 5-9　简单的贝叶斯
网络模型

针对网络中某一节点变量x_i,其包含m个基本事件$\{e_1, e_2, \cdots, e_m\}$,若已知除了节点$x_i$外,所有与其相关的变量的观察结果集合$E = \{x_1, \cdots, x_{i-1}, x_{i+1}, \cdots, x_n\}$,则节点变量$x_i$第$s$个事件$e_s$发生的概率为:

$$p(x_i = e_s \mid E) = \frac{p(x_i = e_s, E)}{p(E)}$$

$$= \frac{p(x_i = e_s) \prod\limits_{j=1, j \neq i}^{n} p[x_j \mid \pi(x_j)]}{\sum\limits_{k=1}^{m} \left\{ p(x_i = e_k) \prod\limits_{j=1, j \neq i}^{n} p[x_j \mid \pi(x_j)] \right\}} \tag{5-37}$$

在故障诊断决策过程中,通过收集的故障状态记录判断贝叶斯网络中的相应节点状态,把这些节点的状态值当作判断的依据值,赋到贝叶斯网络中的相应节点,从而利用贝叶斯概率推理出网络中未知节点在不同状态的概率分布。

2. 基于数据融合和优化贝叶斯网络的故障诊断模型

为使变压器能够长期安全地运行,对其所出现的故障做出快速的判断、找到故障位置并明确排除方法,能极大地降低修理成本,提高安全性和经济性。建立以多源信息的利用为研究目标的故障诊断系统是很有必要的。当引入的数据类型和数量都非常多时,就必须引入多源数据融合技术,以全面挖掘数据更深层面的含义,通过对多维监测数据的合理利用,就可以有效安全地对变压器进行故障诊断。

故障诊断是将故障特征作为初始条件,经过综合分析后,确定故障的方法。这些故障特征是各不相同的,但对这些数据的处理过程本质上与信息融合是相同的,因此获得一个能够对不同的数据进行综合处理的综合诊断模型是相当关键的,依靠一个优秀的诊断模型往往会使诊断准确率和效率大幅度提升。下面从数据融合的基本原理与分析方法入手,介绍一个基于数据融合方法的综合故障诊断模型。

1) 基于数据融合的单贝叶斯网络诊断模型

基于数据融合的单贝叶斯网络诊断模型如图 5-10 所示。

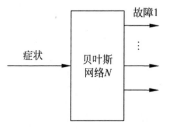

图 5-10　单贝叶斯网络诊断模型

贝叶斯网络经过对样本数据的学习、推理后,将趋近于最可能的一个故障,所以一个诊断贝叶斯网络就能够完成对多种故障的检测。但由于采用的单贝叶斯网络将其每一个输出都表示为一组故障网,所以单贝叶斯网络可能同时得出多个诊断结果。

2) 基于数据融合的并行贝叶斯网络诊断模型

为了解决贝叶斯网络模型在对系统进行诊断时存在的问题,可以对单贝叶斯网络按功能进行分解,得到如图 5-11 所示的并行贝叶斯网络诊断模型。

在该模型中,每个子贝叶斯网络仅有一个输出,并对应一类故障。这样,有多少类故障,就有多少个子贝叶斯诊断网络。模型中各子贝叶斯诊断网络互不干扰。但是根据观察也可以明显地看出,由于每一个子贝叶斯诊断网络只负责一种故障,故各子网络之间无法形成决策。

3) 基于数据融合的综合贝叶斯网络诊断模型

设备故障诊断的第一任务就是得到一个最优的诊断结果,本书从信息融合思想的角度设计了一种基于数据融合技术的综合贝叶斯网络故障诊断模型。通过将各子贝叶斯网络进行有效融合,可以反映设备不同部位的诊断情况。基于数据融合思想的综合网络诊断模型如图 5-12 所示。

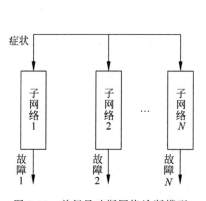

图 5-11　并行贝叶斯网络诊断模型

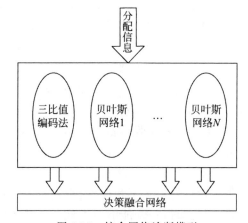

图 5-12　综合网络诊断模型

设备的故障种类划分繁多,只用单一网络来反映故障对象全部的故障是很难实现的。因此,在本综合网络诊断模型中可以按照设备的组成部位将设备进行分解,并分别由不同的子诊断贝叶斯网络来实现。

5.3.3　基于 FC-SAE 的全景数据融合及贝叶斯网络的变压器综合诊断方法

1. 基于多 SAE 的故障特征提取模型

根据前文可知,堆叠自编码结构参数由网络层数、每层网络神经元数、激活函数和损失函数等几部分组成。为了从不同维度提取不同原始输入信号的特征,可以通过构造几个不同的 SAE 来实现。在保证网络层数和每层网络的节点数相同的情况下,本部分选用不同的激活函数建立不同的 SAE 模型。为进一步扩大模型的差异性,采用改变模型原始输入的方式,即在输入中增加一个扰动量。图 5-13 显示了 SAE 模型的训练过程,每个 SAE 互不干扰,逐层有监督前向传播和无监督反向微调提取隐藏层特征的方式有助于提高诊断模型的鲁棒性。

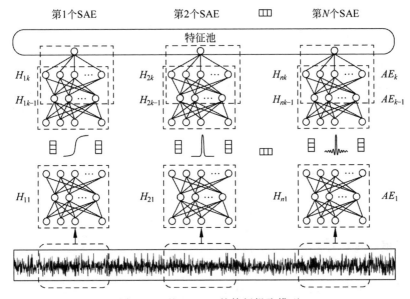

图 5-13　基于 SAE 的特征提取模型

SAE 训练过程的损失函数可表示为:

$$J(W,b) = \frac{1}{N}\sum_{i=1}^{N} L(x_i - \hat{x}_i) + \frac{\lambda}{2}\sum_{l=1}^{L-1}\sum_{i=1}^{M_l}\sum_{j=1}^{M_{l+1}}\left(W_{ji}^l\right)^2 \qquad (5-38)$$

式中:第一部分为整个数据集 $\{x_1, x_2, \cdots, x_n, \cdots, x_N\}$ 上的重构误差;N 为数据集中的样本总量;$L(x_i - \hat{x}_i)$ 表示单个数据样本的重构误差。式中的第二部分为正则化多项式,目的是避免产生过拟合现象,λ 是权重衰减因子;L 是网络层数;M_l 表示第 l 层的神经元数量;W_{ji}^l 为第 l 层的第 j 个神经元和第 $l+1$ 层的第 i 个神经元相互之间的联系权重。

为了减小特征的冗余,在式(5-38)的基础上增加一个稀疏惩罚项,损失函数可改写为以下形式：

$$J_{\text{sparse}}(\boldsymbol{W},b) = J(\boldsymbol{W},b) + \beta \sum_{g=1}^{e} \left(\rho \log \frac{\rho}{\hat{\rho}_g} + (1-\rho) \log \frac{1-\rho}{1-\hat{\rho}_g} \right) \quad (5\text{-}39)$$

$$\hat{\rho}_g = \frac{1}{N} \sum_{i=1}^{N} h_g^i \quad (5\text{-}40)$$

式中：β 为稀疏惩罚因子；ρ 为稀疏目标；$\hat{\rho}_g$ 为隐藏层平均激活函数值。

在具体应用时，稀疏损失函数 $J_{\text{sparse}}(\boldsymbol{W},b)$ 可以借助经典的反向传播算法获取其在约束范围内的最小值，由此便可提取更具代表性和稀疏性的特征映射。

2. 故障特征评价与选择

在提取完变压器的故障特征后，利用提取到的特征构建特征池，然后进行特征的评价和筛选工作。其中，在对特征的分类能力进行评价时可以采用特征的类间聚集程度和类内聚集程度。

假设一个样本集中有 m 类样本，第 i 类样本总量为 N_i，样本总量为 N，则类别 i 和类别 j 在第 r 维特征间的类间均差可示为：

$$U_{i,j,r} = \left| \frac{\sum_{k=1}^{N_i} f_{i,k,r}}{N_i} - \frac{\sum_{k=1}^{N_j} f_{j,k,r}}{N_j} \right| \quad (5\text{-}41)$$

式中：$f_{i,k,r}$ 表示属于第 i 类的第 k 个样本数据在第 r 维的特征值；$\sum_{k=1}^{N_i} f_{i,k,r} / N_i$ 表示总数量为 N_i 的第 i 类样本在第 r 维特征值中的平均值；$U_{i,j,r}$ 表示第 i、j 类样本在第 r 维特征上的类间聚集程度。由公式可以看出，$U_{i,j,r}$ 越大，所提取的故障特征具有越好的分类能力。

特征的类间聚集程度在一定程度上反映了特征的稳定性，类内方差越小，说明相关性越高。类内方差的计算公式如下：

$$V_{i,r} = \sqrt{\frac{\sum_{l=1}^{N_i} \left(f_{i,l,r} - \frac{\sum_{k=1}^{N_i} f_{i,k,r}}{N_i} \right)^2}{N_i}} \quad (5\text{-}42)$$

式中：$V_{i,r}$ 表示第 i 类样本在第 r 维特征上的方差，该值可以表征样本的分类效果，方差值越小说明样本的分类效果越好。

综上所述，一种基于类间均差和类内方差的特征评价系数可定义如下：

$$E_{i,j,r} = \frac{U_{i,j,r}}{V_{i,r} + V_{j,r}} \quad (5\text{-}43)$$

显然，$E_{i,j,r}$ 越大，表示第 r 维特征区分第 i 类和第 j 类的效果越好。

3. 贝叶斯网络分类器模型

1）朴素贝叶斯分类器

朴素贝叶斯分类器（Naive Bayesian classifier，NB 分类器）是一种基于贝叶斯网络的分类器模型，其最主要的特点是在特征集中的各种特征均彼此独立。图 5-14 为 NB 网络的基本结构。

关于贝叶斯相关理论前文已经介绍，此处不再赘述。下面对 NB 分类器算法进行介绍。计算类变量 c_j 的先验概率：

$$p(c_j) = \frac{N_{c_j}}{N} \qquad (5\text{-}44)$$

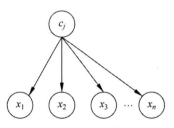

图 5-14　NB 网络结构图

式中：N_{c_j} 为训练样本集类变量为 c_j 的样本总数量；N 为训练样本集的样本总数量。各个特征节点的条件概率的计算公式如下：

$$p(x_i \mid c_j) = \frac{N_{c_j}^{x_i}}{N} \qquad (5\text{-}45)$$

式中：$N_{c_j}^{x_i}$ 表示训练样本集中同时满足属性值 $X_i = x_i$ 和类变量 C 为 c_j 的样本总数。

对各个类别 c_j 的后验概率进行均一化数据处理后，得

$$p(c_j) = \frac{\hat{p} = (c_j \mid x_1, x_2, \cdots, x_n)}{\sum\limits_{j=1}^{m} \hat{p} = (c_j \mid x_1, x_2, \cdots, x_n)} \qquad (5\text{-}46)$$

选择其中最高的 $p(c_j)$ 值和其对应的故障类型 c_j 作为最终变压器故障诊断结果。

2）半朴素贝叶斯分类器

通过对朴素贝叶斯分类器的模型结构进行扩充，半朴素贝叶斯分类器（Semi-naive Bayesian classifier，SNB 分类器）提高了贝叶斯网络分类模型的通用性与高效性。相较于朴素贝叶斯分类器，SNB 分类器的结构更加紧凑高效，但各组合特征（关联程度较大的基本特征合并在一起）仍要求相互独立。

SNB 分类器的模型示意图如图 5-15 所示。对比图 5-14 可以看到，如何有效地对特征变量进行组合是该分类模型训练的关键问题。

3）树状增强的朴素贝叶斯分类器

树状增强的朴素贝叶斯网络分类器（Tree augmented Naive Bayesian classifier，TAN 贝叶斯网络分类器）对贝叶斯网络结

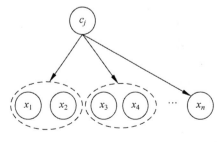

图 5-15　半朴素贝叶斯分类器的网络结构

构进行了改进，并要求特征变量之间的关系符合限定性树状结构。TAN 贝叶斯网络分类器的条件概率表示为：

$$P(c_j \mid x_1, x_2, \cdots, x_n) = \alpha \cdot P(c_j) \cdot \prod_{i=1}^{n} P(x_i \mid pa_i) \tag{5-47}$$

式中：x_i 的父节点集用 pa_i 表示。以最大似然函数构造 TAN 贝叶斯网络分类器的步骤如下。

（1）对每对变量 $x_i \neq x_j$，计算关联度信息 $I_{\hat{P}_D}(x_i; x_j)$：

$$I_{\hat{P}_D}(x_i; x_j) = \sum_{(x_i, x_j)} P(x_i, x_j) \log \frac{P(x_i, x_j)}{P(x_i)P(x_j)} \tag{5-48}$$

（2）构造无向完全图，用步骤（1）得到的关联度信息标注节点 x_i 和 x_j 边的权重。

（3）建立一个最大权重跨度树。

（4）选择任意一个节点作为根节点，然后向外设置无向树的所有边，由此，无向树便可向有向树进行转变。

（5）增加一个类变量节点以及类变量节点与特征节点之间的弧。

虽然 TAN 要求特征量节点之间具备限定性树状关系，然而，在没有依赖关系的情况下，TAN 分类器也有可能建立某些特征节点的部分依赖关系。

本小节提出的基于多种贝叶斯网络分类器的构建流程如图 5-16 所示。

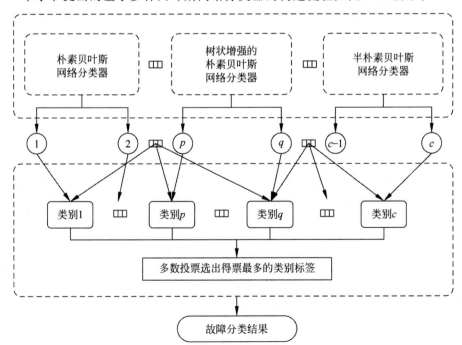

图 5-16   基于多种贝叶斯网络分类器的构建流程图

4. 基于 FC-SAE 的全景数据融合及贝叶斯网络的变压器综合诊断方法

根据前文所述基于 FC-SAE 的全景数据融合方法、多 SAE 特征提取模型以及多贝叶斯网络分类器模型，本章提出了一种基于 FC-SAE 的全景数据融合及贝叶斯网络的变压器综合诊断方法。其流程如图 5-17 所示。

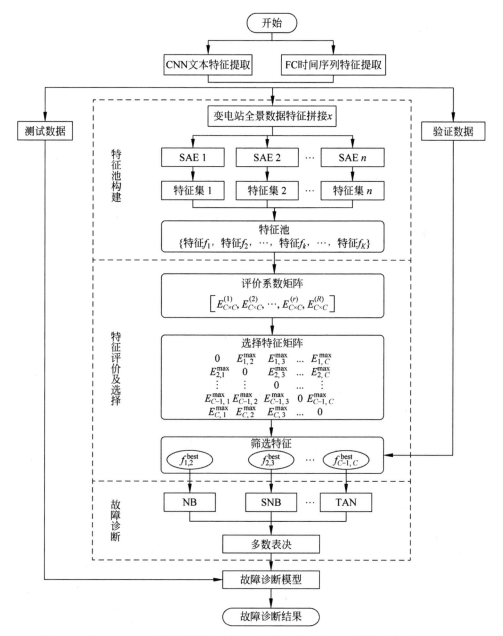

图 5-17　基于 FC-SAE 的全景数据融合及贝叶斯网络的变压器综合诊断方法流程图

诊断方法实现步骤可分为以下五步。

（1）将变压器现场采集到的全景数据信息划分为训练数据集、验证数据集和测试数据集，以便进行信息融合与结果测试。

（2）使用不同激活函数并在输入中增加扰动来构造不同的 SAE 模型，使用训练集独立地训练 SAE 模型，实现对原始信号的并行学习，从而提取出更具代表性的深度特征以构成特征池。

（3）在验证集上对特征池中包含的所有特征进行评估和筛选，获得经过筛选的特征子集。

（4）在每两类样本间建立一个支持向量机二分类器，根据多数表决得到测试样本的最终预测结果。

（5）使用测试数据集对模型进行验证测试。

5.4　本章小结

本章开展了基于 FC-SAE 的全景数据融合及贝叶斯网络的变压器综合诊断方法研究，首先进行了基于 EM-PCA-FCM 的变压器全景数据预处理方法研究，其中 EM 算法用于缺失数据的填充、PCA 算法用于数据维度的降低、FCM 算法用于数据的去噪。基于 EM-PCA-FCM 的变压器全景数据预处理方法将为以后的数据融合操作提供重要的保证，同时也会提升融合的性能；其次进行了基于 FC-SAE 的变压器全景数据融合模型建立，该模型主要包括三个模块：全景数据特征提取模块、时间序列建模模块和全景数据特征融合模块。全景数据特征提取模块主要对变压器全景数据中的文本数据进行预处理，然后利用 Word2Vec 词嵌入算法挖掘文本数据的语义关联，并通过卷积神经网络获取不同抽象层次的特征；时间序列模块采用多层次全连接神经网络，对非线性时间序列加以构建；全景数据特征融合模块则通过稀疏自动编码器对全景数据的文本特征与时间序列特征加以融合，同时将融合特征加以提炼，最后得到变压器全景数据特征；然后进行了基于 FC-SAE 的变压器全景数据融合处理及其应用案例的研究，从算例的角度对该基于 FC-SAE 变压器全景数据融合算法进行了验证，结果表明了该方法的有效性；此后开展电力变压器诊断规则集的构建方法研究，将电力变压器状态诊断指标体系中的设备部件所属关系、电气性能、理化性能、外观及附件性能以及电力变压器绕组直流电阻相间差、油温、油中击穿电压、绕组绝缘电阻等特征量纳入衡量电力变压器健康状态的属性集合。同时根据收集到的电力变压器的故障数据，将常见变压器故障作为变压器故障的属性集合，构建了变压器故障诊断规则集；接着进行基于数据融合和优化贝叶斯网络的变压器综合诊断模型构建方法研究，设计了一种基于数据融合技术的综合贝叶斯网络故障诊断模型。通过将各子贝叶斯网络进行有效地融合，可以反映设备不同部位的诊断情况。在模型中，按照设备的组成对设备进行分解,并分别由不同的子诊断贝叶斯网络实现故障诊断;最后,开展基于FC-SAE 的全景数据融合及贝叶斯网络的变压器综合诊断方法研究,根据前文所述基于 FC-SAE 的全景数据融合方法、多 SAE 特征提取模型以及多贝叶斯网络分类器模型,提出了一种基于 FC-SAE 的全景数据融合及贝叶斯网络的变压器综合诊断方法。

5.5 参考文献

[1] 袁苑,谢凯. 人工智能技术在电气故障诊断中的应用[J]. 现代制造技术与装备,2022,58(2): 197-199.

[2] 陈炯聪. 智能变电站数据信息过程管控方法与融合应用研究[D]. 广东:华南理工大学,2018.

[3] 石庆龙. 变电站运维一体化数据智能分析系统的设计与实现[D]. 成都:电子科技大学,2020.

[4] 张锐. 基于多数据融合的电网故障分析系统研究[D]. 北京:华北电力大学,2013.

[5] 冯义,张承模,胡星,等. 智能变电站全景数据模型与应用分析[J]. 机电工程技术,2017,46(10):93-97.

[6] 张晶,代攀,吴天京,等. 新一代智能电网技术标准体系架构设计及需求分析[J]. 电力系统自动化,2020,44(9):12-20.

[7] 王玉磊,应黎明,陶海洋,等. 基于效能-成本的智能变电站二次设备运维策略优化[J]. 电力自动化设备,2016,36(6):182-188.

[8] 陈安伟. 智能电网技术经济综合评价研究[D]. 重庆:重庆大学,2012.

[9] 蒋逸雯,彭明洋,马凯,等. 多源异构数据融合的电力变压器状态评价方法[J]. 广东电力,2019,32(9):137-145.

[10] 程传祺. 基于深度学习的数据融合方法研究[D]. 兰州:兰州理工大学,2021.

[11] 贺雅琪. 多源异构数据融合关键技术研究及其应用[D]. 成都:电子科技大学,2018

[12] 文成林,吕冰,葛泉波. 一种基于分步式滤波的数据融合算法[J]. 电子学报,2004(8):1264-1267.

[13] 何友,陆大,彭应宁,等. 带反馈信息的分布多传感器航迹融合算法[J]. 电子与信息学报,2000,22(5):705-714.

[14] 荣健,乔文钊. 基于模糊神经系统的多传感器数据融合算法[J]. 电子科技大学学报,2010,39(3):376-378+424.

[15] 王峰. 物联网数据处理若干关键问题研究[D]. 长春:吉林大学,2016.

[16] Llinas J,Bowman C,Rogova G,et al. Revisiting the JDL data fusion model Ⅱ[R]. Space and Naval Warfare Systems Command,San Diego CA,2014.

[17] Bossé É,Solaiman B. Information fusion and analytics for big data and IoT[M]. Boston:Artech House,2016.

[18] Ouyang W,Chu X,Wang X. Multi-source deep learning for human pose estimation[C]. IEEE conference on Computer Vision and Pattern Recognition,Columbus,OH,USA,2014.

[19] Yamamoto Kazuo,Yamada Kimio. Analysis of the infrared images to detect power lines [C]. IEEE TENCON'97. IEEE Region 10 Annual Conference. Speech and Image Technologies

for Computing and Telecommunications（Cat. No. 97CH36162），IEEE，Australia，1997.

[20] 曹春梅，张晓宏. 红外热诊断技术在电力系统中的应用[J]. 激光与红外，2006(S1)：781784.

[21] 韦强. 红外技术在电力设备状态检修故障诊断中的应用[J]. 机械研究与应用，2011，24(1)：78-81.

[22] 魏钢，冯中正，唐跃，等. 输变电设备红外故障诊断技术与试验研究[J]. 电气技术，2013(6)：75-78.

[23] López-Pérez D，Antonino-Daviu J. Detection of mechanical faults in induction machines with infrared thermography：field cases[C]. IECON 2016-42nd Annual Conference of the IEEE Industrial Electronics Society，IEEE，Florence，Italy，2016.

[24] 刘毅，李扬森，罗维求. 新型智能变电站的故障综合分析决策研究[J]. 能源与环境，2015(6)：30-31+33.

[25] 苏永春，汪晓明. 智能变电站全景数据采集方案[J]. 电力系统保护与控制，2011，39(2)：75-79.

[26] 司景萍，马继昌，牛家骅. 基于模糊神经网络的智能故障诊断专家系统[J]. 振动与冲击，2017，36(4)：164-171.

[27] 吴明强，史慧，朱晓华. 故障诊断专家系统研究的现状与展望[J]. 计算机测量与控制，2005(12)：1301-1304.

[28] 谢一鸣. 基于信息融合的变压器状态评估与故障诊断方法研究[D]. 北京：中国矿业大学，2021.

[29] 刘凯，彭维捷，杨学君. 特征优化和模糊理论在变压器故障诊断中的应用[J]. 电力系统保护与控制，2016，44(15)：54-60.

[30] 赵笑奢. 电网故障诊断问题中基于模糊理论的专家系统研究[D]. 长春：吉林大学，2013.

第 **6** 章

GIS局部放电UHF谱图库与
深度学习模式识别

局部放电特高频(ultra-high frequency,UHF)检测技术是探测气体绝缘开关设备(gas insulated switchgears,GIS)绝缘缺陷的重要手段。随着该技术的推广应用,在变电站发现了一些 GIS 设备潜在缺陷,由此推动了 GIS 设备状态检修技术和方式的发展。但是在现场应用中同时也暴露了一些问题,比如:在运行条件下 GIS 局部放电数据的诊断识别效果较差;海量增长的局部放电检测数据带来了多源异构数据的处理难题和历史检测数据的挖掘问题。在此背景下,深度学习的相关理论和方法为 GIS 局部放电模式识别与数据挖掘提供了全新的思路和解决方法。

6.1 引言

6.1.1 研究背景及意义

GIS 设备是现代电力系统中广泛应用的开关设备。与传统的敞开式高压设备相比,GIS 具有结构紧凑、占地面积小、受外界环境干扰小、检修周期长等一系列优点。随着城市建设规模的不断扩大和现代化发展,建设敞开式变电站已显得很困难。由于 GIS 的结构特点,整个装置占地空间大为缩小,110kV GIS 占地面积仅为常规变电站的 7.6%,且随着电压的升高,占地面积显著减小[1]。截至 2021 年,我国 GIS 装用量已经超过十万个间隔。

尽管 GIS 存在很多优点,但实际运行经验表明,由于在设计、生产制造、运输和安装过程中不可避免存在的某些问题,GIS 设备中仍然存在一些缺陷和故障隐患。随着 GIS 装机数量的急剧增长,越来越多的缺陷和故障也随之暴露出来。统计数据表明,由于 GIS 故障引发电网故障的比例呈逐年升高的趋势[2]。GIS 内部由于制造时可能在电极上出现金属毛刺、绝缘介质中存在气隙、长期满负荷运行引起的绝缘老化以及其他情况下可能出现的金属自由微粒、运输和安装时由于操作人员的疏忽而导致内部器件松动或接触不良而引起的浮电位等缺陷,这些缺陷都促使局部放电的产生及其发展[3]。若局部放电持续发展,最终可能出现设备绝缘损坏而发生击穿的严重后果[4]。因此,局部放电不仅是绝缘劣化的早期迹象,也是电气设备发生绝缘击穿的重要原因,对 GIS 局部放电进行检测与诊断具有重要工程意义。

在局部放电的过程中会发生一系列的物理和化学变化,通过检测获取这些变化中产生的信号,可以了解到局部放电的发生情况。可获取到的信号分为两类,包括电信号(脉冲电流、电磁波)和非电信号(超声波、化学分解物、光),分别对应电测法和非电测法两类检测技术[5]。目前 GIS 局部放电检测手段主要包括特高频、光学和六氟化硫(SF$_6$)分解物、超声波、脉冲电流。在 UHF 检测技术中,通过检测局部放电所产生的电磁波信号探测局部放电,检测频带一般在 300MHz ～ 1.5GHz[6]。在此频带内,不但具有较高的检测灵敏度,而且可以有效地避开变电站电晕干扰,具有较好的信噪比。目前,UHF 技术是最常用的 GIS 局部放电带电检测与在线监测手段。

GIS 局部放电模式识别是利用信号特征诊断缺陷类型,进而判断危害程度的关键环节,是实现 GIS 状态检修的重要前提。GIS 局部放电缺陷有多种类型,不同类型的缺陷有各不相同的劣化过程,对 GIS 设备的危害性也各不相同,因此在评价 GIS 绝缘状态时应考虑到局部放电类型的影响。在对局部放电的危害性进行评估时,首先要通过分析信号判断缺陷类型,即开展局部放电模式识别。局部放电模式识别一直是研究热点,国内外围绕局部放电数据特征值提取方法、局部放电分类方法开展了大量研究。

统计表明,GIS 局部放电 UHF 在线监测系统误报率极高,UHF 带电检测诊断结果的准确度也较低,目前普遍依据人工经验进行诊断。究其原因,第一,由于复杂的局部放电产生和发展的机制,从数学原理层面还无法对各种因素的影响进行准确描述。因此无法使用物理模型对局部放电数据进行精确分析。对当前而言,局部放电模式识别主要利用统计分析或者机器学习的方法,寻找数据内在规律。这些方法主要基于实验室模拟局部放电得到的数据[7];实验室试验环境与变电站运行工况有较大差异,在试验电压施加方式、负荷电流、昼夜温度变化等方面均有所不同;实验室数据与现场数据有一定差异。第二,UHF 仪器多样性造成了数据存在多源异构问题,这给特征量的提取带来了极大困难。各种仪器在 UHF 信号检测、滤波与放大处理、量纲展示、分辨率等方面均不同,这就造成 UHF 数据多样化,数据特征较分散,对模式识别方法的泛化能力要求更为严苛。第三,对局部放电数据的分析、挖掘较少。随着局部放电检测技术与大数据分析技术的推广,科研单位逐步建立了局部放电数据中心,检测得到的 GIS 局部放电数据量也大大增加,然而当前业界对大量局部放电数据的挖掘技术仍处于起步阶段,对历史数据的分析方法较为匮乏。综上所述,GIS 局部放电数据的复杂性、多源异构性、大数据挖掘技术欠缺是制约 GIS 局部放电模式识别准确性的三大关键因素。

深度学习方法由于其在数据降维、大数据特征提取等方面表现出的优势,在语音识别、图像处理等领域得到了广泛应用。深度学习网络的优势在于能够从大量数据中自主学习特征信息,较传统人工提取特征的方法而言,提取数据中含有的信息的能力更强。其中,深度卷积网络(convolutional neural network,CNN)由于其表现出极优的图像识别能力,在当前各行业中均得到了广泛的应用,成为深度学习领域近几年的重点研究对象。此外,CNN 因具有对样本的平移、缩放、扭曲不变性的特点,在处理多源异构局部放电数据时具有显著优势[8]。总之,开展基于深度卷积网络的局部放电模式识别,将有望解决局部放电模式识别的难题,提高局部放电数据在复杂场景的模式识别准确率和效率。

6.1.2 国内外研究现状

传统的局部放电模式识别需要先提取到局部放电特征量,再根据特征量对局部放电进行识别分类。因此,传统局部放电模式识别研究重点在于数据特征提取方法和分类方法两个方面。近十年来,随着深度学习的爆发,科研人员探索了基于深度学习的 GIS 局部放电模式识别方法。

1. 局部放电数据特征量提取方法

目前应用最广泛的局部放电谱图是相位分布局部放电(phase resovled partial discharge,PRPD)谱图和相位脉冲序列(phase resovled pulse sequence,PRPS)谱图。常用的 PRPD 谱图统计特征包括不对称度(Q)、峰值个数(P_e)、陡峭度(K_u)、偏斜度(S_k)等。此外,有部分学者分析了其他特征量,如时域特征参数[9]、Weibull 分布参数[10]等。近年有人探究过基于三维谱图的 GIS 局部放电模式识别,绘制 N-V-φ 三维 PRPD 模式样本矩阵,得到每列的最大 Lyapunov 指数,据此得到 36 维矢量,将其作为局部放电的混沌特性,使用 D-S 证据理论,在决策层面结合互补的混沌和统计特性[11]。将二维主成分分析应用到局部放电灰度图像的分析。将局部放电灰度图像分解为多个一维向量,从每个向量中提取 9 个特征参量,进一步组成 PD 图像分解特征集[12]。在基于变分模态分解和希尔伯特变换的特征提取方法中,利用变分模态分解将局部放电信号分解为多个模态分量,然后根据模态分量的边际谱提取局部放电频域的特征值[13]。

此外,还有 Δu 谱图、Δt 谱图、N-Δu 谱图和 N-Δt 谱图等特征谱图,这些谱图可用于解决在现场难以准确获取放电信号的相位信息的问题。从图像特征、统计特征和分形特征三方面入手,能够得到约 30 个特征参量。为提高同种放电类型特征量的稳定性,可以待放电脉冲个数累积到较大规模后再计算其特征量[14]。

2. 局部放电分类方法

在局部放电分类方法的研究方面,国内外学者研制了各种分类器,以期获得最优越的识别性能,主要包括神经网络及其改进方法、支持向量机及其改进方法、基于聚类的识别方法等。

神经网络在机器学习算法中被广泛应用,在局部放电模式识别中也得到了应用与改进。分别使用原始-双重内点以及基本追踪去噪算法对高压放电数据进行处理,使用人工神经网络进行模式识别[15]。使用自适应模糊逻辑网络识别的技术,可对由 XLPE 绝缘配电电缆局部放电进行类型识别[16]。基于三维图谱扩展距离来度量测试数据和聚类中心之间的相似度,提出了扩展神经网络的方法[17]。在四层自适应小波神经网络模型中,使用粒子群算法对网络进行优化,然后使用反向传播算法对网络进行二次优化[18]。将三维谱图特征作为输入构建概率神经网络的局部放电模式识别模型[19]。

支持向量机在用于局部放电分类时也被不少学者改进。采用核主成分分析、主成分分析、随机相邻嵌入、传统统计算子和小波变换等几种方法对设备局放信号进行特征提取,提出了基于模糊支持向量机的局放信号模式识别方法[20]。使用降维后的特征参量作为输入,构建了多分类相关向量机识别模型[21]。使用不同的核函数对异源数据进行映射,并使用粒子群技术对核函数进行优化,构建了多核多分类相关向量机的局部放电信号识别模型[22]。使用 GK 聚类算法,对局部放电缺陷灰度图像分形特征进行预处理,形成了一种最小二乘支持向量机[23]。

聚类方法判断数据同类或异类的依据通常为比较数据特征向量间的距离,也常被用于局部放电干扰信号的分离或多源信号分离。K-means 模式识别适用于缺少电压相位信息的情况,还可用于从含噪声的数据中提取类 PD 干扰信号[24]。提取局部放电信号含有的不同频段的能量谱图,并作为特征向量,提出以马氏距离为度量的局部放电聚类识别方法[25]。

近年来国内外学者研究出很多新的数据智能处理方法。基于粗糙集的模式识别方法,使用信号离散化方法和对属性进行缩减的方法提取分离 PD 和干扰信号[26]。基于 D-S 证据理论解决证据冲突情况和融合效率较低的问题。融合决策方法如下:采用 BP 神经网络在 PRPD 和 TRPD(time resovled partial discharge)两种模式下各自建立识别子网,并进行比较分析,为了最大限度地减少分类错误情况,在前者结果的基础上进一步提出了一种改进的用于 PD 识别的融合决策系统[27]。基于离散隐式马尔可夫模型识别方法,采取矢量量化方法对样本集进行 LBG 编码,将训练集和测试集中的各类放电样本分配索引,并对各类局放数据的离散隐式马尔可夫模型进行训练,计算出各类测试样本离散隐式马尔可夫模型的输出概率,并取最大概率对应的模型序号作为最终的识别结果[28]。基于压缩感知理论的识别方法,提取出 PD 重复率的统计特征和时域的范数特征,创建一个高维度空间;将特征空间中的各测试样本使用训练样本的线性组合进行表示,并且通过1-范数最小化获得十分稀疏的样本；计算回收样本和最小化测试样本间的残差,从而识别 PD 模式[29]。对于 GIS 内局部放电信号纷乱繁杂、特征选择过于主观等问题,提出了一种基于深度置信网络的模式识别方法[30]。

3. 基于深度学习的局部放电模式识别方法

近年来,深度学习算法在自适应提取数据特征方面的研究成果显著。其中卷积神经网络(CNN)是图像识别领域的热门课题,大量学者展开了此方面的研究。华中科技大学在进行高压电缆的局部放电模式识别时通过卷积神经网络算法,对池化方式、各种激活函数以及网络深度对局放模式识别的影响进行了研究。江苏省电科院利用实验获取的 PRPD 灰度图作为训练集数据研究了残差卷积神经网络;基于残差卷积神经网络提取数据特征后,使用传统分类器分类,实现了传统机器学习和深度学习算法的结合。上海交通大学研究了改进型 LeNet-5 网络结构,使用深度学习的自编码器算法进行网络参数的初始化[31]。

西安交通大学对 UHF 信号时域波形进行时频分析,获得二维谱图作为网络训练数据,使用一维卷积核在频率维度对图像进行卷积计算。华北电力大学研究了卷积神经网络的架构改进方法,将网络深层与浅层的卷积层计算得到的特征图融合后输入全连接层,并采用最大二均值池化的算法来保存特征图中包含的有效信息。

4. GIS 局部放电 UHF 数据模式识别技术中的常见问题

(1)局部放电数据特征提取不充分,对 GIS 局部放电数据模式识别可靠性差。一方面,传统的机器学习方法需要手动进行某一特征谱图的特征参数计算,再匹配和优化分类算法,以达到良好的识别效果;在此情况下,人为提取的特征有限,造成部分特征信息缺失,并且需要在特征参数设计上耗费较多时间。另一方面,仅基于某一种 UHF 谱图进行特征提取与模式识别,往往存在对某类缺陷识别准确率低的问题。

(2)现场测得的局部放电数据存在多源异构特点,给特征量提取带来了极大困难。由于在运行 GIS 局部放电 UHF 仪器种类繁多,输出谱图间差别较大,导致局部放电数据出现明显的多源异构特点,如今使用的数据处理和分析方法不再适用。

(3)现场存在海量数据,缺乏训练速度快、识别准确的大数据分析方法。GIS 局部放电在工程运行环境下与实验环境下差别较大,GIS 负荷电流、外施电压、温度变化、外部干扰等都可能对 GIS 局部放电 UHF 谱图数据与特征量产生影响。然而,现在缺乏对现场局部放电监测数据进行特征挖掘和训练的研究[31]。

6.1.3　本章主要内容

针对 GIS 局部放电 UHF 谱图模式识别中的现存问题,本章从以下三方面开展了研究。

(1)GIS 局部放电 UHF 谱图库的构建。涵盖实验室 UHF 谱图库建设与现场多源异构 UHF 谱图的预处理两方面。扩展相位相关谱图之外的谱图类型；针对各类仪器导致的多源异构数据研究 PRPD、PRPS 谱图幅值归一化方法；研究带电检测中相位偏移问题。

（2）UHF 谱图特征挖掘。针对常见的时域波形时频图、PRPD 与 PRPS 图开展深度学习模式识别；针对 Δu 与 Δt 谱图开展深度学习模式识别；开展基于多种谱图特征的联合深度学习模式识别方法。

（3）现场数据高效率深度学习模式识别方法。研究卷积神经网络的优化方法；研究基于迁移学习的模型训练方法。

6.2 GIS 中局部放电 UHF 谱图与现场数据预处理方法

6.2.1 UHF 局部放电谱图类型

1. 时频谱图

时频谱图能够展示 UHF 信号的时域、频域特征。相对于短时傅里叶变换，小波变换能够更精准地展示出信号突变的时间信息。这有助于准确提取时频特征。本章的时频谱图采用平稳小波变换（stationary wavelet transformation，SWT）得出。

2. 相关脉冲序列（PRPS）谱图

局部放电 PRPS 谱图表达了按照相位的局部放电脉冲幅值与脉冲个数的分布特征。该谱图可以利用二维矩阵表示，该矩阵的两个维度分别代表相位角和周期序号，每个矩阵网格中的数值代表脉冲幅值。PRPS 谱图包含多周期下局部放电脉冲的相位、幅值、个数等关键参数，信息量较大，同时存储量小，适宜智能算法处理，在 GIS 局部放电检测与诊断领域应用广泛。

3. 相位分布局部放电（PRPD）谱图

局部放电 PRPD 谱图是 N-V-φ 三维谱图在 V-φ 二维平面上的投影，可直观地将放电幅值 V、放电相位 φ（0°～360°）和放电次数 N 的分布情况在二维图像中表示，但是丢失了放电脉冲的时间信息。PRPD 谱图的生成方式为：先将 V-φ 平面划分为若干个小区间以形成一个平面网格，然后统计每个网格区间内的放电次数，从而得到相应的统计谱图，其中各个网格区间内放电次数的不同反映于区间颜色深浅的不同。

4. 脉冲序列 Δt 谱图

Δt 谱图表示的是相邻两个放电脉冲的时间间隔（$\Delta t_i = t_i - t_{i-1}$）的分布特征，谱图中的点坐标为（$\Delta t_i, \Delta t_{i+1}$），其构造方式如图 6-1 所示。该谱图可利用二维方阵表示，方阵的两个维度分别代表时间差 Δt_i 与 Δt_{i+1}，每个方阵网格中的数值代表脉冲个数。该谱图反映了脉冲频次、脉冲发生时间间隔等信息。

5. 脉冲序列 Δu 谱图

Δu 谱图表示相邻两个放电脉冲参考电压差 Δu 的分布特征，其中 u 表示的是

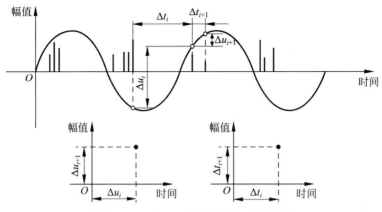

图 6-1　Δu 与 Δt 谱图构造方法示意图

局部放电脉冲与外施参考正弦电压的交点值,为了方便,称此交点值为放电脉冲的参考电压值,如图 6-1 所示,$\Delta u_i = u_i - u_{i-1}$ 表示的是邻近的两个局部放电脉冲的参考电压值之差。通过计算连续多个工频周期中两两相邻放电脉冲间的参考电压差可得到 Δu 分布统计谱图,Δu 谱图中的点坐标为$(\Delta u_i,\Delta u_{i+1})$。

在局部放电中,Δt、Δu 具有明确的物理意义:局放源的附近电场通常被认为是放电源位置处空间电荷所产生的直流场和外施交流电压所产生的交流场的叠加,当源位置的电场强度超过了引起局放的起始场强,则会产生放电脉冲。其中,局放源的空间电荷要么是由上一次放电所残留累积的,要么是缺陷本身由于充放电过程所引起的。所以局部放电事件相互之间不是独立的,每次放电完成后其残留的空间电荷会对下一次局部放电发生的幅值、时间产生影响,这种影响可由相邻放电脉冲的瞬时电压差 Δu 和放电时间间隔 Δt 来表征。

6.2.2　实验室 GIS 局部放电 UHF 谱图

1. GIS 局部放电 UHF 信号测试方法与装置

1)试验接线图

本小节在实验室搭建试验与测量平台。试验接线图如图 6-2 所示。

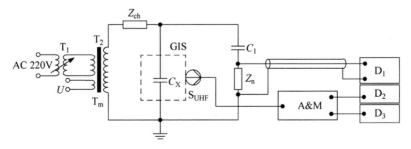

图 6-2　GIS 局部放电试验与特高频检测接线图

在图 6-2 中,输入电源为 220V/50Hz;T_1 为调压器;T_2 为试验变压器;T_m 为试验变压器测量绕组;Z_{ch} 为保护电阻;C_1 为耦合电容;Z_n 为脉冲电流法局部放电耦合阻抗;D_1 为脉冲电流法局部放电检测仪;S_{UHF} 为 UHF 天线,A&M 为 UHF 信号放大器与检波调制单元;D_2 为 GHz 高速数字示波器,D_3 为 UHF 检测仪。

UHF 天线型号为 HD-03,在 500~1500MHz 频率范围内,其平均等效高度为 10mm。高速数字示波器型号为 Lecory 640Zi,模拟带宽 4GHz,设置采样率为 20GS/s。UHF 检测仪的型号为 PDT-840MS。传统脉冲电流法局部放电仪的型号为 LDS-6。

2) GIS 设备中的局部放电模型

在运行的 GIS 设备中常见的绝缘缺陷可归纳为以下 5 种:金属尖端、悬浮电极、金属颗粒、绝缘子表面金属屑、绝缘子内部气泡。相应地建立了五种缺陷模型,如图 6-3 所示。

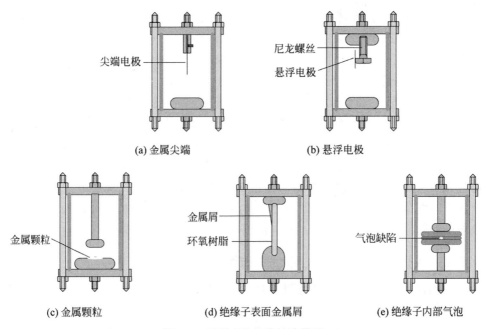

图 6-3　五种 GIS 绝缘缺陷模型

(1) 金属尖端

金属尖端放电模型主要由金属尖端电极、平板电极构成,尖端电极顶部的曲率半径不大于 1mm,尖端电极与平板电极之间的距离可调,如图 6-3(a)所示。在试验中,一端施加高电压,一端接地。当对金属尖端施加高电压时,模拟 GIS 高压电极金属尖端放电;当对平板电极施加高压、金属尖端接地时,模拟 GIS 外壳内表面金属尖端放电。

(2) 悬浮电极

悬浮电极是指某个金属组件未良好连接高压或者未可靠接地,处于悬浮状态,随着外施电压的变化,悬浮电极周围电场相应发生变化。当悬浮电极周围场强增大到一定程度,对高压电极或对地放电。比如,绝缘子高压端的均压环松动可能会形成悬浮放电。在高压电极附近放置一根与高压端绝缘的钢针来模拟悬浮电极放电,如图 6-3(b)所示。

（3）金属颗粒

由于高压导体刮擦以及安装时遗留在外壳内部的金属颗粒,在外施电压作用下将会发生跳动和放电,在极端情况下可能会导致击穿。将高电压电极设计成平板或者球形,接地电极设计为带凹槽的圆盘电极,圆盘中放置毫米级尺寸的微小金属颗粒,从而构成金属颗粒放电模型,如图 6-3(c)所示。

（4）绝缘子表面金属屑（沿面放电）

由于生产、运输过程中的刮擦,将在绝缘子表面遗留金属屑。这些金属屑在高电压作用下产生沿面放电,严重程度下引发击穿。为了模拟沿面放电,在高电压与接地电极之间布置环氧树脂板,在环氧树脂板表面粘贴金属薄膜,并使其一端与高电压电极相连,如图 6-2(d)所示。

（5）绝缘子内部气泡

由于抽真空工艺不良,可能会在绝缘材料内部遗留气泡。为了模拟这种缺陷,利用三层叠装在一起的环氧树脂板,并在中间层的中央制造小孔,此时等效于在绝缘材料内部的气隙缺陷,如图 6-3(e)所示。

2. UHF 时域波形与时频谱图

对 220kV GIS 设备内的 5 个模型分别开展试验,测量 UHF 时域波形。这 5 个缺陷模型分别是：高电压尖端、接地侧尖端、悬浮电极、绝缘子气泡、金属颗粒。

1）高电压尖端

试验电压为 20.6kV 时,频繁产生脉冲电流信号和 UHF 信号。从脉冲电流的李萨育图形来看,当前脉冲电流信号幅值为 21.7pC。从 PRPD 谱图来看,正半波峰值附近的放电信号少、幅值较大,而负半波峰值附近的放电信号多、幅值较小。外置式 UHF 仪器阈值设置为 75dBm,探测到的最大幅值为 -55dBm,平均幅值为 -60dBm,它检测到了负半波的局放信号,正半波的信号非常少,难以检测到。

从示波器记录的外置传感器输出的时域波形来看,UHF 信号的持续时间大约为 100ns。在其 FFT 变换得到的功率谱图里主要能量分布在 800MHz 以下的频率范围内,在 1GHz 以上也有能量分布。能量较强的频率为（443MHz,-43.7dBmW）、（624MHz,-37.5dBmW）、（792MHz,-44.5dBmW）,如图 6-4 所示。

2）接地侧尖端

试验电压为 23.3kV 时,频繁产生脉冲电流信号和 UHF 信号。当前脉冲电流信号幅值为 32.4pC,从 PRPD 谱图来看,正半波峰值附近的放电信号多、幅值较小,而负半波峰值附近的放电信号少、幅值较大。外置式 UHF 仪器阈值设置为 75dBm,探测到最大幅值为 -59dBm,平均幅值为 -64dBm,它同时检测到了正、负半波的局放信号,正、负半波 UHF 信号的幅值、次数特征与脉冲电流信号相似。

从示波器记录的外置传感器输出的时域波形来看,UHF 信号的持续时间大约

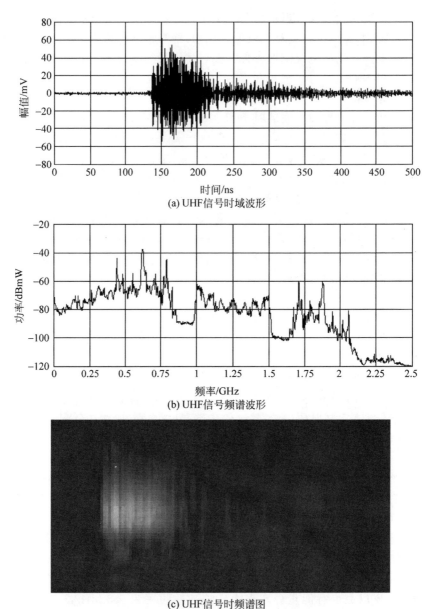

(a) UHF信号时域波形

(b) UHF信号频谱波形

(c) UHF信号时频谱图

图 6-4　高电压尖端放电 UHF 信号时频域谱图

为 100ns。在其 FFT 变换得到的功率谱图里主要能量分布在 800MHz 以下的频率范围内,在 1GHz 以上也有微弱能量分布。能量较强的频率为(448MHz,−57.3dBmW)、(629MHz,−33.1dBmW)、(793MHz,−52dBmW),如图 6-5 所示。

3) 悬浮电极

试验电压为 6.6kV 时,频繁产生脉冲电流信号和 UHF 信号。从脉冲电流的李萨育图形来看,当前脉冲电流信号最大幅值为 4903.8pC,放电主要出现在电压

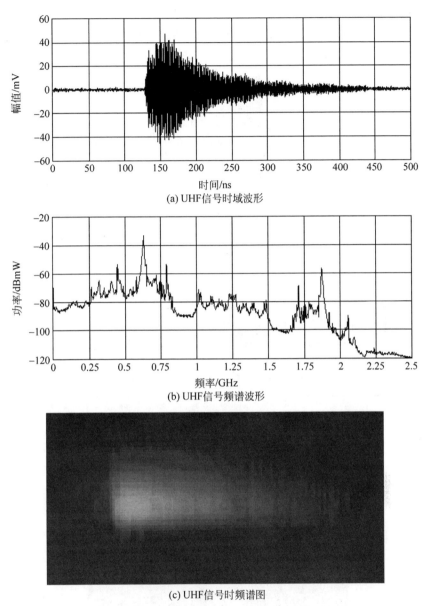

(a) UHF信号时域波形

(b) UHF信号频谱波形

(c) UHF信号时频谱图

图 6-5　接地侧尖端放电 UHF 信号时频域谱图

波形过零点(0°、180°)附近。外置式 UHF 仪器阈值设置为 75dBm,探测到的最大幅值为−23dBm,平均幅值为−29dBm,它检测到了过零点附近的主要信号。

从示波器记录的外置传感器输出的时域波形来看,UHF 信号的持续时间大约为 50ns。在其 FFT 变换得到的功率谱图里主要能量分布在 1.5GHz 以下的频率范围内。能量较强的频率为(220MHz,−9.36dBmW)、(260MHz,−9.05dBmW)、(305MHz,−15.6dBmW)、(435MHz,−8.55dBmW)、(475MHz,−15.1dBmW)、

（560MHz，－8.19dBmW）、（610MHz，－4.24dBmW）、（705MHz，－7.3dBmW）、（745MHz，－9.68dBmW）、（820MHz，－9.06dBmW），如图 6-6 所示。

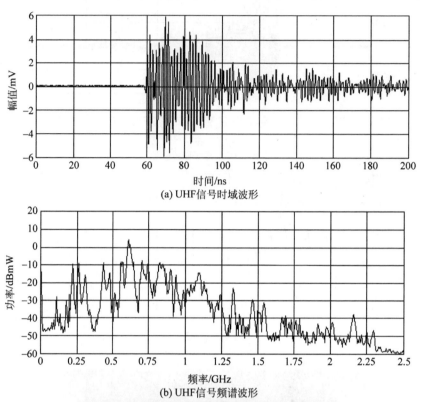

(a) UHF信号时域波形

(b) UHF信号频谱波形

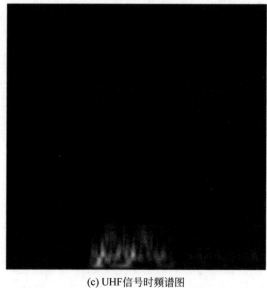

(c) UHF信号时频谱图

图 6-6　悬浮电极放电 UHF 信号时频域谱图

4）绝缘子气泡

试验电压为 28.8kV 时，频繁产生脉冲电流信号，但是 UHF 信号相对比较微弱。从脉冲电流的李萨育图形来看，当前脉冲电流信号幅值为 489.6pC。放电主要出现在第一、三象限。外置式 UHF 仪器阈值设置为 −70dBm，探测到的最大幅值为 −61dBm，平均幅值为 −65dBm，仅检测到了半个周波的局放信号。

从示波器记录的外置传感器输出的时域波形来看，UHF 信号的持续时间大约为 100ns。在其 FFT 变换得到的功率谱图里主要能量分布在 700MHz 以下的频率范围内。能量较强的频率为（275MHz，−61.2dBmW）、（351MHz，−63.1dBmW）、（445MHz，−56.3dBmW）、（552MHz，−46.7dBmW）、（616MHz，−37.9dBmW）、（682MHz，−49.5dBmW）、（798MHz，−66.5dBmW），如图 6-7 所示。

5）金属颗粒

试验电压为 38.6kV 时，频繁产生微弱的脉冲电流信号和 UHF 信号。从脉冲电流的李萨育图形来看，当前脉冲电流信号幅值为 22.5pC。从 PRPD 谱图可以看出，正、负半波的放电幅值以及次数基本对称。放电信号出现在四个象限，在正、负半波分别以 135°、315° 为中心轴呈对称分布。外置式 UHF 仪器阈值设置为 −70dBm，探测到的最大幅值为 −52dBm，平均幅值为 −58dBm。相位分布特征与脉冲电流信号相同，信噪比较高。

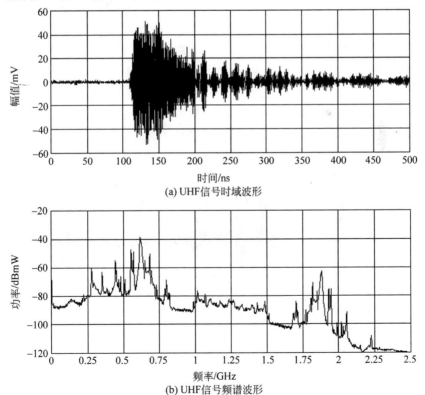

(a) UHF信号时域波形

(b) UHF信号频谱波形

图 6-7　气泡放电 UHF 信号时频域谱图

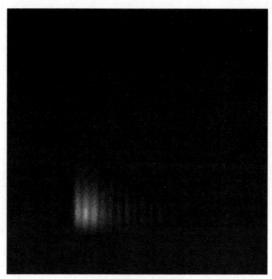

(c) UHF信号时频谱图

图 6-7(续)

从示波器记录的 UHF 信号时域波形来看,波形持续时间大约为 100ns,在其 FFT 变换得到的功率谱图里主要能量分布在 800MHz 以下的频率范围内,同时在 1~1.5GHz 频率范围内也有较微弱能量分布。能量较强的频率为(353MHz, -52.7dBmW)、(445MHz,-52.4dBmW)、(556MHz,-41.6dBmW)、(634MHz, -32.2dBmW)、(708MHz,-55.6dBmW),如图 6-8 所示。

综上所述,五种局部放电 UHF 信号时频图在时长、频率范围、形状等方面存在明显差异,在特定情况下,可以作为模式识别的依据。

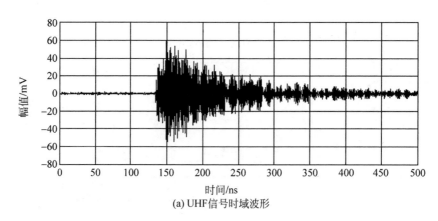

(a) UHF信号时域波形

图 6-8　金属颗粒放电 UHF 信号时频域谱图

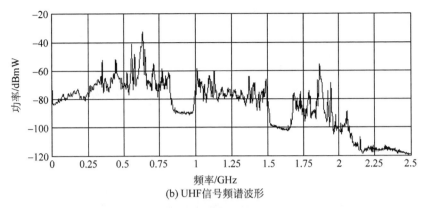

(b) UHF信号频谱波形

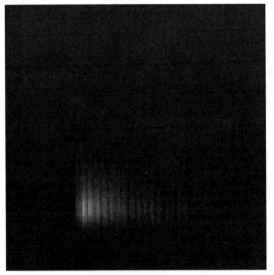

(c) UHF信号时频谱图

图　6-8(续)

3. UHF脉冲序列谱图与相位相关谱图

在220kV GIS设备内设置5个绝缘缺陷模型并分别开展试验,检测UHF信号并绘制4种典型谱图。这5个缺陷模型分别是高电压尖端、悬浮电极、金属颗粒、绝缘子气泡、绝缘子沿面。4种典型谱图分别为PRPS、PRPD、Δt、Δu谱图。试验中采用逐级升压法对绝缘缺陷施加电压,在放电起始至击穿前的各个电压等级下均采集UHF信号。由于篇幅限制,在此仅展示放电起始与放电剧烈两个时期的UHF谱图,并分析各典型放电UHF谱图的差异。

1) 高电压尖端

起始放电电压为15.9kV,此时UHF脉冲统计谱图如图6-9所示。从PRPS与PRPD谱图来看,放电主要发生在外施电压负半波的峰值附近。

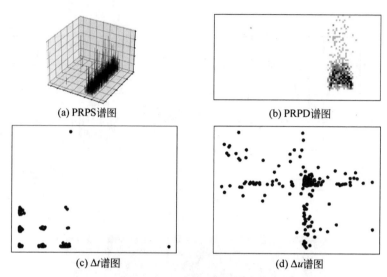

(a) PRPS谱图　　　　　(b) PRPD谱图

(c) Δt谱图　　　　　(d) Δu谱图

图 6-9　高电压尖端放电 UHF 脉冲统计谱图 6

　　试验电压为 21.8kV,UHF 脉冲统计谱图如图 6-10 所示。从 PRPS 与 PRPD 谱图来看,放电主要发生在外施电压正半波的峰值附近。

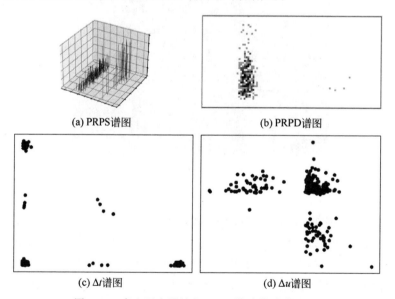

(a) PRPS谱图　　　　　(b) PRPD谱图

(c) Δt谱图　　　　　(d) Δu谱图

图 6-10　高电压尖端放电 UHF 脉冲统计谱图 16

　　试验电压为 24.0kV,UHF 脉冲统计谱图如图 6-11 所示。从 PRPS 与 PRPD 谱图来看,放电主要发生在外施电压正半波与负半波的峰值附近。

　　2）悬浮电极

　　起始放电电压为 21.8kV,此时 UHF 脉冲统计谱图如图 6-12 所示。从 PRPS

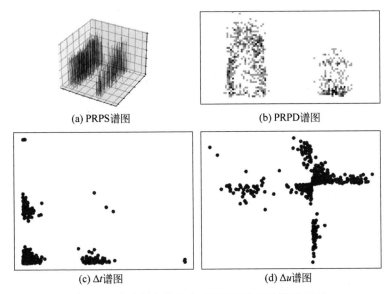

(a) PRPS谱图　　　　　　　　　　　(b) PRPD谱图

(c) Δt谱图　　　　　　　　　　　(d) Δu谱图

图 6-11　高电压尖端放电 UHF 脉冲统计谱图 1600

与 PRPD 谱图来看,放电主要发生在外施电压波形的一、三象限,且正、负半波的放电幅值相近。

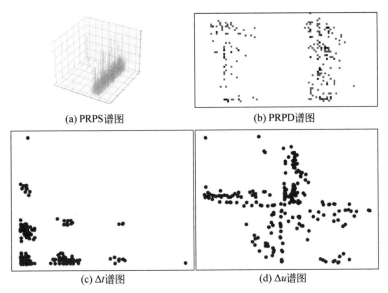

(a) PRPS谱图　　　　　　　　　　　(b) PRPD谱图

(c) Δt谱图　　　　　　　　　　　(d) Δu谱图

图 6-12　悬浮电极放电 UHF 脉冲统计谱图 1290

试验电压为 44.2kV,此时 UHF 脉冲统计谱图如图 6-13 所示。从 PRPS 与 PRPD 谱图来看,放电主要发生在外施电压波形的一、三象限,负半波 UHF 信号的幅值和次数大于正半波。

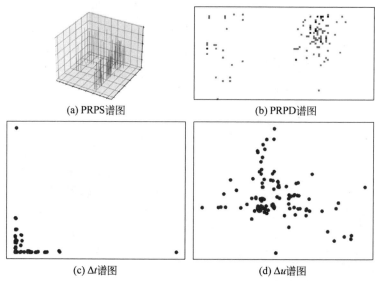

(a) PRPS谱图　　　　　　　　　(b) PRPD谱图

(c) Δt谱图　　　　　　　　　(d) Δu谱图

图 6-13　悬浮电极放电 UHF 脉冲统计谱图 1490

3）金属颗粒

起始放电电压为 13.1kV，此时 UHF 脉冲统计谱图如图 6-14 所示。从 PRPS 与 PRPD 谱图来看，放电发生在整个相位空间，在试验电压正、负半波峰值附近的低幅值放电信号更多。

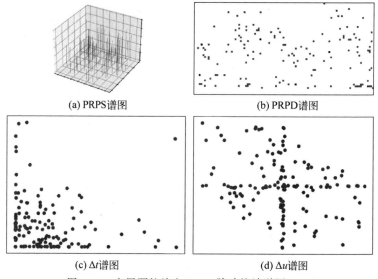

(a) PRPS谱图　　　　　　　　　(b) PRPD谱图

(c) Δt谱图　　　　　　　　　(d) Δu谱图

图 6-14　金属颗粒放电 UHF 脉冲统计谱图 1615

试验电压为 20.3kV，此时 UHF 脉冲统计谱图如图 6-15 所示。从 PRPS 与 PRPD 谱图来看，放电发生在整个相位空间，在试验电压正、负半波峰值附近的低幅值放电信号更多。

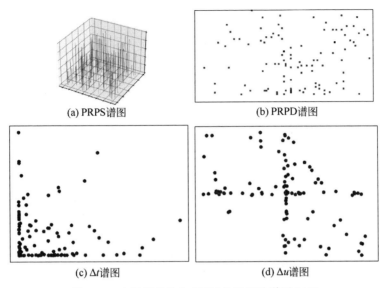

(a) PRPS谱图　　　　　　　　(b) PRPD谱图

(c) Δt谱图　　　　　　　　(d) Δu谱图

图 6-15　金属颗粒放电 UHF 脉冲统计谱图 3000

4）绝缘子气泡

起始放电电压为 17.9kV,此时 UHF 脉冲统计谱图如图 6-16 所示。从 PRPS 与 PRPD 谱图来看,放电主要产生在一、三象限。

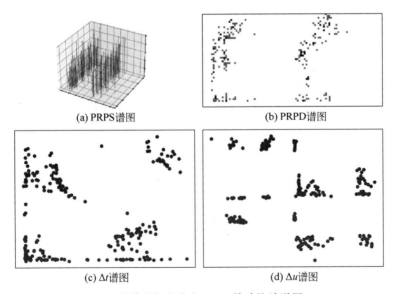

(a) PRPS谱图　　　　　　　　(b) PRPD谱图

(c) Δt谱图　　　　　　　　(d) Δu谱图

图 6-16　绝缘子气泡放电 UHF 脉冲统计谱图 4149

试验电压为 23.9kV,此时 UHF 脉冲统计谱图如图 6-17 所示。从 PRPS 与 PRPD 谱图来看,放电仍然是在一、三象限。

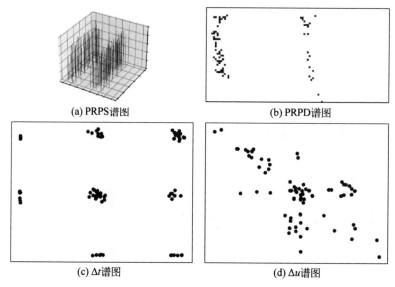

(a) PRPS谱图　　　　　　　　(b) PRPD谱图

(c) Δ*t*谱图　　　　　　　　(d) Δ*u*谱图

图 6-17　绝缘子气泡放电 UHF 脉冲统计谱图 4551

5）绝缘子沿面

起始放电电压为 14.1kV，此时 UHF 脉冲统计谱图如图 6-18 所示。从 PRPS 与 PRPD 谱图来看，放电主要产生在一、三象限，一象限的最大幅值与三象限一致，但是一象限的放电量的次数小于三象限。

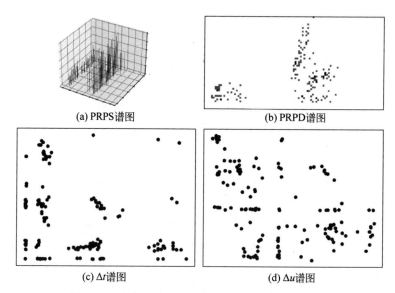

(a) PRPS谱图　　　　　　　　(b) PRPD谱图

(c) Δ*t*谱图　　　　　　　　(d) Δ*u*谱图

图 6-18　绝缘子沿面放电 UHF 脉冲统计谱图 4700

试验电压为 23.9kV，此时 UHF 脉冲统计谱图如图 6-19 所示。从 PRPS 与 PRPD 谱图来看，放电仍然是在一、三象限，一、三象限的幅值与次数相近。

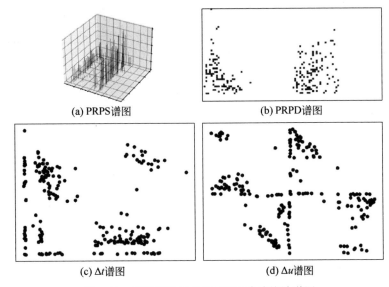

(a) PRPS谱图　　　　　　(b) PRPD谱图

(c) Δt谱图　　　　　　(d) Δu谱图

图 6-19　绝缘子沿面放电 UHF 脉冲统计谱图

6.2.3　运行条件下 GIS 局部放电 UHF 谱图预处理

1. 时域波形图像参数提取

目前在 GIS 局部放电带电检测或在线监测中一般使用 UHF 检测仪。在进行诊断性测试或定位环节,常常应用高速采集示波器。为此,需要从 UHF 信号时域波形中提取信号发生时刻(具备条件的情况下,应准确提取相位)、幅值,然后建立谱图。目前对于数字信号的脉冲参数提取有成熟的方法,在此不再赘述。然而,在有些情况下为了提高存储速度,会以图像的形式存储 UHF 信号波形。为此,需要从波形图像中提取 UHF 信号发生时刻与幅值,并进一步绘制统计谱图。图像处理方法如图 6-20 所示。

2. 谱图矩阵尺寸归一化处理

PRPS 数据以二维矩阵的形式存储,矩阵具有相位和周期两个维度。异源数据之间在相位分辨率和周期方面将会有所不同。例如,将 1° 作为相位分辨率时,相位的尺寸将为 360;若将 3.6° 作为相位的分辨率,则尺寸为 100;以 5.625° 为相位分辨率,则相位维度的尺寸为 64。因此,异源数据形成的二维矩阵维度将有所不同,有的

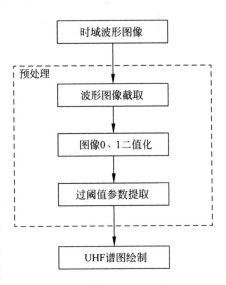

图 6-20　时域波形图像参数提取方法

是 360×50,有的是 100×50,有的是 64×50。后续研究表明,64×50 分辨率已经满足模式识别正确率的要求,同时运算速度快,因此可以通过一定的方式把高分辨率数据转化为低分辨率数据。相位分辨率向低转化的方法如下:

$$\overline{x_{i,j}} = \max\left\{x_{i \times n-n, j}, \cdots, x_{i \times n, j}\right\}, \quad n = \frac{D}{\overline{D}} \tag{6-1}$$

式中:D 为待转换的高分辨率数据相位的维度;$\overline{D}$ 为归一化后的低分辨率数据相位的维度。

同样,PRPD 数据也以二维矩阵的形式存储在计算机中,有相位和幅值两个维度。现有的维度有 360×100、100×100 等。后续研究表明,64×64 分辨率可以满足模式识别正确率的要求,同时运算速度快。相位分辨率、幅值分辨率向低的转化方法也如式(6-1)所示。Δt、Δu 谱图的分辨率也将按照式(6-1)向低转化为 64×64。

3. 谱图幅值归一化处理

PRPS 数据矩阵中的幅值为 UHF 信号幅值。PRPD、Δt、Δu 数据矩阵中的幅值为 UHF 脉冲的个数。同时使用样本中的最大值数据和最小值数据进行线性形式的归一化,归一化方法如下:

$$z_N = \frac{z - z_{\min}}{z_{\max} - z_{\min}} \tag{6-2}$$

式中:z_N 为归一化后的样本幅值;$z_{\min}$ 为样本幅值的最小值;$z_{\max}$ 为样本幅值的最大值。

4. 训练数据相位偏移扩充

在变电站开展局部放电带电检测时,往往无法获取设备运行电压的相位信息。从而使得相位相关谱图的相位信息与实际产生偏差,偏差值具有随机性。为此,在深度学习训练阶段,应考虑相位偏移情况,对训练谱图进行相位偏移。相位随机偏移方法如下:

$$\varphi_N = \varphi_0 + 360 \times \mathrm{randm}[0,1] \tag{6-3}$$

6.3 模式识别中各种 UHF 谱图的有效性与融合方法

6.3.1 LeNet5 卷积神经网络模型的结构与识别方法

改进型经典卷积神经网络 LeNet5 的网络模型架构如图 6-21 所示。LeNet5 共有 7 层(不包含输入层),每层的参数都可以在后续过程中进行训练,首先经过卷积层→下采样层→卷积层→下采样层,然后接入两个全连接层,最后输出相应图像的分类结果。

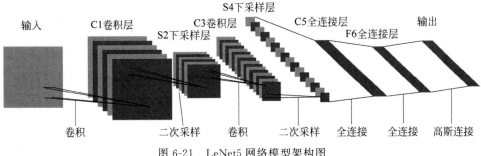

图 6-21　LeNet5 网络模型架构图

1. C1 卷积层

对输入进来的图像进行初步卷积运算，感知图像的局部特征。使用多个权重相异的卷积核，即不同的滤波器，来充分提取图像特征，从而表达图像。

卷积计算公式如下：

$$X_j^M = f\left(\sum X_i^{M-1} \otimes w_{ij}^M + b_j^M\right), \quad i=1,2,\cdots,p, \quad j=1,2,\cdots,q \quad (6\text{-}4)$$

该公式表示由 p 个特征图谱组成第 $M-1$ 层，由 q 个特征图谱组成第 m 层卷积层，每个卷积层的特征图谱 X_j^M 均与上层所有特征图谱 X_i^{M-1} 进行卷积操作、计算求和，此外还要加上一个偏置量 b_j^M，通过最后的激活函数 f 输出卷积的最终结果。

在卷积层中通常使用 Same Padding，即零填充矩阵边界的方式，以保持输出数据和输入数据的大小相同。C1 卷积层的卷积核尺寸选取 3×3，卷积核的个数选为 6 个，将卷积核步长设置为 1。激活函数采用 Sigmoid 函数。经过 C1 卷积层后，得到 6 个特征图，作为下一层的输入。

2. S2 下采样层

下采样层也称为池化层，执行池化操作，其功能是对特征图谱进行降维处理，通过小区域采样获取新特征，以减少参数的数量。采样层的具体操作公式如下：

$$X_n^l = \beta_n^l \, \mathrm{down}(X_n^{l-1}) + b_n^l \quad (6\text{-}5)$$

式中：$\mathrm{down}(\bullet)$ 代表下采样函数。S2 下采样层选取最大值采样（max pooling）方式，采样尺寸选取为 2×2。在本层采样后，上一层的特征图分别被降维成 6 个新的特征图，作为下一层的输入。

3. C3 卷积层

C3 卷积层中同样使用 Same Padding 方式。本卷积层的卷积核尺寸选取为 3×3，卷积核的个数选为 36 个，将卷积核步长设置为 1。激活函数采用 Sigmoid 函数。经过 C3 卷积层后，得到 36 个特征图，作为下一层的输入。

4. S4 下采样层

S4 下采样层同样使用最大值采样的方式，采样尺寸选取为 11×11。在本层采样后，上一层的特征图分别被降维成 36 个新的特征图，作为下一层的输入。

5. C5 全连接层

C5 全连接层将 S4 层的数据进行新的连接，也可以理解为将其产生的特征向量进行拉伸操作。将 S4 下采样层得到的每个元素都当成一个神经元。在经过 C5 全连接层进行全连接后得到 36 个神经元。

6. F6 全连接层

F6 层连接在 C5 层之后，经过本层全连接后得到 25 个神经元。

7. 输出层

输出层采用适合处理非线性多分类问题的 Softmax 分类器，以识别 5 种放电模式。

Softmax 分类器是逻辑回归模型经过变换得到的。对于 m 个标记号的样本训练集 $\{(x^1,y^1),\cdots,(x^m,y^m)\}$，对应类别用 $y^i \in \{0,1,\cdots,k\}$ 表示，k 表示总类别数。对于样本输入 x，计算概率值 $p(y=j|x)$，估计输入 x 对应的每种分类结果出现的概率。

假设函数如下：

$$\boldsymbol{h}_\theta(x^{(i)}) = \begin{bmatrix} p(y^{(i)}=1 \mid x^{(i)};\theta) \\ p(y^{(i)}=2 \mid x^{(i)};\theta) \\ \vdots \\ p(y^{(i)}=k \mid x^{(i)};\theta) \end{bmatrix} = \frac{1}{\sum_{j=1}^{k} e^{\theta_j^{\mathrm{T}} x^{(i)}}} = \begin{bmatrix} e^{\theta_1^{\mathrm{T}} x^{(i)}} \\ e^{\theta_2^{\mathrm{T}} x^{(i)}} \\ \vdots \\ e^{\theta_k^{\mathrm{T}} x^{(i)}} \end{bmatrix} \tag{6-6}$$

式中：$p(y^i=j|x^i)$ 表示第 i 个样本的输入 $x(i)$ 为 j 类的概率；$\theta_1,\theta_2,\cdots,\theta_k \in \mathbf{R}^{n+1}$ 是模型的参数。代价函数如下：

$$J(\theta) = -\frac{1}{m} \left[\sum_{i=1}^{m} \sum_{j=1}^{k} 1\{y^{(i)}=j\} \log \frac{e^{\theta_j^{\mathrm{T}} x^{(i)}}}{\sum_{l=1}^{k} e^{\theta_i^{\mathrm{T}} x^{(i)}}} \right] \tag{6-7}$$

对上述函数的最小化问题，一般采用梯度下降法解决。获取梯度后代入计算式更新参数。此外还需加入衰减部分，代价函数如下：

$$J(\theta) = -\frac{1}{m} \left[\sum_{i=1}^{m} \sum_{j=1}^{k} 1\{y^{(i)}=j\} \log \frac{e^{\theta_j^{\mathrm{T}} x^{(i)}}}{\sum_{l=1}^{k} e^{\theta_i^{\mathrm{T}} x^{(i)}}} \right] + \frac{\lambda}{2} \sum_{i=1}^{m} \sum_{j=0}^{n} \theta_{ij}^2 \tag{6-8}$$

对代价函数求取导数：

$$\nabla_{\theta_j} J(\theta) = -\frac{1}{m} \sum_{i=1}^{m} \left[x^{(i)} (1\{y^{(i)}=j\} - p(y^{(i)}=j \mid x^{(i)};\theta)) \right] + \lambda\theta_j \tag{6-9}$$

最小化 $J(\theta)$，经过多次训练后最终得到合适的分类器。

本小节采用卷积神经网络 LeNet5 结构，网络参数设置如下：C1 卷积层有 6 个 5×5 尺寸的卷积核，卷积核的步长为 1，使用 Same Padding 方式，激活函数采用

ReLU 函数；S2 下采样层采用 Max Pooling 操作，采样尺寸为 2×2，步长为 2；C3 卷积层卷积核的步长为 1，有 16 个 5×5 尺寸的卷积核，使用 Same Padding 方式，激活函数采用 ReLU 函数；S4 下采样层采用 Max Pooling 操作，采样尺寸为 2×2，步长为 2；C5 卷积核尺寸为 5×5，共 120 卷积核，其步长为 1，不使用零填充，经本层卷积后可获得 120 个 1×1 大小的特征图；F6 是全连接层，由 84 个神经元组成，激活函数依然采用 Sigmoid 函数；输出层采用 Softmax 分类器，以识别 5 种放电模式。训练次数设置为 80 次。

上述 LeNet5 结构应用于局放模式识别的框架如图 6-22 所示。

具体实现步骤如下。

（1）对分配为训练集的数据进行归一化处理。

（2）构建深度卷积网络模型，同时使用由自编码器得到的参数对卷积网络的卷积层参数进行初始化。

（3）使用训练集数据训练网络。得到训练数据的输出值，对输出值与样本标签的误差进行计算，然后使用反向传播算法和随机梯度下降法迭代和更新网络参数，训练结束后得到的模型中的参数为最优值。

（4）对测试数据首先进行归一化，然后将归一化后的数据输入到已经获得最优参数的模型中，输出模式识别的最终结果。

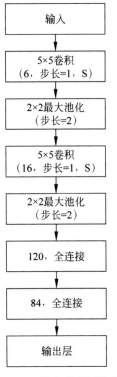

图 6-22　深度卷积网络的局部放电模式识别流程图

6.3.2　基于相位分布谱图的模式识别

1. 基于 PRPD 谱图的模式识别

PRPD 谱图中包括相位、幅值、频次信息。PRPD 包含四种类型：N-q-φ、N-φ、q_{max}-φ、q_{ave}-φ。由于 N-q-φ 三维谱图中包含的信息更加全面，因此在深度学习中一般采用 N-q-φ 三维谱图。建立 PRPD 谱图时，采集的时间可以是 1s（50 个工频周期），也可能是更长时间。有时为了实现对稀疏放电的准确诊断，则需要采集更长时间，以获得足够的放电信号。本小节采用实验室局部放电试验中每秒 UHF 信号绘制 PRPD 谱图。

PRPD 谱图的横坐标为相位，其范围为 0°～360°，将其均匀划分为 64 个网格；纵坐标为幅值，单位为 dBmV，按照最大、最小值作为纵坐标的最大、最小值，纵坐标网格数也设置为 64；每个网格色度值代表放电次数，按照当前谱图的最大放电次数值进行归一化处理。本小节中 PRPD 谱图的大小为 64×64。利用 LeNet5 模型进行训练和测试。

五种类型局部放电 UHF 检波信号 PRPD 谱图的数据集、训练集、测试集中包含的样本数如表 6-1 所示。随机抽取样本生成训练集和测试集，两者的样本数分别占数据集的 80% 和 20%。

表 6-1   UHF 检波信号 PRPS 谱图训练集与测试集大小

集名称	尖刺	悬浮	自由颗粒	气隙	沿面
数据集	1269	341	2516	562	621
训练集	1015	272	2012	449	496
测试集	254	69	504	113	125

对这三种尺度谱图的测试混淆矩阵如表 6-2 所示。其中，"行"为实际放电类型，"列"为识别结果。在本章条件下，总体识别正确率达到了 99.81%。对于悬浮放电而言，其诊断正确率为 97.10%；对于其他类型的放电，诊断正确率均达到了 100%。

表 6-2   64×64 PRPD 谱图的测试混淆矩阵

PRPD	尖刺	悬浮	自由颗粒	气隙	沿面
尖刺	254	0	0	0	0
悬浮	0	67	0	1	1
自由颗粒	0	0	504	0	0
气隙	0	0	0	113	0
沿面	0	0	0	0	125
正确率	100.00%	97.10%	100.00%	100.00%	100.00%

2. PRPS 谱图矩阵大小对识别正确率的影响

PRPS 谱图是当前最常见的局部放电信号谱图之一，其中包含局部放电信号的相位、周期数、幅值信息。PRPS 谱图矩阵的大小或者分辨率是局部放电模式识别中普遍关注的问题之一。PRPS 谱图的横坐标为相位，其范围为 0°～360°，其刻度数量有以下几种：64、100、360。PRPS 谱图的周期数一般为 50，因此谱图纵坐标的分辨率一般设置为 50。幅值可以进行归一化处理。在此将刻度数分别设置为 64、72、100、360，PRPS 谱图的大小分别为 64×50、100×50、360×50。利用 LeNet5 模型进行训练和测试。

五种类型局部放电 UHF 检波信号 PRPS 谱图的数据集、训练集、测试集中包含的样本数如表 6-3 所示。随机抽取样本生成训练集和测试集，两者的样本数分别占数据集的 80% 和 20%。

对这三种尺度谱图的测试混淆矩阵如表 6-4～表 6-6 所示。三种尺度下，总体识别正确率分别为 99.43%、98.59%、99.15%。三者测试结果都比较理想，且差距不大。三种尺度下对悬浮放电的识别精确度都相对最低，分别是 95.65%、89.86%、94.20%。综上所述，谱图网格数诊断准确率没有质的影响。

表 6-3　UHF 检波信号 PRPS 谱图训练集与测试集大小

集名称	尖刺	悬浮	自由颗粒	气隙	沿面
数据集	1269	341	2516	562	621
训练集	1015	272	2012	449	496
测试集	254	69	504	113	125

表 6-4　64×50 尺度 PRPS 谱图的混淆矩阵

实际	预测				
	尖刺	悬浮	自由颗粒	气隙	沿面
尖刺	254	0	0	0	0
悬浮	1	66	0	0	2
气隙	2	1	501	0	0
沿面	0	0	0	113	0
自由颗粒	0	0	0	0	125
精确度	100％	95.65％	99.40％	100％	100％

表 6-5　100×50 尺度 PRPS 谱图的混淆矩阵

实际	预测				
	尖刺	悬浮	自由颗粒	气隙	沿面
尖刺	254	0	0	0	0
悬浮	0	62	0	1	6
气隙	3	0	501	0	0
沿面	0	0	0	113	0
自由颗粒	0	5	0	0	120
精确度	100％	89.86％	99.40％	100％	96％

表 6-6　360×50 尺度 PRPS 谱图的混淆矩阵

实际	预测				
	尖刺	悬浮	自由颗粒	气隙	沿面
尖刺	254	0	0	0	0
悬浮	0	65	0	0	4
气隙	0	1	503	0	0
沿面	0	0	0	113	0
自由颗粒	0	4	0	0	121
精确度	100％	94.20％	99.80％	100％	96.8％

3. 谱图相位偏移对识别正确率的影响与改进方法

局部放电发生时刻对应的相位是模式识别的重要依据,主流的模式识别方法都是基于局部放电信号相位分布谱图完成的。在实验室开展局部放电试验时,可以通过电容分压器同步获取设备高电压波形,从而计算出局部放电相位信息。但是,在现场对运行中 GIS 设备开展局部放电检测时,往往难以获取运行电压波形,只能依据设备自身的时钟信息按照 50Hz 的频率采集信号。这样导致采集到局部放电相位值与实际不同,局部放电相位分布整体向左或者向右偏移。在此情况下,利用实验室数据训练的模型如何准确预测相位偏移谱图,这是 GIS 局部放电 UHF 检测中必须要解决的问题。为此,本小节提出一种相位随机偏移的训练集谱图预处理方法,将处理后的谱图用于模型训练。

本小节主要开展下面两部分计算工作:第一,利用实验室获取的 PRPS 谱图训练模型,将测试用若干 PRPS 谱图的相位进行随机偏移,检验对相位偏移的 PRPS 谱图的预测正确率。第二,将训练用 PRPS 谱图进行相位随机偏移后再训练模型,然后利用该模型对相位发生偏移的 PRPS 谱图进行预测,检验训练 PRPS 谱图相位偏移对于预测正确率的改进效果。相位偏移的值在 0°～360° 范围内随机偏移。

本小节对大小为 64×50 的 PRPS 谱图进行计算。训练谱图与测试谱图仍然从总谱图集中随机提取,数量分别为总谱图集的 80% 与 20%。训练模型依然采用经典 LeNet5。

1) 测试用 PRPS 谱图的相位发生随机偏移

首先,保持训练谱图相位不变,开展模型训练;然后,对测试谱图进行随机相位偏移,开展模型测试。测试结果如表 6-7 所示。由表 6-7 可见,仅有气隙放电预测能达到高正确率,对其他放电类型的识别正确率都低于 30%,整体的测试正确率为 58.12%。

表 6-7 PRPS 测试集谱图发生随机相位偏移

实际	预　　测				
	尖刺	悬浮	自由颗粒	气隙	沿面
尖刺	59	43	106	15	31
悬浮	22	11	23	10	3
气隙	0	0	504	0	0
沿面	19	7	51	29	7
自由颗粒	31	18	48	12	16
正确率	23.23%	15.94%	100.00%	25.66%	12.80%

2) 训练与测试集 PRPS 谱图均发生随机相位偏移

首先,将数据集按照 80% 与 20% 划分训练集与测试集;其次,分别对训练集与测试集的 PRPS 谱图进行随机相位偏移;最后开展模型训练与测试。测试结果如表 6-8 所示。由表 6-8 可见,整体的预测正确率达到了 93.99%,对大部分放电类型的识别正确率都高于 85%,但是对悬浮放电的预测正确率较低,仅为 49.28%。

按照上述两种算法,对 PRPD 谱图的相位也进行随机偏移,两种情况下的预测正确率如表 6-9 和表 6-10 所示。可见,相位偏移对于预测正确率有至关重要的影响。在训练集谱图无相位偏移、仅测试集存在随机相位偏移的情况下,整体的识别正确率仅为 59.71%。而在训练集、测试集谱图均存在随机相位偏移的情况下,整

表 6-8 PRPS 训练集与测试集谱图均发生随机相位偏移

实际	预 测				
	尖刺	悬浮	自由颗粒	气隙	沿面
尖刺	251	1	0	0	2
悬浮	17	34	0	8	10
气隙	1	1	502	0	0
沿面	5	1	0	106	1
自由颗粒	4	5	0	8	108
正确率	98.82%	49.28%	99.60%	93.81%	86.40%

表 6-9 PRPD 测试集谱图发生随机相位偏移

实际	预 测				
	尖刺	悬浮	自由颗粒	气隙	沿面
尖刺	65	22	123	10	34
悬浮	16	11	27	9	6
自由颗粒	0	0	504	0	0
气隙	18	7	51	33	4
沿面	34	11	54	3	23
正确率	25.59%	15.94%	100.00%	29.20%	18.40%

体的识别正确率升至95.12%。此外,后者对悬浮放电、气隙放电的识别正确率相对较低,分别为82.61%、79.65%。

表 6-10 PRPD 训练集与测试集谱图均发生随机相位偏移

实际	预 测				
	尖刺	悬浮	自由颗粒	气隙	沿面
尖刺	250	3	0	0	1
悬浮	1	57	1	4	6
自由颗粒	0	0	503	0	1
气隙	8	11	0	90	4
沿面	4	5	0	2	114
准确率	98.43%	82.61%	99.80%	79.65%	91.20%

综上可见,当利用实验室标准数据训练的模型对现场数据进行预测时,将不可避免地出现识别正确率严重下降或识别失败的情形;如果在模型训练阶段将输入谱图进行随机偏移,将扩展谱图库与特征量的普适性,从而大幅提高了模式识别的正确率。此外,即使在训练集、测试集谱图均存在随机相位偏移的情况下,仍然存在悬浮放电与气隙放电识别正确率较低的问题,需要进一步研究正确率更高的识别方法。

6.3.3 基于脉冲序列谱图的模式识别

1. 基于 Δt 谱图特征的模式识别

对按照时间先后顺序采集的 UHF 检波信号进行处理,可以建立 Δt 谱图。Δt 谱图的横、纵坐标分别为某次放电与下一次放电、上一次放电之间的时间间隔。因此,Δt 谱图可以将脉冲序列的时间间隔信息以二维谱图的形式展示出来。在本小节中,依然选择每 1s(即每 50 个工频周期)内的信号作为一组来建立 Δt 谱图。生成谱图后,在横、纵坐标方向进行归一化处理。归一化处理方法如下:以最大值与最小值为参考基准,某个时间差与最小值之差除以基准值,将此商值作为归一化之后的数值。归一化之后,再对图像划分网格,生成大小为 64×64 的图像矩阵。图像矩阵中每个网格的色度代表放电次数归一化之后的幅值。

五种类型局部放电 UHF 检波信号 Δt 谱图的数据集、训练集、测试集中包含的样本数如表 6-11 所示。随机抽取样本生成训练集和测试集,两者的样本数分别占数据集的 80% 和 20%。

表 6-11　UHF 检波信号序列 Δt 谱图训练集与测试集大小

集名称	尖刺	悬浮	自由颗粒	气隙	沿面
数据集	1269	341	2516	562	621
训练集	1015	272	2012	449	496
测试集	254	69	504	113	125

测试结果混淆矩阵如表 6-12 所示。在本章条件下,总体识别正确率达到了 96.52%。对尖刺、自由颗粒、气隙、沿面放电的识别正确率比较高,均达到了 95% 以上;而对悬浮放电的识别正确率仍然较低,为 72.46%。

表 6-12　Δt 谱图的测试混淆矩阵

实际	预测				
	尖刺	悬浮	自由颗粒	气隙	沿面
尖刺	242	3	9	0	0
悬浮	13	50	4	0	2
自由颗粒	0	1	503	0	0
气隙	1	0	0	112	0
沿面	0	2	1	1	121
正确率	95.28%	72.46%	99.80%	99.12%	96.80%

2. 基于 Δu 谱图特征的模式识别

Δu 谱图的横、纵坐标分别为某次放电时设备承受电压值与下一次放电、上一次放电时设备承受电压值之间的差值。主要体现了放电过程中缺陷两端承受的外施电场与空间电荷电场的综合作用机制。因此，Δu谱图可以将局部放电的发生机制以二维谱图的形式展示出来。在本小节中，依然选择每50个工频周期内的信号作为一组来建立Δu谱图。生成谱图后，在横、纵坐标方向进行归一化处理。归一化处理方法如下：以最大值与最小值为参考基准，某个时间差与最小值之差除以基准值，将此商值作为归一化之后的数值。归一化之后，再对图像划分网格，生成大小为64×64的图像矩阵。图像矩阵中每个网格的色度代表放电次数归一化之后的幅值。

五种类型局部放电UHF检波信号Δu谱图的数据集、训练集、测试集中包含的样本数如表6-13所示。随机抽取样本生成训练集和测试集，两者的样本数分别占数据集的80%和20%。

表6-13　UHF检波信号序列Δu谱图训练集与测试集大小

集名称	尖刺	悬浮	自由颗粒	气隙	沿面
数据集	1269	341	2516	562	621
训练集	1015	272	2012	449	496
测试集	254	69	504	113	125

测试结果混淆矩阵如表6-14所示，总体识别正确率达到了91.17%。对尖刺、自由颗粒两种放电类型的识别准确率较高；而对悬浮、气隙、沿面放电的识别正确率较低。

表6-14　Δu谱图的测试混淆矩阵

实际	预　　测				
	尖刺	悬浮	自由颗粒	气隙	沿面
尖刺	238	9	1	4	2
悬浮	11	48	5	3	2
自由颗粒	0	3	496	4	1
气隙	6	4	5	92	6
沿面	3	1	2	22	97
正确率	93.70%	69.57%	98.41%	81.42%	77.60%

综上可见，相位分布谱图（PRPD、PRPS）与脉冲序列谱图（Δt和Δu谱图）具有各自的优势，即相位分布谱图对尖刺、自由颗粒、沿面的识别正确率较高；Δt谱图对尖刺、自由颗粒、沿面、气隙放电的识别正确率均较高。鉴于此，有希望利用两种类型谱图特征识别的互补性进一步提高模式识别的正确率。

6.3.4　基于多种谱图识别结果加权融合的模式识别

1. 局部放电多种谱图特征融合的模式识别策略

一般情况下，工程上和研究中基于PRPD与PRPS谱图及其特征开展局部放电模式识别。近些年来,对 Δt 和 Δu 谱图进行了探讨。这两类谱图蕴含的信息特征不同,即 PRPS 谱图包含相位、周期、幅值,PRPD 谱图包含幅值、相位、次数,相位相关谱图缺乏充分的时间序列信息;Δt 谱图包含脉冲时间序列信息,Δu 谱图包含电压差信息,但是脉冲序列信息缺乏幅值、相位信息。在此情况下,若只使用其中某一种图谱,将会缺失某些特征信息,从而降低识别正确率。在 6.3.2 和 6.3.3 小节的识别结果也可以看出,这两类谱图的识别正确率有差异,在气隙、沿面放电方面可以互补。此外,在分别基于这两类谱图所做的识别结果中,对悬浮放电的正确率都比较低。

为了充分挖掘特征信息,本小节融合上述四种谱图,对四种谱图的识别结果进行加权融合,以实现更准确的模式识别。具体实现模式识别步骤如下:

(1) 利用 UHF 数据构造 PRPS、PRPD、Δt 与 Δu 谱图,将各类谱图总集分别划分为测试集和训练集。

(2) 分别对每类谱图集进行归一化处理。

(3) 用 PRPS 谱图矩阵训练 LeNet5 模型的参数,获得模型 1,分析输出结果并获得权重矩阵 1;用 PRPD 谱图矩阵训练 LeNet5 模型的参数,获得模型 2,分析输出结果并获得权重矩阵 2;用 Δt 谱图矩阵训练 LeNet5 模型的参数,获得模型 3,分析输出结果并获得权重矩阵 3;用 Δu 谱图矩阵训练 LeNet5 模型的参数,获得模型 4,分析输出结果并获得权重矩阵 4。

(4) 将 PRPS、PRPD、Δt 与 Δu 测试谱图分别输入各网络模型并给出分类结果。根据各模型的输出值选择权重矩阵对应的向量作为更新后的输出,各模型的权重输出向量相加后,取权重向量中最大值的索引对应的放电类型作为待测样本类型识别结果。

训练流程中涉及的权重矩阵生成方式为:根据模型训练结果输出混淆矩阵,以二分类为例,数据标签分别设置为 0 和 1,分类结果如表 6-15 所示。

表 6-15　二分类混淆矩阵

实　际		预　测	
		输　出　值	
		0	1
真实值	b	0	a
	1	c	d

表 6-15 中垂直方向为模型输出的预测结果,水平方向为待测样本的实际类型,矩阵中各字母代表该处元素的个数,而处在对角线的元素为正确分类的元素个数。以输出值每列中各元素个数占该列总样本数的比值作为该输出值的权重向量,所有权重向量组成权重矩阵,如表 6-16 所示。

表 6-16　权重矩阵

输　出　值	
0	1
$a/(a+c)$	$b/(b+d)$
$c/(a+c)$	$d/(b+d)$

　　识别待测样本时,根据互补思想,各模型根据输出值选择对应的权重矩阵列向量作为更新输出,四种更新后的列向量相加融合后以列向量中最大值对应的放电类型为最终识别结果。

2. 单种谱图与融合多种谱图的模式识别准确率

　　为避免各类别数据集数量不平衡带来的影响,各类型放电设置相同数据集大小,将 UHF 数据集按 8∶2 的比例随机分为训练集与测试集,如表 6-17 所示。

表 6-17　UHF 数据集构成

名　　称	尖刺放电	悬浮放电	颗粒放电	气隙放电	沿面放电
谱图集	1269	341	2516	562	621
训练集	1015	272	2012	449	496
测试集	254	69	504	113	125

　　表 6-18 所示是本次基于四种独立模型与经过权重矩阵融合后的测试结果。

表 6-18　各特征参数模型识别率　　　　　　　　　　单位: %

模　　型	尖刺放电	悬浮放电	颗粒放电	气隙放电	沿面放电	总体正确率
PRPS 谱图	95.67	75.36	100.00	91.15	97.60	96.15
PRPD 谱图	99.61	78.26	100.00	91.15	88.00	96.15
Δt 谱图	95.67	72.46	99.21	98.23	94.40	95.69
Δu 谱图	91.34	71.01	98.21	85.84	90.40	92.58
加权融合	100.00	91.30	100.00	98.23	97.60	98.97

　　在这五种情况中,总体的正确率达到 90% 以上。但是对于单类缺陷的识别正确率参差不齐,比如:基于每类谱图的四个模型对悬浮放电的识别正确率均低于 90%;基于 PRPD 谱图的模型对沿面放电的识别率也低于 90%;基于 Δu 谱图的模型对气隙放电的识别正确率低于 90%。权重融合方法对每种类型局部放电的识别正确率都高于 90%,且都高于基于单类谱图的模型。尽管基于单类谱图的模型对于悬浮放电的识别正确率均低于 80%,但是通过加权融合后,识别的正确率得到了极大的提高,达到了 91.3%。综上可见,基于多种谱图识别结果的加权融合方法具有更好的识别效果。

6.4　现场 UHF 数据的深度学习方法

6.4.1　基于 WGAN-ResNet 网络的深度学习方法

深度学习对样本的数量有一定的要求,更多的样本数量一般而言会训练出来效果更好的模型,其泛化能力也更为强大,可有效降低模型的过拟合。但是在实际操作中,样本数量往往不够充足或者样本的质量不佳,此时可以使用数据增强手段来提高样本质量。传统的数据增强方法通常包括添加高斯噪声、缩放、裁剪、平移和图像翻转等方式。本项目中拟采用表现性能更加优越的 GAN 数据增强方法。GAN 对抗生成网络作为一种新兴的样本数据增强方法,在生成样本的过程中,可以保留样本的特征,不会使其关键特征丢失,而且不是简单地对样本进行复制,会极大地丰富样本的多样性。对抗生成网络对样本的扩充效果远优于将原样本进行简单的裁剪、拉伸、翻转等传统数据增强方法,适用于受客观条件限制导致样本数量较少的情况下对神经网络的训练,增强网络模型的鲁棒性以及泛化能力。

区别于一般神经网络,GAN 主要由两个网络构成:一个是生成网络(generator network);另一个是判别网络(discriminator network)。本质上,所有 GAN 网络的核心技术就是生成器和判别器之间相互博弈、相互对抗,直到生成器生成的数据无法被判别器判别真假。GAN 网络算法如图 6-23 所示。

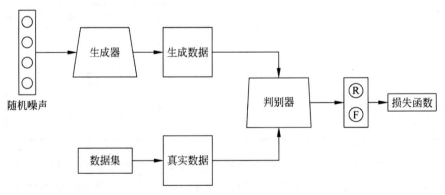

图 6-23　GAN 网络的基本结构

GAN 的学习优化过程就是一个极小极大问题,GAN 的总体损失函数如下:

$$\min_G \max_D V(D,G) = E_{x \sim P_r}\left[\log D(x)\right] +$$

$$E_{\tilde{x} \sim P_g}\left[\log(1 - D(G(\tilde{x})))\right] \tag{6-10}$$

式中：$E_{x\sim P_r}$ 表示期望 x 从 P_r 分布中获取；$E_{\tilde{x}\sim P_g}$ 表示期望 $\tilde{x}$ 从 P_g 分布中获取；x、$\tilde{x}$ 表示真实数据与生成数据；P_r、P_g 表示真实数据与生成数据的分布；D 与 G 分别为判别器与生成器网络的可微分函数；$G(z)$ 为生成数据。在对抗过程中，先从判别器 D 的角度最大化 $V(D,G)$，得到最优解 D^*，然后在此基础之上，从生成器 G 的角度最小化 $V(D^*,G)$。此时生成器损失函数 $V(D^*,G)$：

$$V(D^*,G)=2JS(P_r \parallel P_g)-2\log2 \tag{6-11}$$

式中：JS 散度是衡量两种分布相关性的指标，其定义如式（6-12）所示。从式（6-11）可以看出，生成器最小化 GAN 的目标函数就是最小化真实分布 P_r 与生成分布 P_g 之间的 JS 散度。

$$JS(P_r \parallel P_g)=\frac{1}{2}E_{x\sim P_r}\left(\log\frac{2P_r}{P_r+P_g}\right)+\frac{1}{2}E_{\tilde{x}\sim P_g}\left(\log\frac{2P_g}{P_r+P_g}\right)$$
$$\tag{6-12}$$

总的来说，GAN 网络的训练过程如下。

（1）固定住生成器，更新判别器。从真实图片中随机抽取一些样本，然后利用一些随机噪声向量，通过生成器得到一些假样本。真样本标注为1，假样本标注为0。构建完监督数据后就可以训练判别器了，判别器可以用 MSE 损失函数作为 loss。它的目标是真实图片得高分，假图片得低分。

（2）固定住判别器，更新生成器。利用随机样本的噪声向量，通过生成器得到一些假样本。然后通过判别器进行打分，它的目标是假图片得分也要高。

（3）迭代步骤（1）和步骤（2），即可迭代训练生成器和判别器。

生成器和判别器二者进行对抗学习，生成器不断迭代进化，努力生成假的图片，从而可以骗过判别器。判别器也在不断迭代进化，努力识别越来越接近真实的假图片。通过二者对抗学习，由生成器生成的假图片越来越像真实图片，而判别器越来越能区分和真实图片很接近的假图片。二者能力在迭代过程中，都可以得到大幅提升。

根据生成谱图尺寸大小，本项目采用 GAN 网络的生成器与判别器结构及参数设置如表 6-19 所示。生成网络与判别网络的卷积层都加入了批量标准化（batch normalization）层，既能够解决梯度消失问题，又可以使得训练过程更加高效。经过对模型的多次调试与对比，本文选定 Adam 优化器进行生成器与判别器的参数更新优化，学习率为 2×10^{-4}，矩估计参数 β_1 和 β_2 分别设置为 0.5 与 0.999。本实验采用小批量训练的方式，每次批量数（batch size）为8，循环迭代数设置为 3000，在每次迭代中先对判别器进行训练，再对生成器进行训练。

表 6-19　GAN 网络结构与参数设置

模　块	网络层	卷积核/步长	激活函数	输出尺寸
	输入（$1 \times 1 \times 100$ noise）			
生成器	fc	—	ReLU	$1 \times 1 \times 8192$
	upsampling1,conv1	3/1	ReLU	$8 \times 8 \times 256$
	upsampling2,conv2	3/1	ReLU	$16 \times 16 \times 128$
	upsampling3,conv3	3/1	ReLU	$32 \times 32 \times 64$
	upsampling4,conv4	3/1	Tanh	$64 \times 64 \times 3$
	输入（$64 \times 64 \times 3$ image）			
鉴别器	conv1	3/2	LeakyReLU	$32 \times 32 \times 64$
	conv2	3/2	LeakyReLU	$16 \times 16 \times 128$
	conv3	3/2	LeakyReLU	$8 \times 8 \times 256$
	conv4	3/2	LeakyReLU	$4 \times 4 \times 512$
	fc1	—	—	$1 \times 1 \times 1024$
	fc2	—	—	$1 \times 1 \times 4$

　　为判断生成样本的质量好坏,在此选取生成器与判别器的绝对损失函数值作为衡量其与真实样本之间相似度的指标。网络的输入为 400×400 的 RGB 图像,在训练过程中选择 Adam 算法对网络参数进行更新优化,学习率设置为 4.5×10^{-4},矩估计参数分别设置为 0.5 和 0.999,每次以 8 个样本作为一个批次,总共循环训练 1000 次,在单次训练中,首先训练判别器,然后训练生成器。GAN 网络生成的 4 类 GIS 局部放电缺陷 PRPD 谱图如图 6-24 所示,每类缺陷列举两张图片,各类谱图相位分布特征明显。

　　进一步地,以电晕放电为例,随机分别选取 100 张真实 PRPD 谱图和 100 张生成谱图,并利用 t-distributed stochastic neighbor embedding(t-SNE)算法对生成谱图样本与真实谱图样本进行特征降维分析,图 6-25 为经 t-SNE 降维后的数据特征分布图。由图 6-25 可以看出,生成样本与真实样本基本分布在一个集中的区域内,且生成的数据既有与真实数据重叠的样本,又有跟真实数据极其相似但存在些许不同的样本。说明 GAN 网络在生成高仿样本的同时又丰富了数据的多样性,可以有效增强后续分类网络的泛化能力。

　　传统卷积神经网络模型的识别率会随着网络层数的增加而得到提升,但当网络层数量增加到一定的规模后,会产生由于误差经过多层的反向传播而引发梯度消失或梯度爆炸的问题,导致准确率迅速下降。作为热门现代 CNN 网络框架的残差网络,其通过增加捷径连接(shortcut connection),引入残差和恒等映射(identity mapping),使得网络更容易训练且避免了梯度消失。残差模块(residual block)是 ResNet 的基本单元,其结构如图 6-26 所示。

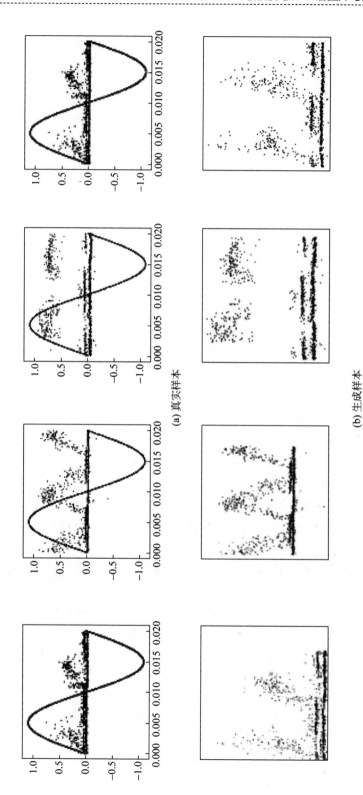

(a) 真实样本

(b) 生成样本

图 6-24　GAN 网络生成 4 类 GIS 局部放电缺陷 PRPD 谱图

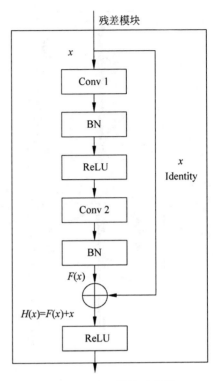

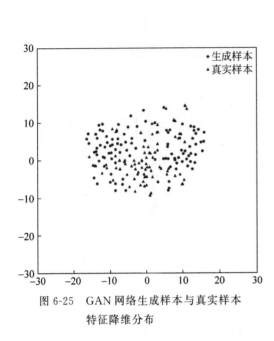

图 6-25　GAN 网络生成样本与真实样本
特征降维分布

图 6-26　残差模块示意图

图 6-26 中，x 为输入量，$H(x)$ 为网络期望输出。Conv 1、Conv 2 分别为第 1个卷积层和第 2 个卷积层，BN 表示批量标准化（batch normalization，BN），ReLU代表激活函数，$F(x)$ 为经过一系列处理后得到的残差函数。残差网络引入了捷径连接。它本质上是一种映射关系，将残差模块输入 x 与 $F(x)$ 的和作为残差模块的实际输出，记为将 $H(x)$，网络将不再直接学习 x 到 $H(x)$ 的映射，而是对 $F(x)+x$ 进行学习，进而减少了需要训练的参数，计算量也大大减少，模型将会有更快的训练速度和更好的训练效果。

本小节中以 ResNet 作为特征提取与模式识别的基本架构，将由 WGAN 扩充后的 4 种典型缺陷 PRPD 谱图作为训练的数据集。将数据打乱并从中随机划分为训练集、验证集与测试集，数量占比为 7∶2∶1，训练过程分为冻结阶段与解冻阶段，两阶段迭代次数均为 100 次。冻结训练阶段对网络进行微调，需要的显存较小，可提高网络训练速度，设置学习率为 0.001，批量大小设置为 32；解冻训练阶段网络中所有参数均会变化，占用显存较大，设置学习率为 0.005，批量大小设置为 16。训练时等间隔调整学习率，并以 Adam 作为优化算法。训练过程中的网络损失函数与识别准确率变化曲线如图 6-27 所示。

分析图中损失函数与准确率曲线可知，前 100 次迭代属于冻结训练阶段，这时

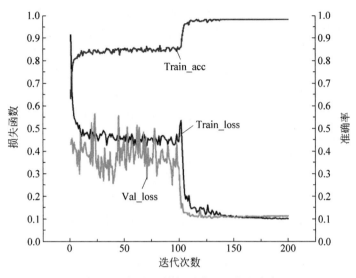

图 6-27　损失函数与训练过程的准确率

候由于网络参数更新较少,大多数权值文件在训练中得到了保留,这就使得模型整体识别率较解冻阶段较低,因此损失函数值与波动幅度较大;在经过解冻训练之后,模型的损失函数迅速降低并达到稳定收敛,最后训练的准确率由冻结时的85.9%上升至98.3%。

　　为了更好地反映本书所提方法相比其他识别方法识别结果的好坏,本书将ResNet 对各类缺陷的识别准确率、网络的参数量以及平均每次迭代所需时间与传统卷积网络 VGG16 进行了比较,结果如表 6-20 所示。由表 6-20 可知,采用ResNet 模型之后,对各类缺陷的平均准确率为 98.18%,与准确率最高的 VGG16相差了 0.6%,而参数量却降低了大约 4 倍。可见,该方法能在不影响网络识别率的前提下,大大降低整个网络的参数量,从而使整个系统的内存需求降低,运行速度加快,减小设备资源的开销。

表 6-20　网络识别结果的比较

网络类型	识别准确率/%					参数量/M
	金属尖端缺陷	悬浮电极缺陷	沿面缺陷	自由微粒缺陷	平均准确率	
VGG16	98.5	98.8	99.6	98.2	98.78	138.4
ResNet	97.6	98.2	98.7	98.2	98.18	25.5

6.4.2　小谱图集下的CNN迁移学习

　　尽管现场开展了大量的局部放电检测工作,但是积累下来的缺陷案例比较少,UHF 谱图库数据集尚且比较小。卷积神经网络(convolutional neural network,

CNN)的网络深度决定了 CNN 的非线性表达能力,但更深的网络则意味着需要更多的训练数据作为支撑;另外,考虑到待识别的目标存在相当多的变化属性,为了提升模型的泛化性能,也需要更多的数据。鉴于此,尝试了基于在 ImageNet 数据集上训练的 VGG、InceptionV3、ResNet50 三种网络模型迁移学习的 GIS 局部放电模式识别方法;并将网络提取的特征应用于在小数据集下表现良好的经典分类器 SVM,实现卷积神经网络深度学习和机器学习的结合。研究表明,该方法能够有效提升小数据集情况下的 GIS 局部放电模式识别的准确率。

1. 基于 ImageNet 数据集的 CNN 迁移学习方法

通过实验室试验与现场检测获得的局部放电图谱样本集规模与计算机视觉研究中常用的 ImageNet 数据集的规模相比,前者小很多。ImageNet 是目前世界上图像识别最大的数据库,在该数据集上训练的网络具有较好的泛化性,网络浅层能够学习到识别图像所需的通用特征,识别效果较随机初始化权重参数的网络要好。在局部放电模式识别研究中开发的网络模型深度较浅,训练出来的 CNN 模型的表达能力及泛化能力并不一定能满足要求,还需进行实验验证。为此,将基于 ImageNet 数据集的 CNN 迁移学习应用到 GIS 局部放电模式识别领域,利用网络自适应提取特征的特性,对 UHF 信号 PRPD 图像进行训练和测试,并将训练后的 CNN 作为特征提取器与小样本集下、特征维数较高情况下表现良好的 SVM 分类器结合,充分利用了 CNN 深层网络的特征提取特性,有效提高了局部放电模式识别的准确率。

基于前文局部放电实验所采集的 PRPD 谱图图像作为网络输入,采用 CNN 的迁移学习对各种缺陷的谱图进行识别。在此使用几种经典的 CNN,分别为:采用序列式卷积层的 VGG16、采用模块化"网中网"结构的 InceptionV3、采用残差模块的 ResNet50。CNN 结构由数据输入层、卷积层、池化层以及处在网络顶层的全连接层和 Softmax 层构成。其中卷积层和池化层对输入数据进行特征计算和提取。处在 CNN 结构顶层的全连接层起着对前面所提取的特征再次提取并进行特征降维的作用,最后的 Softmax 层按式(6-13)对全连接层输出的一维数列进行计算,得到需要分类的样本属于不同类别的各自概率值,取输出概率值最大的类别作为分类结果,即起分类器的作用。

$$\mathrm{Softmax}(z_j) = \frac{e^{z_j}}{\sum\limits_{K} e^{z_j}}, \quad j \in \left[0, K\right] \tag{6-13}$$

式中:z_j 为全连接层每一个神经元的输出结果;K 为全连接层神经元个数。

保留在 ImageNet 数据集中训练好的网络特征提取部分权重参数,修改网络顶层全连接层神经元数目使其适用于数据集较小时的权重参数计算,修改 Softmax 层结构用于 5 类局部放电类型分类,并使用 UHF 局部放电信号的 PRPD 图像数据对顶层进行训练,实现迁移学习。

作为迁移学习在局部放电模式识别领域的应用的探索,暂不考虑文中使用的预训练 CNN 训练集 ImageNet 与后续训练新建层数据分布不同这一问题。采用直接改造预训练网络顶层结构的方式,探索迁移学习在局部放电领域的应用效果。基于 CNN 迁移学习的局部放电模式识别流程如图 6-28 所示。

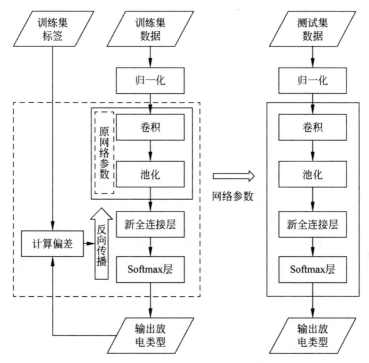

图 6-28 基于 CNN 迁移学习的局部放电模式识别流程

具体实现步骤如下。

(1) 对输入网络的 PRPD 彩色图像每一颜色通道进行像素的归一化处理。

(2) 移除预训练 CNN 网络顶层结构,搭建全新连接层用于特征提取和降维; Softmax 层用于局部放电类型分类。

(3) 导入在 ImageNet 数据集上的预训练网络参数,并冻结新建全连接层前的网络参数。

(4) 用训练集 PRPD 谱图训练网络顶层权重参数,得到训练数据的输出值,对输出值与样本标签的误差进行计算,然后使用反向传播算法和随机梯度下降法迭代和更新网络参数,训练结束后得到的模型中的参数为最优值。

(5) 导入已经训练的模型参数至网络,对测试集数据进行归一化后输入网络,得到放电类型识别结果。

实验时将 UHF 数据集中的放电数据打乱并随机划分出训练集和测试集,每类局部放电的样本数如表 6-21 所示。采用随机梯度下降法训练网络顶层的全连接层以及分类层;随机划分训练集为若干批次,在一个周期内依次用各批次数据更新网络参数；测试集数据用于测试网络完成测试集的若干次迭代后的识别准确率。

表 6-21　特高频局部放电数据集构成

数据集	尖刺放电	悬浮放电	颗粒放电	气隙放电	沿面放电
训练集	1015	272	2012	449	496
测试集	254	69	504	113	125

每次随机从训练集中选取给定数量的图片构成批数据，用于网络中新建层的参数迭代更新，经指定迭代次数更新网络参数后，几种网络结构在测试集的识别结果混淆矩阵如图 6-29 所示。在混淆矩阵中，纵轴代表放电实际类型，横轴代表网络输出放电类型，处在矩阵对角线位置的元素代表放电类型分类正确的个数，训练后的 VGG16 网络在测试集平均识别准确率为 99.44%，InceptionV3 网络在测试集的准确率为 94.08%，ResNet50 网络在测试集的准确率为 81.41%。

在网络训练中自主挖掘数据特征，将迁移学习网络提取的特征进行 T 分布随机邻近嵌入(t-SNE)算法降维可视化处理，对几种方式提取的特征参数进行聚类表示，可视化结果见图 6-30。由图 6-30 标注所示，经 t-SNE 降维处理后，CNN 全连接层输出的高维空间数据中距离相近的点投影到低维后仍能够保持相近距离，图中各集群的距离越近，代表特征差异性越小，以 CNN 迁移学习为基础的特征提取方式有着较统计参数更优的聚类结果，这也证明了该人工智能提取特征方式较手动提取特征方式有更好的区分度。

2. CNN 特征提取与 SVM 分类器结合

卷积神经网络除去顶层的分类层后，网络的前面部分即是输入图像的特征提取部分，根据这一点，可以将测试集图像送入各训练过的迁移学习模型，得到数据由全连接层计算后的特征值并保存，即获得图像数据经 CNN 模型计算提取的特征量。与数据驱动型的卷积神经网络相比，SVM 能够在数据集较小的情况下更好地完成数据分类，因此，可以将卷积神经网络自适应提取的、更为全面的特征量应用于 SVM。将神经网络自适应提取的特征参数与 PRPD 数据的统计特征参数分别训练 SVM 分类器模型，用测试集数据测试模型，对比各算法的局部放电类型识别效果。

对比三种卷积神经网络模型提取的特征量与 SVM 结合的方式，将各方法的平均放电类型识别准确率列于表 6-22 中，并将各方法的识别准确率折线图绘制于图 6-31 中。由表 6-22 可知，利用 CNN 模型的迁移学习算法提取数据特征信息，结合 SVM 分类器，VGG16、InceptionV3、ResNet50 网络均取得了更高的识别准确率。InceptionV3、ResNet50 平均识别正确率分别提升了 5.36% 和 18.12%；其平均准确率较单独使用 CNN 迁移学习进行分类有明显提高，侧面证实了数据集较小情况下可以通过使用 SVM 分类器获得更好的检测效果。

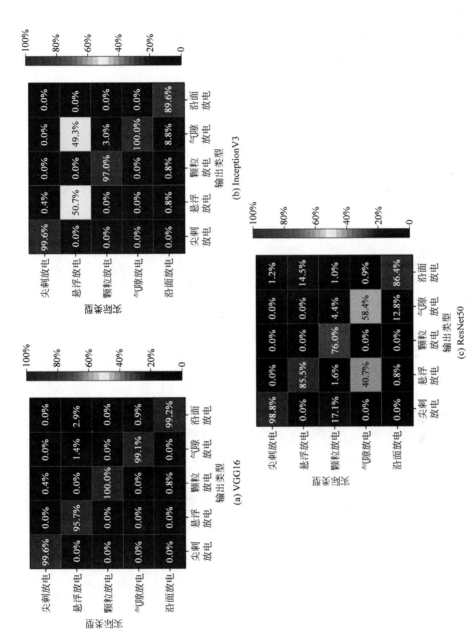

图 6-29　三种网络结构的测试集数据混淆矩阵

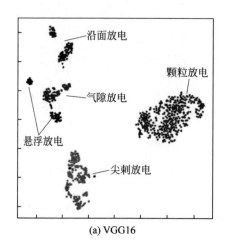

(a) VGG16

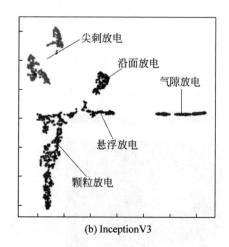

(b) InceptionV3

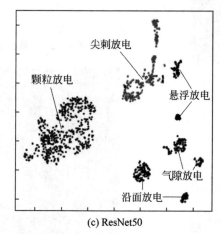

(c) ResNet50

图 6-30　t-SNE 特征聚类图

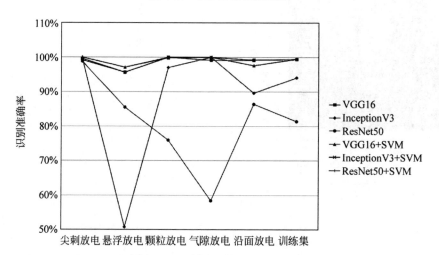

图 6-31　局部放电模式识别准确率

表6-22　各特征参数模型识别率　　　　　单位：%

方　　法	尖刺放电	悬浮放电	颗粒放电	气隙放电	沿面放电	测试集
VGG16	99.61	95.65	100.00	99.12	99.20	99.44
InceptionV3	99.61	50.72	97.02	100.00	89.60	94.08
ResNet50	98.82	85.51	75.99	58.41	86.40	81.41
VGG16＋SVM	100.00	97.10	99.80	100.00	97.60	99.44
InceptionV3＋SVM	99.21	95.65	100.00	100.00	99.20	99.44
ResNet50＋SVM	100.00	97.10	100.00	100.00	97.60	99.53

6.5　本章小结

　　本章建立了GIS局部放电UHF谱图库，针对带电检测中存在的谱图不规范情况，提出了谱图矩阵尺寸、幅值归一化方法与训练库谱图相位随机偏移方法，从而得到规范化的谱图样本。为模式识别奠定了良好的基础。利用LeNet5卷积神经网络模型分别对PRPD与PRPS谱图开展深度学习模式识别，获得了较好的识别效果；同时发现基于某一种谱图进行模式识别往往对某种缺陷的诊断正确率较低；为此，提出了基于PRPD、PRPS、Δu与Δt谱图的诊断结果加权融合方法，实现了对所有缺陷类型的准确诊断。UHF信号谱图库存在训练样本少的问题，为此提出了训练样本库扩展与迁移学习方法，从而提升了诊断模型的鲁棒性与准确率。

6.6　参考文献

[1] 罗学琛.SF6气体绝缘全封闭组合电器(GIS)[M].北京：中国电力出版社，2006.
[2] 国家电网公司.高压开关设备典型故障案例汇编：2006—2010年[M].北京：中国电力出版社，2012.
[3] 钱勇，黄成军，江秀臣，等.GIS中局部放电在线监测现状及发展[J].高压电器，2004，40(6)：453-456.
[4] 雷帆.基于大数据分析的电力变压器状态评估与故障诊断技术研究[D].成都：西南交通大学，2016.
[5] 肖燕，郁惟镛.GIS中局部放电在线监测研究的现状与展望[J].高电压技术，2005，31(1)：47-49.
[6] 李军浩，韩旭涛，刘泽辉，等.电气设备局部放电检测技术述评[J].高电压技术，2015，41(8)：2583-2601.
[7] 李继胜，赵学风，杨景刚，等.GIS典型缺陷局部放电测量与分析[J].高电压技术，2009，35(10)：2440-2445.
[8] Ghamisi P，Chen Y，Zhu X X. A self-improving convolution neural network for the classification of hyperspectral data[J]. IEEE Geoscience and Remote Sensing Letters，2016，13(10)，1537-1541.

[9] 郑重,谈克雄,王猛,等.基于脉冲波形时域特征的局部放电识别[J].电工电能新技术,2001(2):20-23.

[10] 步科伟,汤景鸿,米楚明,等.Weibull 分布在 GIS 局部放电识别中的应用[J].高压电器,2009,45(3):81-84.

[11] Zhang X,Xiao S,Shu N,et al. GIS partial discharge pattern recognition based on the chaos theory[J]. IEEE Transactions on Dielectrics and Electrical Insulation,2014,21(2):783-790.

[12] 汪可,张书琦,李金忠,等.基于灰度图像分解的局部放电特征提取与优化[J].电机与控制学报,2018,22(5):25-34.

[13] 朱永利,贾亚飞,王刘旺,等.基于改进变分模态分解和 Hilbert 变换的变压器局部放电信号特征提取及分类[J].电工技术学报,2017,32(9):221-235.

[14] 刘昌标.GIS 特高频局放电特征量优选及类型识别研究[D].北京:华北电力大学,2015.

[15] Majidi M,Fadali M S,Etezadi-Amoli M,et al. Partial discharge pattern recognition via sparse representation and ANN[J]. IEEE Transactions on Dielectrics and Electrical Insulation,2015,22(2):1061-1070.

[16] Mazzetti C,Mascioli F M F,Baldini F,et al. Partial discharge pattern recognition by neuro-fuzzy networks in heat-shrinkable joints and terminations of XLPE insulated distribution cables[J]. IEEE Transactions on Power Delivery,2006,21(3):1035-1044.

[17] Wang M H. Partial discharge pattern recognition of current transformers using an ENN[J]. IEEE Transactions on Power Delivery,2005,20(3):1984-1990.

[18] 罗新,牛海清,来立永,等.粒子群优化自适应小波神经网络在带电局放信号识别中的应用[J].电工技术学报,2014,29(10):326-333.

[19] 周沙,景亮.基于矩特征与概率神经网络的局部放电模式识别[J].电力系统保护与控制,2016,44(3):98-102.

[20] Ma H,Chan J C,Saha T K,et al. Pattern recognition techniques and their applications for automatic classification of artificial partial discharge sources[J]. IEEE Transactions on Dielectrics and Electrical Insulation,2013,20(2):468-478.

[21] 律方成,金虎,王子建,等.基于主成分分析和多分类相关向量机的 GIS 局部放电模式识别[J].电工技术学报,2015,30(6):225-231.

[22] 尚海昆,苑津莎,王瑜,等.多核多分类相关向量机在变压器局部放电模式识别中的应用[J].电工技术学报,2014,29(11):221-228.

[23] 杨志超,范立新,杨成顺,等.基于 GK 模糊聚类和 LS-SVC 的 GIS 局部放电类型识别[J].电力系统保护与控制,2014,42(20):38-45.

[24] Peng X,Zhou C,Hepburn D M,et al. Application of K-Means method to pattern recognition in on-line cable partial discharge monitoring[J]. IEEE Transactions on Dielectrics and Electrical Insulation,2013,20(3):754-761.

[25] 陈攀,姚陈果,廖瑞金,等.分频段能量谱及马氏聚类算法在开关柜局部放电模式识别中的应用[J].高电压技术,2015,41(10):3332-3341.

[26] Peng X,Wen J,Li Z,et al. Rough set theory applied to pattern recognition of Partial Discharge in noise affected cable data[J]. IEEE Transactions on Dielectrics and Electrical Insulation,2017,24(1):147-156.

[27] Li L,Tang J,Liu Y. Partial discharge recognition in gas insulated switchgear based on

multi-information fusion[J]. IEEE Transactions on Dielectrics and Electrical Insulation，2015，22(2)：1080-1087.

[28]　汪可，杨丽君，廖瑞金，等.基于离散隐式马尔可夫模型的局部放电模式识别[J].电工技术学报，2011，26(8)：205-212.

[29]　Yang F，Sheng G，Xu Y，et al. Partial discharge pattern recognition of XLPE cables at DC voltage based on the compressed sensing theory[J]. IEEE Transactions on Dielectrics and Electrical Insulation，2017，24(5)：2977-2985.

[30]　张新伯，唐炬，潘成，等.用于局部放电模式识别的深度置信网络方法[J].电网技术，2016，40(10)：3272-3278.

[31]　宋辉.基于局部放电深度学习的GIS风险评估方法[D].上海：上海交通大学，2018.

第 **7** 章

基于多源信息融合的
GIS运行状态智能评估

7.1 引言

7.1.1 研究背景与意义

GIS 由于其具有运行可靠性高、结构紧凑等特点,现已在电力系统中取得广泛应用。GIS 设备将母线、断路器、隔离开关、电压电流互感器等一次设备整体封闭在金属外壳内,随着智能电网与特高压工程建设,以及电网电压等级的不断抬升,其在电力系统中的应用越广泛,对 GIS 运行的可靠性与安全性要求也越严格[1]。

不同于敞开式高压配电装置,GIS 设备采取全封闭结构,且检修周期较长,传统检修手段难以及时发现其中的微小缺陷,因此各类缺陷故障时有发生。其中机械故障是 GIS 中常见的故障之一,其主要由开断设备处的缺陷所引发,GIS 中开断设备的机械结构和动作原理与高压断路器相似,随着运行时间的增长,易发生轴销松脱、铁芯卡涩、弹簧机构卡涩等机械缺陷,若无法及时发现上述缺陷,并进行维修,长此以往可能会导致分合闸失败,进而造成较大的经济损失[2]。

电气设备的检修作为保障电力设备正常运行工作的一种运维手段,通过一定的技术方法来获取电气设备的情况并且采取相应的措施排除故障和缺陷等,检修有三种类型,分别是故障后检修、定期检修和状态检修[3]。故障后检修是设备性能丧失后采取的检修方法,但是当设备发生故障后,会对正在稳定运行的电力系统造成影响,因此,综合考虑电力系统可靠性和稳定性的需求,故障后检修手段已经逐步被电力行业所放弃。定期检修是指根据规定的时间间隔或累计容量,定时地对电气设备进行检查的检修手段,起到了预防设备发生故障的作用。虽然定期检修能够降低电气设备故障的发生概率,但是存在缺陷排除时间不准确等缺点,往往会出现过度检修和维修不足的问题,在经济性和维持设备稳定性上均有不足。由于GIS设备具有封闭性,且采用 SF_6 气体绝缘的特点,频繁地检修会加速 GIS 设备的老化和 SF_6 气体的排放。因此,采用这两种方式对 GIS 设备进行检修的效果并不理想。

状态检修是通过对比电气设备的工作状态,判断故障的早期特征,对电气设备的潜在缺陷做出判断,从而确定检修的最佳时间。与定期检修相比,状态检修可以避免资源分配不均的问题,提高电气设备运行过程中的效率,降低意外故障的概率,是最小化成本、最大化效率的检修方式。随着智能电网技术的不断发展以及人工智能的普及,一方面智能电网技术中的先进传感器对电气设备的在线监测提供了有力支持;另一方面人工智能的发展使得运维人员可以在状态检修方法的基础上,在监测电气设备运行状态的同时,判断出电气设备潜在缺陷的类型,提出合适的维修策略[4]。目前状态检修还未全面应用,一方面是现有平台可靠性较低;另一方面是评估设备运行状态的相关算法还不完善,鲁棒性和智能化水平还较低。因此,借助先进传感器获得设备运行状态特征信号,开发优异的算法完成评估,是实现 GIS 设备在线监测与智能诊断的重点,也是难点。

为确保 GIS 设备能够始终安全高效地运行,采用在线监测技术可对 GIS 内部开关设备的运行状态进行监测,从而及时获得设备内部的真实运行状态。当在线监测系统发现异常信号时,还需要准确地对异常情况进行诊断,得到内部缺陷发生的位置并判断引发异常的原因。通过配套的在线监测与智能诊断系统,既可以实现精确定位可能发生故障的部件,避免大范围停电检修造成的人力、物力的浪费,也可以维护电网稳定运行,提升整体安全性。

7.1.2 国内外研究现状

已有众多学者开展了对于 GIS 机械性能监测和诊断的研究,目前,机械故障诊断相关的状态检测信号包括机械振动、声音、线圈电流与触头行程等信号[5-8],上述检测信号可以从不同角度反映出开断设备动作过程中的机械特性信息。国内学者首先从电磁力和磁致伸缩两个方面深入探究了 GIS 的振动机制,采用振动信号频谱分布特征与振动声学指纹来监测由于腔体内部缺陷引发的异常振动,并采用复合特征法与能谱熵向量法对振动信号进行特征提取,而后使用支持向量机、RBF神经网络等机器学习方法进行机械故障诊断[9-11]。此外,小波分析[12]和经验模态分解[13]等经典方法也在加以优化后,被用来进行振动信号的预处理与特征提取。由于 GIS 内部机械系统较为复杂,因此振动信号的采集质量受传感器安装位置影响较大,且难以实现故障定位。为了解决上述问题,研究人员采用声成像技术与改进梅尔倒谱系数,从声音信号入手完成对机械故障的诊断,虽然声音信号的采集不受传感器安装位置的约束,但在检测时容易受到现场噪声的干扰,存在难以提取有效特征量的问题[14,15]。此外,研究人员以线圈电流、触头行程或两者结合作为特征信号,进行 GIS 开断设备机械特性特征提取,提取方法包括 DTW 动态时间规划算法可视化处理、主成分分析、求取信号包络线等方法[16-20]。然而上述研究或多或少存在着两方面的不足,一方面是特征信号的选择单一,在一定程度上导致 GIS 机械状态反馈不全面。单种特征信号虽足以反映某一部分的运动状态,但若不对多种特征信号所蕴含的特征量进行融合,综合分析各部分的运行状态及其适配性,便难以对 GIS 整体的机械状态进行评估。另一方面,现有针对 GIS 机械故障的智能诊断方法多集中于基于规则的识别系统和机器学习两大类,使得故障诊断方法的准确率受限于诊断方法的完备性与算法的智能程度。

近年来,以卷积神经网络(convolutional neural network,CNN)为代表的深度学习方法得到了快速发展[21-24],在电力系统中,深度学习方法常被用于故障诊断以及在线监测中。然而,数量充足且类别分布均衡的训练样本是保证 CNN 相关网络模型识别效果的重要前提[25,26],但 GIS/GIL 故障状态并不经常发生且各故障类型发生概率不同,使得现场数据匮乏且不均衡,导致训练的局部放电类型分类器泛化能力不足。针对上述问题,数据增强技术通过调整训练样本类间分布,可以提高分类器的训练效果和泛化能力,传统的数据增强方法包含欠采样、过采样和图像变换等。欠采样法[27]采用随机舍弃部分多数类样本的方式均衡样本,信息损失严重。过采样法中的随机过采样(random over-sampling,ROS)[28]通过简单地复制少数样本调整类间分布,而合成少数过采样技术[29](synthetic minority oversampling technique,SMOTE)通过线性插值生成新的少数样本,但均存在过拟合风险。图像变换通过对图像样本进行旋转、平移和缩放等一系列几何变换合成新样本,在机器视觉领域应用较为广泛。然而上述数据增强方法所生成的样本数据多样性较差,因此往往无法得到较优的数据增强效果。生成对抗网络(generative adversarial network,GAN)作为一种深度学习领域的新兴无监督数据增强模型,可以弥补传统方法在数据多样性方面的不足。文献[30]采用 GAN 生成高压电缆中局放信号的时域特征;文献[31]采用 deep convolutional GAN(DCGAN)对短时傅里叶变换频谱进行生成;文献[32]以电缆终端局部放电缺陷时频谱作为样本,并采用 Wasserstein GAN(WGAN)生成放电样本;文献[33]提出了一种 boundary equilibrium GAN(BEGAN)模型,对变压器的脉冲时频灰度图进行样本数据扩充,对比发现,数据增强后的局部放电模式识别准备率得到了明显提升。

7.1.3 本章主要工作

本章的主要内容为数字化技术在 GIS 开断设备机械性能诊断方法中的应用,包括开断设备特征信号的选取与预处理,以及基于 WGAN-ResNet 网络的故障识别方法。

7.2　开断设备机械故障类型及复现方法

造成 GIS 开断设备故障的因素众多,根据故障是否直接导致分合闸失败,开断设备的机械故障可以分为潜伏性故障和事故性故障,本节主要通过监测和分析潜伏性故障,进而避免分合闸失败,起到防患于未然的效果。常见的潜伏性故障包括触头卡涩、轴销脱落、弹簧机构卡涩和铁芯卡涩等,随着开断次数的增加,上述故障会逐渐发展,并最终发展成为导致分合闸失败的直接原因,因此实现上述故障的在线监测具有重要的现实意义。本节首先对上述故障的形成原因以及实验室复现方法进行阐述。

7.2.1　触头卡涩

图 7-1 所示为 GIS 中断路器触头的结构示意图,包括动触头和静触头。当断路器正常运行时,动、静触头的中心线位于同一直线,且静触头的内径与动触头的外径配合恰当,既能保证顺利分合闸,还需要保证分合闸过程中动触头的抱紧力适中。触头卡涩通常包括动、静触头的尺寸有超差或存在对中性有误差的情况。动、静触头存在超差是指当静触头的直径尺寸加工得较小,特别是静触头的内径尺寸减小时,动触头受到的抱紧力会显著增大;或者反过来,如果静触头尺寸在公差范围内,而动触头的外径尺寸加工变大时,动、静触头合闸后的抱紧力也会变大,尤其是当静触头的直径尺寸加工得较小、动触头的直径尺寸加工得较大同时存在的情况下,两者合闸时受到的抱紧力会更大,在这些情况下,往往都会出现触头卡涩的情况。另一种触头卡涩的情况是动、静触头的对中性有误差,由于动、静触座的固定点距离较远,有的达到 2m 以上,而且动、静触座上装配的零件众多,对零部件之间的装配误差有较高要求,特别是螺栓与螺孔的尺寸配合尤为关键,动、静触座上的零件需要在垂直方向上对中、同心后再紧固各处螺栓。当某处的螺栓紧偏或者螺栓使用错误时,会导致动、静触头对中性偏差过大,容易产生触头被撞坏的情况,从而导致触头卡涩。

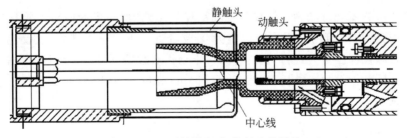

图 7-1　GIS 开关设备动、静触头的结构

动、静触头存在超差的实验室复现方法为:加工制作内径较小的静触头和与其配套外径较大的动触头(具体尺寸根据产品型号确定),其余部件正常装配,重复

进行机械操作,一定动作次数后测量机械特性,根据测量数据终止试验。拆解故障结构,观察、测量、记录、分析和总结,根据情况判定是否继续进行试验。

对中性有误差的实验室复现方法为:修改动、静触座的固定螺孔,统一将螺孔直径扩大3mm,装配动、静触座时做好标记,静触座往左偏1.5mm紧固,动触座往右偏1.5mm紧固,整个灭弧室装配完后,再次测量动、静触头的中心线,使两者的偏离尺寸为3mm左右。重复进行机械操作,一定动作次数后测量机械特性,根据测量数据终止试验。拆解故障结构,观察、测量、记录、分析和总结,根据情况判定是否继续进行试验。

7.2.2　轴销脱落

图7-2所示为常见的轴销连接结构情况,由于轴销的作用是连接拐臂和拉杆,开关的每次动作都会在轴销上施加巨大的剪切力,因此在轴销处会产生较大的机械振动;当紧固螺栓松动,或者没有涂抹螺纹紧固胶时,开断设备在动作过程中产生的机械振动可能会导致轴销脱落,进而造成严重的故障。

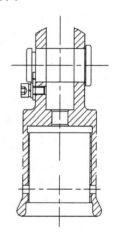

图 7-2　轴销连接结构

该故障的复现方法为:正常安装轴销连接结构,但对紧固螺钉不涂抹螺纹紧固胶,且将紧固螺钉的紧固力矩调整为0,或者直接不装紧固螺栓,仅仅使用轴销连接拐臂和拉杆。重复进行机械操作,一定动作次数后测量机械特性,根据测量数据终止试验。拆解故障结构,观察、测量、记录、分析和总结,根据情况判定是否继续进行试验。

7.2.3　弹簧机构卡涩

如图7-3所示,机构在进行分合闸操作时,分闸法兰会压缩或松开分闸簧。合闸时,分闸簧会压缩存储能量;分闸时,分闸簧会松开释放能量。当机构卡涩严重时,可直观表现为分闸簧或分闸法兰阻力过大,会造成分合闸不成功,甚至造成严重的故障。

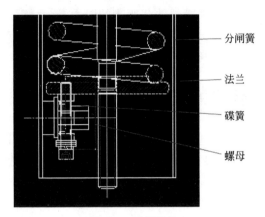

图 7-3　弹簧机构

分闸簧
法兰
碟簧
螺母

　　该故障的复现方法为:正常安装分闸法兰、分闸弹簧连接结构,但在分闸法兰外部(贴近弹簧筒)增加可调的阻尼弹簧作为额外负载,其余部件正常装配。重复进行机械操作,通过阻尼弹簧施加的可变力值来模拟机构所受的阻力,该力值可通过计算得出。用机械特性测试仪进行测试,记录机械特性的变化状态。拆解故障结构,观察、测量、记录、分析和总结,根据情况判定是否继续进行试验。

7.2.4　铁芯卡涩

　　如图 7-4 所示,机构接到合闸信号,线圈通电,合闸电磁铁的动铁芯吸合带动螺杆撞击合闸掣子,再经过一系列连锁动作完成合闸操作(分闸操作类似)。当铁芯卡涩严重时,会造成分合闸不成功,甚至烧毁线圈,造成严重的故障。

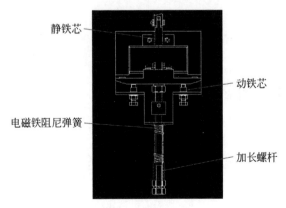

静铁芯
动铁芯
电磁铁阻尼弹簧
加长螺杆

图 7-4　铁芯结构

　　该故障的复现方法为：加工制作加长的螺杆和与其配套的弹簧,即电磁铁外部增加可调的阻尼弹簧作为额外负载,其余部件正常装配。重复进行机械操作,通过阻尼弹簧施加的可变力值来模拟铁芯所受的阻力,该力值可通过计算得出。用机械特性测试仪进行测试,记录机械特性的变化状态。拆解故障结构,观察、测量、记录、分析和总结,根据情况判定是否继续进行试验。

7.3 故障监测信号的选择与获取

　　早期的监测手段基本上是离线监测,即在开关设备从电网切除时,使用多种状态量测试仪对其进行测试,根据结果确定检修计划。这种方法存在两个缺点:一是许多故障做不到事前预测,故障征兆发现不及时;二是频繁拆装设备会更进一步地减少设备的使用寿命。随着传感技术和通信技术的发展,在线监测技术水平不断提高,克服了离线监测的两个缺陷。在线监测技术的主要困难在于传感器的选择,既要保证原有设备的绝缘性能,又要保证传感器的引入不会影响到所监测的特征量,同时具备高增益、低噪声、强抗电磁干扰等特点。GIS 开断过程中,触头运动导致壳体中产生机械波,该机械波导致了 GIS 壳体中出现了振动信号,因此,通过监测和分析振动信号可以得到 GIS 的机械特性;此外,分合闸线圈电流信号以及触头的位移信号中包含开断设备动作过程中的众多信息,因此上述信号可以用作 GIS 开断设备的监测信号。综上所述,本章中采用 GIS 壳体的振动信号、分合闸线圈中的电流信号以及触头位移路径作为监测信号,以实现 GIS 机械性能的在线监测。现对动作过程中上述信号的变化规律进行分析。

7.3.1 机械振动信号

　　振动传感器广泛应用于振动信号的采集,典型的开关设备机械振动信号如图 7-5 所示。

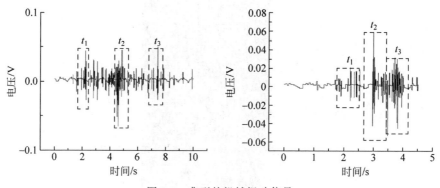

图 7-5 典型的机械振动信号

可以得到几个明显反映开关设备状态的时间点,t_1时刻的振动来自铁芯与连杆的撞击,振动较为轻微;t_2时刻的振动来自弹簧驱动连杆绝缘套管,绝缘套管进一步带动动触头开始运动,此时振动最为激烈;t_3时刻的振动来自动静触头的分离,振动比较激烈。

振动信号的采集通过振动传感器实现,振动传感器可分为机械式、光学式与电测三类,其中电测是应用最为广泛的测量方法。由于GIS开断设备动作过程中,金属腔体中机械振动信号的幅度较大,因此采用电测法可以满足灵敏度的要求。压电式加速度传感器的机械接收部分是惯性式加速度机械接收原理,机电部分利用的是压电晶体的正压放电效应,其原理是某些晶体在一定的外力作用下或承受形变时,它的晶体面或极化面上将有电荷产生。

振动信号能否真实地依靠其包含的关键特征反映设备的运行状态,主要由振动传感器自身的采集精度决定,同时安装方式与位置对测量精度也有很大的影响。试验过程中可以将振动传感器安装在GIS设备腔体的外部,将锂基润滑油涂抹在两者之间并用胶带固定,使振动传感器探头处的平面与GIS腔体外壁的曲面良好地贴合,起到传递振动信号的作用。后续的多次试验中,振动传感器可能需要频繁地安装和拆卸,为了保证振动信号所含有的特征值不被其他因素所干扰,进而影响深度学习神经网络的分析准确率,在多次试验中需要保证振动传感器的安装位置不变。

7.3.2 分合闸线圈电流信号

典型的分闸线圈电流波形如图7-6所示。

根据波形特征,可以将完整的触头动作分为以下几个时间段。

$t_0 \sim t_1$阶段:在t_0时刻开始分闸,分闸线圈带电,同时电流迅速增大。在t_1时刻,线圈与铁芯之间的电磁感应增强到一定程度,铁芯即将开始运动。

$t_1 \sim t_2$阶段:此时铁芯在电磁感应的影响下开始运动,电能开始转化为机械能,因此电流开始下降,直到铁芯停止运动,电流下降到最低位置,此时是t_2时刻。利用

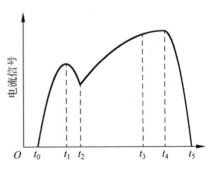

图7-6 典型的分闸电流波形

此阶段的电流与时间特征可以简单判别开关设备是否出现脱口、卡涩等故障。

$t_2 \sim t_3$阶段:铁芯停止运动后,电能不再转化为机械能,从而导致电流继续增大,直到t_3时刻辅助开关打开,刀闸开始分离。

$t_3 \sim t_5$阶段:刀闸分离导致电弧出现,随着刀闸继续分离,电弧也随之变长,其电压迅速抬升使得线圈电流迅速下降,直到降为0为止。

合闸线圈电流波形与分闸电流波形极为相似,不同之处在于,开关设备合闸时需要储能,因此 $t_3 \sim t_4$ 阶段会出现一段较长的稳态时间,其波形如图 7-7 所示。

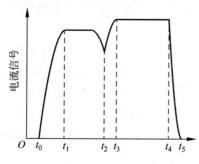

图 7-7　典型的合闸电流波形

线圈电流的采集方法多种多样,在不破坏原有线路的条件下,同时不改变原有电路的接线,通常采用的设备为霍尔电流传感器。霍尔器件是一种采用半导体材料制成的磁电转换器件,如果在输入端输入定量的电流,当有一磁场穿过该器件的感磁面,则在输出端会出现霍尔电势,此电势与输入电流和磁场成正比关系,因此确定两者中的一个变量,即可以利用霍尔电势的变化来反映另一变量的变化。在此基础上,霍尔电流传感器运用安培定律,即在载流导体的附近形成一正比于该电流的磁场,采用霍尔器件对此磁场进行检测,可反映载流导体上电流的大小,使无接触电流测量成为可能,而不再需要将电流表串联进电路中。

霍尔电流传感器主要适用于交流、直流、脉冲等复杂信号的隔离转换,通过霍尔效应原理使变换后的信号能够直接被 AD、DSP、PLC、二次仪表等各种采集装置直接采集,广泛应用于电流监控及电池应用、逆变器及太阳能电源管理系统等,具有响应时间快、电流测量范围宽、精度高、过载能力强、线性好、抗干扰能力强等优点。

7.3.3　触头位移路径

典型的触头路径信号如图 7-8 所示。由于触头位于 GIS 封闭腔体内部,为了保证腔体绝缘性能,不能通过在触头附近内置传感器对行程信号进行测量。因此使用角位移传感器,通过测量传动机构拐臂的角度位移,根据拐臂、连杆与触头的几何结构关系,推导出实际触头的位移路径。将角位移传感器安装在连杆拐臂处,

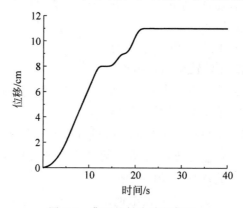

图 7-8　典型的触头路径信号

数据采集软件集成在机械特性测试仪内部,其原理是通过几何关系得到旋转角度与触头直线位移间的函数关系,经过基础校准后,便可得到真实的触头位移信号。同时,对此信号进行微分计算,得到的触头位移速度随时间变化曲线也可用来对开关设备的机械状态进行诊断。

7.3.4 多源信息的融合技术与复合特征信号的构建

单一特征信号虽能反映 GIS 开关设备某一部件的运行状态,但无法单凭任意一种信号得到开关设备的全局状态。例如,线圈电流可以一定程度上反映驱动电机本身的电气性能和弹簧机构运行状态,触头行程可以在一定程度上反映断路器触头部分的健康状态及开断特性是否满足标准。因此,若需要对开关设备整体运行状态进行全面评估,有效全面监测各个部件的运行状态,需要对选取的特征信号进行融合处理。

多源特征的信息融合方法,现有技术路线基本有三种,分别是基于信号层面的融合、基于特征层面的融合和基于结果层面的融合。信号层面的融合受限于信号自身频域范围和信号种类,难以实现在融合多源信号的同时,保留每种信号的特征量。而基于结果层面的融合方法,如 D-S 判据,会大幅增加智能诊断算法的诊断时间与软件占用空间。利用 D-S 判据的诊断方法需要对每种特征量分别进行诊断,而后采用结果融合判据对每种特征量的诊断结果进行融合,得到对检测目标整体的状态判断结果,这样复杂冗长的流程会在一定程度上影响在线监测的效率。基于特征层面的信息融合是指首先对原始信号进行一次特征提取,然后将多种信号的特征通过一定数学方法进行融合。

基于识别算法输入的要求,本章采用基于特征层面的信息融合算法,因此首先需要对原始信号进行分析。对于复杂时域非周期信号,傅里叶变换是一种常见的分析方法。傅里叶变换自诞生后,就成为了信号分析与处理中的一个重要工具,但是傅里叶变换只是一种纯频域的分析方法,不能提供任何局部时间段上的频率信息。同时,由于信号边界的不完整性,傅里叶变换的分析结果往往会出现频谱混叠的现象,这种缺陷会导致信号分析结果中包含原信号并不存在的频段,等同于为原信号引入了额外的谐波。为了弥补傅里叶变换的缺陷,研究人员提出了短时傅里叶变换,但是该方法中窗函数的大小和形状均与时间、频率无关。如图 7-9 所示,我们期望在高频信号中采用小时间窗,而对于低频信号采用大时间窗进行分析,而短时傅里叶变换则无法满足上述要求。

在上述的背景下,小波变换应运而生,小波分析在 1910 年由 Haar 提出,后经过

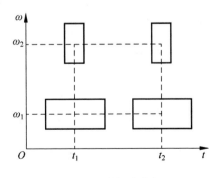

图 7-9 时频域分析

Galderon、Mallat 等人的研究，逐渐奠定了小波分析在信号处理中的地位。小波变换不仅继承和发展了短时傅里叶变换的局部化思想，而且解决了窗口大小不随频率变化、缺乏离散正交基的问题，和傅里叶、短时傅里叶变换相比，小波变换是一个时间和频率的局部变换，适用于处理局部或暂态信号，因而能有效地从信号中提取信息。

　　小波分析主要研究在特定的函数空间，用某种方法构造一种称为小波的基函数（小波基函数），对给定的信号进行展开和逼近，根据展开式研究信号的某些特性及逼近的效果。其中小波基函数 $\psi(t)$ 需要满足以下两个条件：

　　（1）$\psi(t)$ 是一个平方可积函数。

　　（2）$0 < \int_0^{+\infty} \dfrac{|\Psi(\omega)|}{\omega} \mathrm{d}\omega < +\infty$，其中 $\Psi(\omega)$ 为 $\psi(t)$ 的傅里叶变换，该条件也称为可容性条件。

　　常用的小波基函数包括 Morlet 小波、Marr 小波、Harr 小波等，其时域的波形如图 7-10～图 7-12 所示[33]。

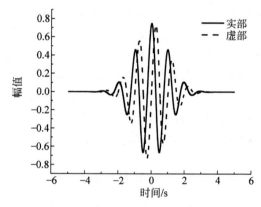

图 7-10　Morlet 小波的时域波形

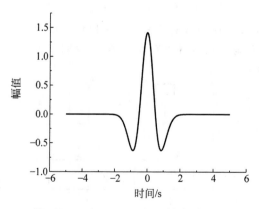

图 7-11　Marr 小波的时域波形

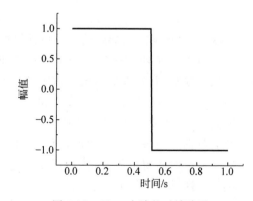

图 7-12　Harr 小波的时域波形

将小波基函数进行伸缩和平移：

$$\psi_{a,\tau}(t) = a^{-\frac{1}{2}} \psi\left(\frac{t-\tau}{a}\right), \quad a > 0, \tau \in R \tag{7-1}$$

式中：a 为伸缩因子(或尺度因子)；τ 为平移因子；称 $\psi_{a,\tau}$ 为依赖于 a、τ 的小波基函数。由于 a、τ 是连续变化的值，因此也称 $\psi_{a,\tau}$ 为连续小波基函数。以 Morlet 小波函数为例，图 7-13 给出了小波函数及其伸缩平移的示例。

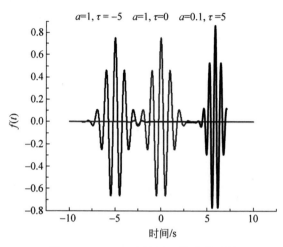

图 7-13 Morlet 小波基函数波形示例

将任意 L2(R)空间中的函数 $f(t)$ 在连续小波基函数下进行展开，称这种展开为函数 $f(t)$ 的连续小波变换(CWT)，其表达式为：

$$WT_{f(a,\tau)} = <f(t), \psi_{a,\tau}(t)> = \frac{1}{\sqrt{a}} \int_R f(t) \bar{\psi}\left(\frac{t-\tau}{a}\right) \mathrm{d}t \tag{7-2}$$

称 $WT_{f(a,\tau)}$ 为小波变换系数；由 CWT 的表达式可知，将函数在小波基下展开，就意味着将一个时间函数投影到二维的时间-尺度相平面上，且由于小波基函数具有的特点，将函数投影到小波变换域以后，有利于提取函数的某些本质特征。此外，由于连续小波基是一组非正交的过渡完全基，所以 CWT 是冗余的，冗余性可以为信号特征的提取提供便利。

本章利用小波变换提取多源信号的小波系数尺度图谱，从而得到每种信号的时频域特征，同时兼顾深度学习诊断算法的样本输入要求，将三种信号的小波系数尺度图谱单通道数据融合为三通道数据，实现多源信息在时域与频域的特征融合。具体地，经过小波变换后的时间-尺度相平面上所展示的信息可以理解为：在当前时刻下，原始信号对某一小波基变换尺度的变换系数。由于振动信号、线圈电流信号和触头位移路径信号本质上是同一断路器动作反映在不同组件上的物理量数据，因此三种信号在时域上虽能保持一致与同步，但在频域上却相差甚远。采用小波变换分析信号，不仅要选取适当的小波基，恰当的变换尺度也非常重要，因此在小波变换之前需要对信号进行基础的傅里叶分析,得到信号的基本频域范围,进而在此频域内进行小波变换。其具体的采样及处理过程如下。

(1) 原始信号的采样:首先需保证采样时间一致,采样时间记为 T,根据信号的特征频率,结合采样定理选择采样频率,当前信号的采样频率记为 F_s,为合闸线圈电流的采样信号,以图 7-7 所示的合闸线圈电流为例展示小波变换后的结果。

(2) 对原始信号进行频谱分析:对当前信号采用离散傅里叶变换,得到原始信号的频域分布特性,根据幅值特性,筛选出当前信号主要的频率分布范围 $[f_{min},f_{max}]$;上述电流信号的频域幅值特性如图 7-14 所示,由此得到频率分布的范围为 $[90,730]$Hz。

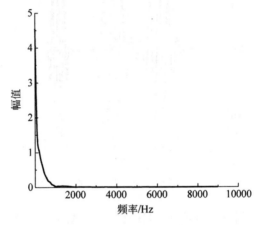

图 7-14 傅里叶分析结果

(3) 选择特定的小波基函数,其中心频率为 w_{cf},选定当前信号的频率变化步长 f_{step},根据式(7-3)给出尺度矩阵,其中 f 的表达式为式(7-4):

$$\text{scal} = \frac{F_s w_{cf}}{f} \tag{7-3}$$

$$f = f_{min} : f_{step} : f_{max} \tag{7-4}$$

图 7-15 即为合闸线圈电流采样信号的小波分析结果,可以说明在合闸时,线圈电流信号在整个断路器动作的时域内主要包含当前小波基变换尺度为 $100\sim$ 240 的分量,在时域中后期存在少量变换尺度为 $240\sim350$ 的分量。说明采用小波变换进行信号分析的方法可以得到信号中隐含的特征。

RGB 色彩模式是工业界的一种颜色标准,是通过对红(R)、绿(G)、蓝(B)三个

图 7-15 小波分析结果

颜色的通道变化以及它们相互之间的叠加来得到各种颜色,图片中每一个像素点的颜色在计算机内部以一组 RGB 数据的形式存在。经过小波变换所得到的时间-尺度谱实际上是一个一维张量,即每一个时刻与变换尺度所确定的数值只有一项变换系数,因此将同一组三种信号的小波变换时间-尺度谱相叠加,就可以得到单次断路器动作时,包含整体机械性能的多源信息融合图谱。三组信号的时间-尺度谱能够叠加的前提是其张量矩阵大小相同,在采样过程中采用同样的采样频率可以保证图谱的时域矩阵维度相同,其尺寸为 $1 \times N_1$;通过选定的信号频率变化步长 f_{step} 可以保证图谱的尺度矩阵维度相同,其尺寸在 $1 \times N_2$;小波变换后的系数矩阵的尺寸为 $N_1 \times N_2$,该系数矩阵的存储形式为一维张量,将三种信号经过小波变换后的系数矩阵叠加,即可以生成二维张量,其尺寸为 $N_1 \times N_2 \times 3$;将该张量作为 VGG 网络的输入,融合方法过程示意图如图 7-16 所示。

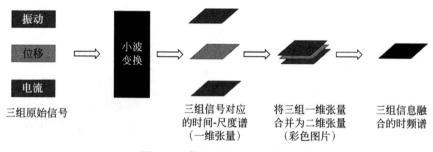

图 7-16　信号融合方法示意图

7.4　小样本数据下的人工智能识别算法

7.4.1　基于 WGAN 的样本数据增强

传统 GAN 面临着模式崩溃(mode collapse)的问题,其直观表现就是生成器生成的样本多样性不足。为了解决传统 GAN 遇到的梯度消失、训练时梯度不稳定、模式崩溃等问题,本章利用 Wasserstein GAN 网络训练过程稳定且收敛快的优点,同时在生成器的网络结构中使用缩放卷积代替转置卷积实现上采样,避免了图像因像素点之间的突出颜色边界而出现的"棋盘效应"[34]。WGAN 网络结构如图 7-17 所示。

相比于 JS 散度,改进模型中采用 Wasserstein 距离来衡量两分布之间的距离,其优势在于不论两个数据分布之间有无重叠部分,依旧可以平滑衡量它们之间的距离,从而避免了梯度消失、模式崩塌等问题。

以正常状态下合闸过程中的检测信号为例,采样时间为 100ms,采样频率为 20kHz,时域信号如图 7-18 所示;按照前述的数据处理方法,首先对其进行小波变换处理,小波函数选择 Morlet 函数,处理后得到如图 7-19 所示的灰度图,然后将灰度图进行融合,得到如图 7-20 所示的图谱信号。基于 WGAN 网络进行数据增强,将原始融合图谱归一化后缩放成 $64 \times 64 \times 3$ 的图片,并以其作为网络的输入,在训

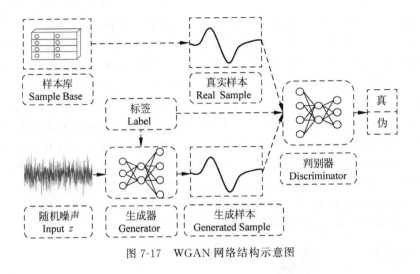

图 7-17　WGAN 网络结构示意图

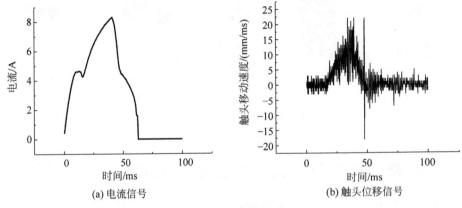

(a) 电流信号

(b) 触头位移信号

图 7-18　原始采样信号

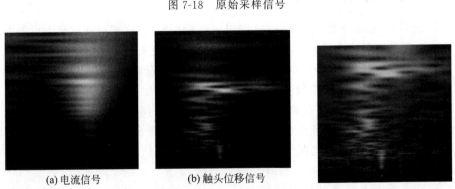

(a) 电流信号

(b) 触头位移信号

图 7-19　小波变换后的系数矩阵图

图 7-20　多源数据融合图谱

练过程中选择 Adam 算法对网络参数进行更新优化,学习率设置为 4.5×10^{-4},矩估计参数分别设置为 0.5 和 0.999,每次以 8 个样本作为一个批次,总共循环训练 1000 次,在单次训练中首先训练判别器再训练生成器。训练结束后,WGAN 的绝对损失函数曲线如图 7-21 所示。

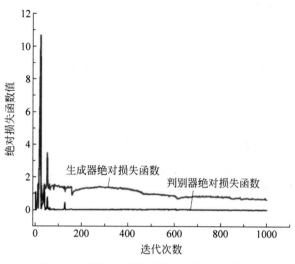

图 7-21 训练过程绝对损失函数变化曲线

由绝对损失函数曲线可看出,训练初期的判别器对生成器生成的样本具有极强的分辨效果,此时两者的绝对损失函数值都较大;在训练迭代次数达 150 次左右后,两条曲线开始有下降趋势,说明此时生成器通过训练已经学习到了真实样本的部分特征;在训练迭代次数达 800 次左右后,判别器与生成器的绝对损失函数值已趋于稳定,曲线波动较小,接近收敛,此时便可由生成器生成与真实样本相差不大的图片,如图 7-22 所示为样本的聚类特征,由图可知生成样本与真实样本之间的特征接近,同时生成样本的多样性更加丰富。

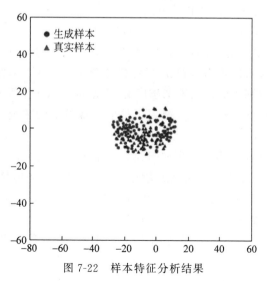

图 7-22 样本特征分析结果

7.4.2 ResNet 网络

卷积神经网络(convolutional neural network,CNN)与常规神经网络的不同在于:CNN 网络拥有由卷积层(convolutional)和池化层(pooling)构成的特征提取器,其典型结构如图 7-23 所示。

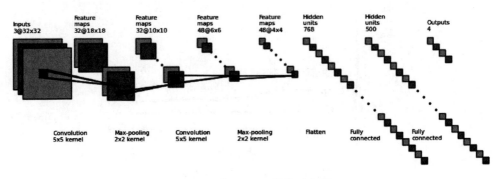

图 7-23 普通 CNN 结构示意图

在卷积层中,待学习的卷积核在上一层的输出特征图上进行滑动滤波产生特征响应,然后将结果通过激活函数以生成新的卷积特征图,数学形式如下:

$$C_l = f(C_{l-1} * \boldsymbol{K}_l + b_l) \tag{7-8}$$

式中:C_l 表示卷积层 l 的特征输出图;$*$ 表示卷积计算;$\boldsymbol{K}_l$ 表示第 l 层的卷积核的权重矩阵;b_l 表示第 l 层的偏差项;f 表示激活函数。通常在卷积层后面会跟随池化层,其作用是逐渐减少特征图的空间尺寸,加快网络对图像的特征提取并降低整个网络模型的计算量。池化计算过程可表示为:

$$C_l = P(C_{l-1}) \tag{7-9}$$

式中:$P(\cdot)$ 表示池化操作,通常由最大池化和平均池化两种方式。经过卷积与池化操作后,网络对输入样本有较高的畸变容忍能力[35]。CNN 作为深度学习的经典算法,其在图像识别领域运用越来越广泛,它通过卷积池化等操作可以逐层提取图像特征,在一定程度上避免了传统人工提取图像特征的主观性与人为特征选取的局限性。

本小节以 ResNet 作为特征提取与模式识别的基本架构,将由 WGAN 扩充后的谱图作为训练的数据集。随机选取数据作为训练集、验证集与测试集,数量占比为 7∶2∶1,训练过程分为冻结阶段与解冻阶段,两阶段迭代次数均为 100 次。冻结训练阶段对网络进行微调,需要的显存较小,可提高网络训练速度,设置学习率为 0.001,批量大小设置为 32;解冻训练阶段网络中所有参数均会变化,占用显存较大,设置学习率为 0.005,批量大小设置为 16;训练时等间隔调整学习率,并以 Adam 作为优化算法。诊断算法的流程如图 7-24 所示。

每个训练周期计算一次测试集的实时精度,并在训练完成后拟合精度曲线,如图 7-25 所示,可以看出,在前 200 次迭代周期中,识别精度的大幅波动表明网络尚未完全学习所有光谱样本的特征,在此期间,精度出现了许多突然的下降,这与神经网络学习特性的过程非常一致。通过迭代,在 250 次迭代之后,精度和损失函数趋于稳定,没有大的波动和突变,此时,网络已获得相关参数的极值,表明网络已学习样本的特征,最后,网络识别率达到 94.0%。

在网络故障识别过程中,获得了两个输出结果的混淆矩阵以及每个结果的精度和召回率的谐波平均 F1-score,如表 7-1 所示,可以看出,四个正常映射被识别为故障,两个故障映射被识别成正常,正常结果和故障结果的 F1-score 分别为 93.92% 和 94.15%。

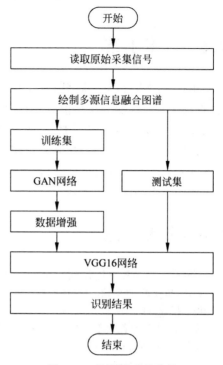

图 7-24　诊断算法的流程

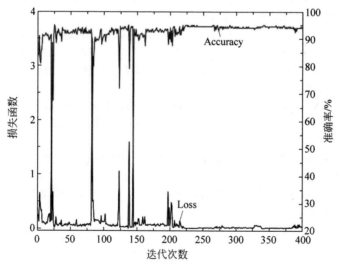

图 7-25　损失函数的变化曲线

表 7-1　故障识别结果

实际状态	诊 断 结 果		F1-score/%
	正常	故障	
正常	46	4	93.92
故障	2	48	94.15

7.5 本章小结

本章针对传统单一监测信号在 GIS 机械故障识别中的不足,基于线圈电流信号、振动信号以及触头位移信号,结合小波分析方法,构建了可以反映 GIS 机械状态的图谱,在试验数据的基础上,结合 W-GAN 数据增强方法,建立了 GIS 机械性能图谱数据库,最后基于 ResNet 网络,实现了 GIS 机械性能的诊断。结果表明基于本章建立的方法,可以提高机械故障识别的准确率,避免了由于单一信号采集故障导致的识别准确率的下降。

7.6 参考文献

[1] 邱毓昌. GIS 装置及其绝缘技术[M]. 北京:中国水利水电出版社,1994.

[2] 黄建,胡晓光,巩玉楠. 基于经验模态分解的高压断路器机械故障诊断方法[J]. 中国电机工程学报,2011,31(12):108-113.

[3] 姚大卫. 电气设备状态监测研究[D]. 北京:华北电力大学,2006.

[4] Andruc M,Adam M,Pantelimon R,et al. About diagnosis of circuit breakers[C]. 2013 8th International Symposium On Advanced Topics In Electrical Engineering (ATEE),Romania,2013.

[5] Fu Y H,Rutgers W R. Development of diagnostic techniques for high voltage circuit breakers[C]. 1993 CIGER meeting,Berlin,1993.

[6] Hoidalen H K, Runde, et al. Continuous monitoring of circuit breakers using vibration analysis[J]. IEEE Transactions on Power Delivery,2005,20(4):2458-2465.

[7] 杨元威,关永刚,陈士刚,等. 基于声音信号的高压断路器机械故障诊断方法[J]. 中国电机工程学报,2018,38(22):7.

[8] Razi-Kazemi A A. Circuit breaker condition assessment through a fuzzy-probabilistic analysis of actuating coil's current[J]. Generation Transmission & Distribution Iet,2016,10(1):48-56.

[9] 丁登伟,何良,龙伟,等. GIS 设备运行状态下振动机理及检测诊断技术研究[J]. 高压电器,2019,55(11):7.

[10] 马星光,王晓一,黄锐,等. 基于复合特征的 GIS 振动信号特征提取方法[J]. 高压电器,2021,57(12):7.

[11] 徐建源,张彬,林莘,等. 能谱熵向量法及粒子群优化的 RBF 神经网络在高压断路器机械故障诊断中的应用[J]. 高电压技术,2012,38(6):8.

[12] 常广,张振乾,王毅. 高压断路器机械故障振动诊断综述[J]. 高压电器,2011,47(8):6.

[13] 杨永锋. 经验模态分解在振动分析中的应用[M]. 北京:国防工业出版社,2013.

[14] 徐明月,李喆,孙汉文,等. 基于改进梅尔倒谱系数的 GIS 机械故障诊断方法[J]. 高压电器,2020,56(9):7.

[15] 付瑜,赵晋飞,李继胜,等. 声成像技术在 GIS 机械故障诊断的应用研究[J]. 高压电器,2019(11).

[16] 刑锋,钟声,梁胜乐,等. 基于行程曲线的高压断路器典型故障特征参数提取[J]. 华北电力

大学学报：自然科学版,2021,48(4)：8.

[17] 赵莉华,付荣荣,荣强,等.基于自适应神经模糊推理系统的高压断路器操作机构状态评估[J].高电压技术,2017,43(6)：9.

[18] 刘伟鹏,张国钢,刘亚魁,等.基于主成分分析和支持向量机的高压断路器机械状态识别方法[J].高压电器,2020,56(9)：7.

[19] 白建伟,于力,丛培军,等.GIS内隔离开关机械故障检测方法研究[J].高压电器,2022,58(4)：8.

[20] 李德阁,武建文,马速良,等.基于行程信息的断路器弹簧故障程度诊断[J].高压电器,2018,54(4)：8.

[21] 池明赫,夏若淳,罗青林,等.油纸绝缘典型缺陷局放特性及缺陷类型识别[J].电机与控制学报,2022,26(2)：121-130.

[22] 高盎然,朱永利,张翼,等.基于边际谱图像和深度残差网络的变压器局部放电模式识别[J].电网技术,2021,45(6)：2433-2442.

[23] 宋辉,代杰杰,张卫东,等.复杂数据源下基于深度卷积网络的局部放电模式识别[J].高电压技术,2018,44(11)：3625-3633.

[24] Iu T,Yan J,Wang Y,et al. GIS partial discharge pattern recognition based on a novel convolutional neural networks and long short-term memory[J]. Entropy,2021(23)：774.

[25] Wang Shuo, Minku L L, Yao Xin. Resampling-basedensemble methods for online class imbalance learning[J]. IEEE Transactions on Knowledge and Data Engineering,2015,27(5)：1356-1368.

[26] 朱永利,张翼,蔡炜豪,等.基于辅助分类——边界平衡生成式对抗网络的局部放电数据增强与多源放电识别[J].中国电机工程学报,2021,41(14)：5044-5053.

[27] 卢晓勇,陈木生.基于随机森林和欠采样集成的垃圾网页检测[J].计算机应用,2016,36(3)：731-734.

[28] Batista G E A P A,Prati R C,Monard M C. A study of the behavior of several methods for balancing machine learning training data[J]. Acm Sigkdd Explorations Newsletter,2004,6(1)：20-29.

[29] 黄建明,李晓明,瞿合祚,等.考虑小波奇异信息与不平衡数据集的输电线路故障识别方法[J].中国电机工程学报,2017,37(11)：3099-3107.

[30] Wu Yijiang,Lu Chen,Wang Ganjun, et al. Partial discharge data augmentation of high voltage cables based on the variable noise superposition and generative adversarial network [C]. 2018 International Conference on Power System Technology (POWERCON),Guangdong,2018.

[31] Ardila-rey J A,Ortiz J E,Creixell W,et al. Artificial generation of partial discharge sources through an algorithm based on deep convolutional generative adversarial networks[J]. IEEE Access,2020(8)：24561-24575.

[32] 傅尧,周凯,朱光亚,等.一种基于改进的WGAN模型的电缆终端局部放电识别准确率提升方法[J].电网技术,2022,46(5)：2000-2008.

[33] 童善保.小波分析及其应用[D].上海：上海交通大学,1998.

[34] Odena A,Dumoulin V,Olah C. Deconvolution and checkerboard artifacts[J]. DOI：10.23915/distill.00003,2016.

[35] 周飞燕,金林鹏,董军.卷积神经网络研究综述[J].计算机学报,2017,40(6)：1229-1251.

第 8 章

基于温度检测和深度神经网络模型的干式空心电抗器故障程度评估方法

8.1 引言

8.1.1 研究背景及意义

随着时代的进步,电力作为保障国泰民生的基础二次能源,其重要性不言而喻。而在当今经济蓬勃发展与电力需求不断增加的大背景下,中国电力系统向着大规模并网发电、新能源发电、超/特高压输电方向发展已成为不可逆的大趋势[1]。但是,随着电网中非线性负荷的增多,输电线路无功功率、工频过电压等问题也随之增多,这对电力系统安全稳态运行与电能质量的提高产生了极大的阻力。因此,为确保电网的稳定运行,改进电网线路的电压分布、科学调节无功势在必行,无功补偿设备也因此必不可少。

在电网中,电抗器作为电感元件是保障无功功率平衡、维持稳定电压的重要设备。它不仅可以调节电容性无功功率[2],同时可以抑制高次谐波[3],起着限制短路电流[4]、保护电容器、改善输电质量[5]等作用。

干式空心电抗器作为电抗器的一种,其绝缘介质采用空气,线圈的绝缘层使用玻璃纤维,并在较高温度下由环氧树脂固化后一次成形。多个同轴包封并联后构成其主体,而包封内导线引线端的上端与下端采用共同安装星形支架的方式,同时中间部分的散热气道由绝缘撑条支撑构成,其具体结构如图 8-1 所示[6]。

目前在电压等级为 66kV 及以下的输配电网中,干式空心电抗器使用比例可以达到 70% 以上[7],由于干式空心电抗器的铁磁回路没有闭合,因此与油浸式和铁芯电抗器得以区分,磁饱和问题得以消除,同时拥有可靠性较高、常温下绝缘性能好、线性特性好、可回收利用、维护简单等优点,进而代替了油浸式电抗器与老式

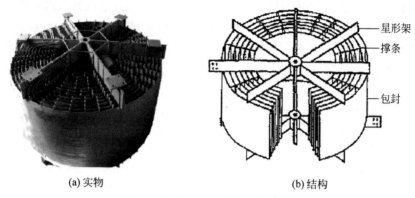

(a) 实物 (b) 结构

星形架
撑条
包封

图 8-1　干式空心电抗器实物和结构

水泥电抗器。但是,由于没有铁芯,干式空心电抗器存在电磁干扰范围广、周围磁场强度大、漏磁严重等缺点,进而导致电抗器内部出现涡流,其与周边设备损耗增加,影响正常运行[8]。

最近几年,随着干式空心电抗器在电网中的普及,故障事故的发生也逐渐增多,其中异常温升引起的电抗器烧毁事故占很大比例[9,10]。以广州市 2009—2016 年 10kV 干式空心电抗器运行故障为例,温度故障和温升占 29.17%,温度过高导致绝缘层熔化占 13.26%,电抗器烧毁故障占 29.17%,相比之下,超过一半的运行故障是由局部高温直接或间接引起的[11]。图 8-2 显示了因为起火损坏的电抗器。

图 8-2　起火烧损的电抗器

有关专家对烧毁的电抗器进行拆解分析,发现干式空心电抗器运行故障主要是匝间短路造成的。大型环流会由于电磁感应现象在短路线圈中产生,故障部位附近的绝缘层和绝缘材料熔化、老化,同时由于短路线圈数量的增加,连锁反应加剧,最终导致电抗器烧毁。

从表 8-1 干式空心电抗器故障检修耗时表可以看出,电抗器烧毁后的平均维修时间为 48 小时,这无疑会消耗大量的人力和时间成本。由于电力系统的统一性,市电运行的风险会增加。如果通过电压负载降低输出电流,将对电网的经济效益产生负面影响[12]。

表 8-1　干式空心电抗器故障检修耗时表

故障缺陷类型	检修平均用时/h
电抗器烧毁故障	48
红外检测温度或温升超标	9
噪声、振动持续异常	6
表面出现树枝状放电痕迹	8
环氧树脂有熔化现象	8
表面潮湿污秽,气道被异物堵塞	3

综上所述,输变电系统能否安全运行与干式空心电抗器的运行状态有很大关系。如果后者出现问题,甚至会引起连锁反应,波及整个电力系统,对工农业生产、生活造成巨大的破坏和经济损失[13,14]。但鉴于技术原因,工业工程领域缺乏一套完整、高效的干式空心电抗器运行状态在线监测系统和故障诊断系统,消耗大量的人力、物力,又未能及时发现故障,无法从根本上解决问题。

随着新时代的发展和"十四五"规划的提出,电力系统规模及相关技术迅速发展,电力系统不断向数字化、智能化方向发展[15],新一代电力系统逐渐构建,为能源物联网搭建基石。因此,在当前背景下,聚焦于干式空心电抗器的过热故障,基于智能算法和设备对其运行状态进行实时在线监测,有助于故障预警、节约成本、保障电力系统安全运行。这是一项十分符合我国发展大势的实际工作。

8.1.2　国内外研究现状

从时间发展顺序来看,空心电抗器从 20 世纪 50 年代就开始用于电力系统。20 世纪 70 年代,加拿大 TRENCH 公司研制出干式空心电抗器原型,20 世纪 80 年代被引进中国[16]。近年来,国内外相关学者的主要研究方向为电感计算[17]、损耗计算[18]、绝缘实验[19]、整体设计与优化等。随着时间的推移,电力系统规模和特高压输电技术不断发展,干式空心电抗器的利用率和运行故障率也在不断提高,相对应的运行状态检测、故障检测等相关研究热点也相继出现。电抗器故障可分为突发故障和潜在故障两类。突发故障发展迅速,后果严重,如雷击,一般采取使用继电保护装置保护。潜在故障一般涵盖局部放电引起的匝间绝缘击穿、振动和辐射引起的噪声污染、异常温升引起的电抗器烧毁等。

1. 干式空心电抗器故障诊断研究现状

目前,导致干式空心电抗器故障的因素较多,例如在制造过程中发生缺陷、工作环境恶劣等。在此基础上,对故障资料进行了细致的统计,并对故障进行了精确的分析,超过 66.7% 干式空心电抗器的不正常运行是由于线圈间的异常导电引起的,这之中最应该引起关注的是电抗器不同位置温度的非规律升高[20]。现阶段,在不同的行业中、不同的研究领域内,有不同的故障诊断技术,主要有以下几种:从电磁场原理出发进行故障诊断、从振动状态分析进行故障诊断、根据电量状态进行故障诊断、根据电抗器周围空气质量进行故障诊断、温度故障诊断等。本节着重介绍了几种常用的故障诊断方法,并详细地介绍了以温度为基础的故障诊断方法。

1) 基于电磁场的干式空心电抗器故障诊断方法

在一定程度上,干式空心电抗器的物理场能反映出该设备当前的运行状态。该方法通过对不同工作模式下感应电容所引起的电磁场和电场的变化来进行故障诊断。最常见的是由美国的阿布赖特提出的探测线圈法[21-23]。在操作过程中,干式空心电抗器的工作条件是均一的,这与其轴的对称性有关。在干式空心电抗器发生短路时,由于其会产生多种不同的电压,因此能够对其匝间的绝缘故障进行监控。目前,世界上正在研究一种基于探针线圈的匝间绝缘故障的故障诊断技术[24-26]。

一般情况下,利用电磁场间接检测技术可以及时、准确地发现电缆匝间短路,但有以下缺陷:①因某些电抗器线圈发生故障而使磁通变化不明显;②因探头绕组的设定对电抗器的工作造成不良的影响。

2) 基于电气量的干式空心电抗器故障诊断方法

电性能指标是电力装置的基础性能,可以精确地反映装置的工作状态。对干式空心电抗器在不同工况、不同工作位置时的电性能进行研究,可以对其工作状况进行准确的判定。当前,在干式空心电抗器的失效分析中,介损[27]、电感[17]、阻抗[28]、功角[29]等是主要的电学参量。目前,以电阻为基础的实时监测技术已广泛采用,并已投入实际工作[30]。

通常,根据电力参数进行故障检测的主要依据是故障前和事故后电学参数的改变情况,该方法具有较高的敏感性,但也有一定的局限性:①需要高精密的测量仪器;②电磁对检测器的干扰较大;③当某些绕组失效时,其电参数几乎没有明显的改变。

3) 基于烟感的干式空心电抗器故障诊断方法

双酚 A 型环氧基团是干式空心电抗器的主要绝热介质,其可在 155℃ 工作环境下实现预定使用寿命。当温度高于 155℃ 时,会发生氧化和降解,当温度高于 210℃ 时,会发生更快的开裂,释放出诸如 CO 等过热特性的气体(TVOC)。本书研究了在各种工况下环氧树脂中 TVOC 含量随时间的改变,从而实现了对其工作状况的监控[31,32],预防其过温失效。

目前,基于烟感的状态监控技术已经被应用到实际工作中,但仍有以下缺点:

对检测仪器的高灵敏性、对电抗器周边的气体干扰、无法对初期的局域失效早期预警等。

4）基于振动的干式空心电抗器故障诊断方法

随着电力系统的不断发展，对电力系统的电压等级和安全性的要求越来越高，无创振动检测技术已经成为一个重要的课题[33]。电抗器的振动与它的机械构造有很大关系，产生这种振动的原因有两个：一是由于磁芯本身的磁力而产生的振动，二是磁芯之间的麦克斯韦作用力导致整个磁芯的振动。由于电抗器失效，电抗器的电磁场结构和分布也会随之改变，从而对电抗器的振动信号产生一定的影响。比如，当发生故障时，电抗器的异常振动会造成波纹管的疲劳失效，从而产生泄漏。Song Meng 等建立了一个简化的电抗器模型，对不同铁芯材料、铁芯结构、绕组安装情况下的电抗器进行了分析，并获得了大量的结果[34]。针对电网实际操作中出现异常的电抗器进行故障诊断，将振动位移、速度、加速度传感器安装在箱体上，对电抗器的振动进行实时监控，并对振动监测结果进行分析，通过加窗傅里叶变换，确定非铁芯振动的来源。由位置可知，在接地引下线一侧出现了异常的振动源。检查电抗器吊架，意外发现 X 形铁芯 34、35 铜排有明显的黑色放电痕迹。潘信诚根据电容器表面的振动信号判断线圈和线圈的状态，提出一种以 RQA 和 CRP 为基础的数据融合处理技术[35]。这种方法能定性地反映出各监测点之间的关联关系，并能用 RQA 指数量化地表示，对振动传感器的定位有一定的指导意义。

2. 干式空心电抗器温升计算方法

目前国内有关干式空心电抗器温升问题的主要研究是温度场的计算[36-38]。而在其他高压电器的温升方面，国外的学者研究得比较多[39-42]，如干式变压器的结构类似于干式空心电抗器，它的分析方法可以作为电抗器温升的研究参考。传统的干式空心电抗器温升计算涉及多个领域，其中以平均温升法、有限差分法、有限元法为主。

1）平均温升法

平均温升法是通过对电抗器断电后包封绕组的电阻进行分析，得到电抗器在关断瞬间的电抗器电阻，再利用经验公式进行计算。文献[43]对电抗器进行了温升试验，从几何学的角度推导了断电情况下电抗器绕组电阻的计算公式。文献[37]利用最小二乘法对试验温度资料进行了精确处理，并将其与传热理论相结合，导出了其平均温度的计算公式，从而有效地排除了人为因素造成的误差。文献[44]对平均温度进行了理论分析，并通过试验进行了验证。

平均温升方法相对简便，在电抗器工业中得到了广泛的应用，但其缺点是平均温升是以经验公式进行的，其计算精度较低，因而其平均温升精度较低。

2）有限差分法

有限差分法是以泰勒级数为基础，利用函数的差商代替了控制方程的导数，从而使微分方程的离散解得以求解。Deng、Li 等人在文献[45]中应用了有限差分法和温升试验,推导出了干式空心电抗器在自然对流放热和强制空气冷却情况下的温度分布及温度变化的计算公式。

采用计算机仿真的有限差分法具有较高的计算精度,但是它存在以下问题:①不能保证离散方程的保守性;②不适合求解不规则区域。

3)有限元法

通过对解区域的特定划分,将常微分方程转换为插值函数的变分方程,从而获得其离散解。文献[46]利用流场-温度场的耦合原理,利用有限元法对干式空心电抗器的温度分布进行了数值模拟,并借助化学试验对其进行了验证。文献[47]将自然对流的基本方程与有限元计算相结合,得到了电抗器周围温度的分布。研究结果表明,该电抗器的上半部分和中间部分是热点,并且支承杆和支承臂对电抗器的温度也有一定的影响。文献[48]利用流场-温度场耦合的方法,分析了防雨罩对干式空心电抗器周围温度场的影响。文献[49]从热力学的基础理论出发,利用有限元法对干式光滑电抗器的温度场进行了数值模拟,对其轴向、径向的温度分布进行了分析,并对其进行了试验验证。文献[50]通过分析电抗器的磁场-电场耦合,得到了电抗器的损耗,并将其作为全热源,利用有限元法对电抗器的温度分布进行分析,从而为电抗器的设计提供了依据。文献[51]利用三维解析技术,对干式空心电抗器的流场-温度场耦合控制方程进行了简化,并在此基础上考虑了温度函数和电导率之间的关系,对环境温度场的计算精度提出了更高的要求。姜志鹏等人在前人的基础上,利用有限元法对干式空心电抗器进行了三维环境温度场的数值模拟。此外,通过大量的试验,分析了星形框架、雨帽等组件对温度场的影响,并对其进行了试验验证[52,53]。

该方法适合于具有高精度、基本结构极其复杂的物理模型的计算与处理。结果表明:①需要大量的计算资源;②计算模型和计算程序烦琐,包括流体力学、传热等方面。

综上所述,有限元法适用于复杂的物理或几何问题求解,在干式空心电抗器的温升计算中的使用较为广泛。同时,由于信息系统集成服务技术的迅速发展,使得有限元分析与模拟系统都需要大量的计算资源。为此,本书运用有限元法对干式空心电抗器的周围温度场及温升进行数值模拟。

3. 基于温度的电抗器运行状态监测方法

目前,干式空心电抗器已经是输变电系统的主干结构,其温度监测方式与变电站的发展同步,均由传统化转变成数字化,再转变成智能化。干式空心电抗器在运行中发生失效后大部分都会导致温度和温升异常,所以,利用设备的温度监控技术对其进行故障诊断是当前国际上较为关注的问题。

国内和国际上对电力设备的温度监控分为人为手动逐点测量、在线联网实时监控和无线自动监控。目前,在干式空心电抗器的使用方法中,传统的手持红外点温测量方法已经过时,现代应用广泛的是分布式光纤测温和红外热成像测温,仅有少部分变电站采取了无线传感器。

1）基于红外测温的运行状态监测

基于红外测温是通过把热量转换成肉眼可见的温度图像来进行的,由于它不仅具有操作简便、安全稳定、无须停电监测等优点,并且具有相关的技术准则DL/T 664—2008《带电设备红外诊断应用规范》,因此,它在电力系统中被普遍使用。文献[54]深入分析了红外热成像技术,探讨了变电站设备出现温升的原因,研究了将该技术投入变电站设备使用的方法,比如表面温度判断法、同类比较法等。吴冬文学者采取非接触式远红外法,能够实地观察 35kV 干式空心并联电抗器温度场的分布情况,在对 35kV 干式空心并联电抗器进行现场温度的监督和测量时,非接触式远红外方法的效率很高,相应的红外图像见图 8-3,由采集装置通过无线发送的方式获取信号,完成了以温度为背景的数字化管理[55]。张志东等学者以两起电抗器接地系统导致的过热故障作为研究对象,介绍了利用红外热成像技术进行故障诊断及预防的方法,以保证电抗器的安全性[56]。

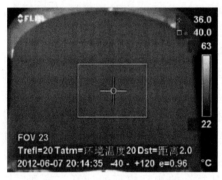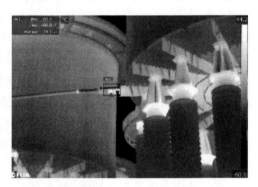

图 8-3　干式空心电抗器红外热像图

红外热成像能够直接反映出电抗器的温度变化情况,对日常监测和检查有一定的指导作用,它也有一些明显的缺点:①对人与环境影响的抵抗性很低;②不可以对除设备外表面外的部分测量;③检测的结果不够准确。

2）基于光纤测温的运行状态监测

光纤表面含有温敏材料,此项技术就是通过它的折射率来发挥作用的,当温度发生升高或下降时,折射率会发生改变,根据光纤传输功率,可在任意时刻测出设备温度,通过光的时域反射原理(OTDR)对故障位置进行确认。光纤的光敏性能是在 20 世纪 70 年代被提出的,温度传感装置的开发就是利用了这个特性,并且因为它具有较高的抵抗外界干扰的性能,所以渐渐地在电力系统中得到广泛应用。光栅温度传感器是以此为基础开发的一种新型的测温器件。郭小兵等在测试电抗器温度时选取了使用 Bragg 光栅(fiber Bragg grating,FBG)温度传感器的方法,研制出一种由电源、控制电路、天线以及 FGB 温度传感器构成的无线测温系统[57]。

周延辉、赵振刚等发明了一种占地面积较小、结构紧凑不烦琐且可抵御强磁环境的光栅型温度传感器,并将其嵌入到包封中,从而达成 35kV 干式空心电抗器在恶劣条件时的温度实时监测要求[58,59]。

同红外测温方法进行比较,光纤测温技术可以检测出干式空心电抗器的内部温度,可以更好地监控整个电抗器的温升状况,缺点是:①光纤设备的占地面积较大,购买设备的资金较多;②纤维传感器较脆弱,易于断裂;③电抗器的构造会影响传感器的摆放。

3）基于无线测温的运行状态监测

采用无线测温技术可以达成随时对电力设备温度进行监测的目标。美国自20 世纪 90 年代开始对无线传感的相关内容进行深入的分析和讨论,渐渐投入并运行于电力设备的运行状况监督和控制中[60,61]。文献[62]基于对干式空心电抗器运行时的各项参数分析,开发了一种依附无线温度传感器的故障监控装置,将温度传感器获取的结果传输到采集器,再由 485 线发送至后台进行下一步研究,从而可实现随时随地对包封温度的监管和测控。文献[63]以物联网模式作为研究基础,利用 ZigBee 协议实现温度数据的无线传输,再运用 GPRS 与后台通信,达成全程无线输送的要求,并且使系统保护性更高。另外,在高压变电所中,也发现了监测电气设备温度的方式,均可为电抗器的评估提供依据。文献[64]介绍了一套可用于高压装置的测温方法,即无线射频识别（RFID）技术,以温度波动来完成故障诊断。文献[65]阐述了适应于高压装置的测温手段,即采用表面声波（SAW）传感器,且它无须外部供电,故不需考虑高压绝缘。

目前在电力系统中,无线传感测温技术已广为流传,并取得了一定的成效,但其缺点是:①只有少部分采用无源芯片,其电池寿命较为束缚,且可能发生腐蚀和爆炸;②表面声波传感器不使用电池,尽管不存在高电压绝缘问题,但能够正常进行输送的长度只有 3m,在实际应用中存在限制。

综上所述,目前存在许多测量干式空心电抗器温度的方法,最突出的无线传感技术可完成自动测温,这与智能电网的发展方向一致。然而,通过分析设备温度的故障诊断,其主要问题还是如何高效率地监管和测量温度,同时缺乏对应的故障诊断与预警算法,目前,一般通过快速便捷的阈值方式来判定故障是否存在于电抗器上。

4. 基于机器学习的电抗器故障诊断方法

针对较为烦琐的传统物理建模方案,目前提出了一种以机器学习为背景的电抗器故障诊断技术,并获得广大学者的注意。之前所述的电抗器数据结果都可作为训练数据交给神经网络进行了解和掌握,最后能够得到准确的诊断结果。赵文清、王强及相关学者选择绝缘油进行研究,将其中各种溶解气体组成属性变量,采用朴素贝叶斯网络,构造 5 级电抗器健康诊断法,参照试验测试电抗器的以往状况和当下情况,对今后的发展前景进行了预测[66]。Richardson Z J 等根据多维油的可溶性气体组成比例作为突破口进行分析,将其引入 Parzen 窗口的分类系统,从而判定油浸式电抗器的状态[67]。吴金利、马宏忠等人以高压为背景,研究并联电抗器表面的振动信号,进而得到其频率和幅值特性,选取分段功率谱、主分量系数等参数组成特征矢量,采取神经网络、支持向量机、KNN 等机器学习的方式来判定是否属于故障状态,创造出一种实时电抗器故障监测方法[68]。干式空心电抗器极易因匝间短路而产生小电弧,但最终会形成较大的枝条放电,也就是局部放电。赵春明等人采取超高频感应器来获取局放瞬间辐射时的电磁波,并修整了 BP 神经网络,将可运行和不可运行情况的电磁信号传输至循环神经网络中练习,对其进行理论分析和实验分析,验证了 ANN 对干式空心电抗器局部放电检测而言是可行的[69]。

8.1.3 本节主要内容

干式空心电抗器在工作过程中的温度对其本身有较大的影响,如果出现温升现象,则其寿命会大大降低。根据蒙特申格尔定律,绝缘体寿命与其运行温度成反比,每升高设计寿命的最大容许工作温度约 10℃ 时,它的工作寿命将减少一半。因此,在稳态工况下,其温升和温度分布是衡量其工作状况的一个关键因素,并可为其是否有过热故障提供判定标准。

对干式空心电抗器而言,过热故障一般从局部部位开始,故障部位会体现出相关特点,例如温度迅速上升等,故障部位以外的地方在故障早期仍能正常工作。目前,就存在的故障诊断算法来看,仅从总体上分析了电抗器的温度特性,没有考虑到局部状态的改变,从而使故障早期的局部故障特性被隐藏起来,使得达到局部故障的早期预警目标较为困难。而在设备维修中,故障的位置对维修人员来说非常关键,现有的方法大多仅能提供设备的完整工作状况,而不能准确地找到故障所在处。

针对以上问题,本章依据已有的分析结论,综合智能电网的未来前景,提出了一种结合了温度探测与层次神经网络的故障诊断方案,推动达成对干式空心电抗器过热故障进行诊断和预警的目的。

8.2 干式空心电抗器温度故障信息数据库的建立

8.2.1 基于 UHF-RFID 无线温度传感器的干式空心电抗器温度信息获取及分析

电抗器的故障诊断包含三个模块,分别是信号采集、数据处理以及故障诊断与预警。当前,常用的温度数据采集方式有电信号法、红外探测法[55]及无线传感测温法[64]。表 8-2 是几种不同的测温方式的对比分析。

表 8-2　不同测温方式的比较

测温方式	测温范围/℃	精度/℃	寿命/年	特　点	缺　　点
红外测温	0～1000	2	3～5	大范围测温	受环境影响较大,人力成本较高
有源无线测温	−50～127	0.5	10	点温测量	电池寿命有限,有腐蚀性爆炸危险
SAW 声表面波	−20～125	1	10	点温测量	受测量带宽限制,同区域部署数量有限
RFID 芯片测温	−25～150	1	20	点温测量	通信距离较短

　　射频识别(radio frequency identification,RFID)技术是一项新兴技术,它主要是根据感应耦合和电磁波反向散射的原理,借助电磁波耦合来收集能量,能够做到对目标数据的信息采集。RFID 系统的组成如图 8-4 所示。

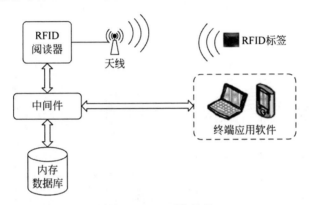

图 8-4　RFID 系统结构

　　通过将温度传感器集成到超高频(UHF)射频标签中,可以有效地改善无线信号的传输距离,在同一芯片上实现温度检测和 RFID 技术的融合。它与传统温度传感器相比体积更小,并且降低了经济成本和功率损耗。总之,基于超高频-射频技术的无源无线温度传感器改进较大,它具备以下四个优点,基于这些优点,使得它能够在某些结构复杂的电力设备中实现温度测量这一难题。

　　(1) 传感器标签的状态让其处于全密封环境,抗干扰强,可以适用于高温、高湿环境。

　　(2) 复杂电力设备的温度检测手段不再单一,能够借助多种方式方法进行。

　　(3) 无须供电,可同时识别多个目标,并且每个传感器有唯一的 ID,部署次数没有限制。

　　(4) 射频识别技术通过电磁感应与微波能量实现非接触式自动识别,不会因为接触的问题而产生故障,影响其工作寿命,节省了设备成本。

　　目前,射频识别技术已成功应用于电力变压器、隔离开关触点和接线硬件检测,这为该技术在系统中的应用奠定了基础。

1. 干式空心电抗器温度测点布置

鉴于干式空心电抗器轴向上温度变化的走向几乎一致,参照结合有限元模拟结果可以看出,其温度拐点在 5.2% 和 94.7% 的高度处,在这个区域内监控工作状态会更好。如果想达到这样的效果,必须在第一时间发现故障点,然后做出相应的预警措施,温度传感器分布在不同的区域。每个围护层分为 3 个区域,分别为[0,0.6]m、[0.6,1.2]m、[1.2,1.8]m,分别对应围护结构的下、中、上部分。参照结合不同的位置,温度传感器的数量从下到上逐渐提高,而上部是热点,最容易出现过热现象或故障,所以在上部部署的传感器的数量最多。

考虑到相同垂直距离的干式空心电抗器的偏心距几乎等于环境温度,要连续监测更多方向的封装环境温度,为了更全方位地监测封装温度,应当需要对比相同垂直距离和位置的环境温度,三个探测传感器在一条直线上的距离相同,部署位置如图 8-5 所示。

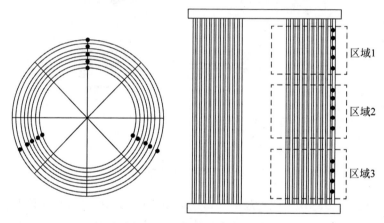

图 8-5 温度测点布置方式

2. 干式空心电抗器温升故障判定标准

参照国家电网联合制定的输变电设备异常运行通用标准《带电设备红外诊断应用规范》(DL/T 664—2008),参照电网系统异常运行造成的损坏,可分为轻度故障、严重故障和危险故障。具体情况描述如下。

轻微故障是指故障点和周围设备之间存在温度差异,并且故障点的温度具有缓慢的上升趋势,短时间内不会影响系统的正常运行。严重故障是指故障点和周围设备之间存在温度差异,并且故障点的温度具有快速的上升趋势,继续运行会对设备造成危害,影响系统的正常运行。危险故障是指设备温度超过相关标准的最高温度,此时需要立即采取措施,避免事故进一步升级。

以绝缘等级为 F 级的干式空心电抗器为例,其正常运行时的最高允许温度为155℃,平均温升和热点温升的限值按国标分别为 100K 和 115K。因此,通过将输变电设备异常运行通用标准与电抗器温升限值标准相结合,并考虑一定的临界值空间,对干式空心电抗器温升故障判定标准如下。

(1) 当热点运行温度超过 115K 或平均运行温度超过 100K 时,定义为严重故障,系统发出异常告警。此时应第一时间采取适当的整改措施,避免事故进一步恶化。

(2) 当热点温升高于 90K 但低于 115K 或平均工作温度高于 80K 低于 100K 时,定义为轻微故障。此时,系统发出运行异常预警,向值班的运行人员提示电抗器有过热和功能异常的趋势,应保持警惕。如果长时间处于这种状态,则一定要判断是否过载。如果没有过载,则需要对电抗器进行额外检查。

(3) 当热点温升小于 90K,平均温升小于 80K 时,定义为正常状态。

8.2.2　基于拉曼散射的干式空心电抗器分布式温度信息获取及处理

针对解决干式空心电抗器的环境温度场分布不均、无法定位局部热点等问题,可采用基于拉曼散射的电抗器内部温度分布式测量系统开展电抗器内部温度场特性试验,分布式测量系统的研发分为以下几个部分。

1. 拉曼光纤温度传感系统信号采集与处理系统

一般来说,根据拉曼散射的电抗器环境温度检测系统涵盖四个部分,主要包括传感器信号采集、对接收信号进行去噪处理、温度解调以及图形显示。拉曼散射数字信号处理工作流程的具体案例如图 8-6 所示。

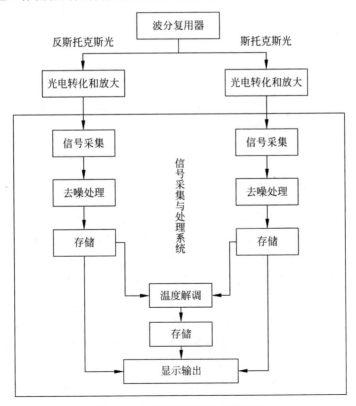

图 8-6　拉曼散射信号的处理流程

接收信号的采集和恢复系统的处理由专用的计算机硬件控制电路和部分工具软件组成。数据采集和数据传输由逻辑分析仪完成。数据的统计分析、去噪的处理等由工具软件执行。检索系统是一个独立的传感器信号检索系统,它有效地集成了数据的收集、传输、文件存储和处理。

系统恢复时,对两个直接测量接收信号进行前置放大,将前置放大器放置在视频采集卡能的有效采集范围内,然后发送到各自的 A/D 格式转换器。转换后,从数据库中获取一组数据来接收信号流,在控制电路的作用下分别将其送入数据存储器。当触发控制电路触发切换电路时,启动两个循环的记录操作。在两个周期中,切换电路自动关闭并依次发送写详细地址,然后将三组数据从数据库中写入相应的地址空间。当存储的数据达到一定数量时,会被发送到计算机操作系统对应的地址空间,计算机操作系统会对其进行累加平均,从而达到去噪的目的。最后由计算机操作系统编写放大环境温度信号和基本图形显示软件程序。整个系统的电路原理图如图 8-7 所示。

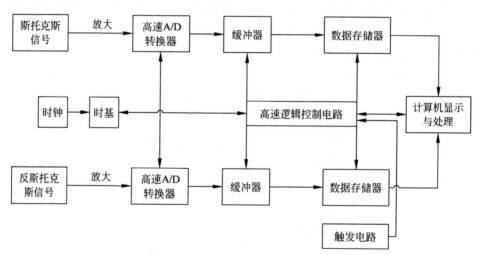

图 8-7 拉曼光纤温度传感系统的信号采集与处理系统

2. 拉曼散射信号的去噪处理

在拉曼光纤温度检测恢复系统中,待检测和处理得最有效的接收信号是光在 ADSL 宽带中传输数据时逐步形成的自发拉曼散射接收信号。由于接收到的自发拉曼散射信号也是很微弱的光,为了使其不淹没在噪声中,应对接收到的微弱光信号进行处理,使其变成有效信号。考虑到恢复系统形成的噪声具备零加权平均的统计物理特性,所以只能借助形成噪声的统计物理特性达到降噪的目的。

原来的去噪方法大多是借助数据的累加和平均来完成的。数据累加技术是指借助 A/D 高速通路一次采集整条曲线的接收信号,然后相应地从每条曲线的数据库中继续累加数据。它的基本工作原理非常简单,目前常用的方法包括线性累加平均和基于小波变换的信号去噪方法。

1) 线性累加平均

传递函数的累积算术平均值是指第二次直接测量得到的数据库数据按顺序存放在逻辑分析仪的地址空间中,第二次测量得到的数据库数据与对应的地址空间数据库一致,添加并继续放回原来的地址空间,依次循环 m 次,继续对每个单元求平均值。

一般来说,在三维空间中接收到的、带有噪声的信号的三维图像能够表示为:

$$f(t) = s(t) + n(t) \tag{8-1}$$

式中: $s(t)$ 为相对有效的接收信号; $n(t)$ 为加权平均为 0、概率分布为 σ^2 的高斯白噪声;接收信号的接收灵敏度为 S/N 。

平均每 T 秒进行第二次采样,第 i 个点第 K 次采样的值为:

$$f(t_K + iT) = s(t_K + iT) + n(t_K + iT) \tag{8-2}$$

鉴于采样是在能够同步的正常状态下进行的,所以从某种角度来看,这对于每个起点只能考虑 $t_K = 0$,但是有:

$$s(t_K + iT) = s(iT) \tag{8-3}$$

该采样值和内存中对应的第一个、第二个采样值用来充当传递函数进行累加。 m 采样后,第 i 个点的值为:

$$\sum_{K=1}^{m} f(t_K + iT) = \sum_{K=1}^{m} s(t_K + iT) + \sum_{K=1}^{m} n(t_K + iT)$$

$$= ms(iT) + \sum_{K=1}^{m} n(t_K + iT) \tag{8-4}$$

此外,得到的噪声接收信号为:

$$\sum_{K=1}^{m} n(t_K + iT) = \sqrt{m} \ \overline{n(t)} \tag{8-5}$$

即 m 次累加后的接收灵敏度与原始接收灵敏度的联系为:

$$\left(\frac{S}{N} \right)_m = \frac{ms(iT)}{\sqrt{m} \ \overline{n(t)}} = \sqrt{m} \ \frac{s(iT)}{\overline{n(t)}} = \sqrt{m} \left(\frac{S}{N} \right) \tag{8-6}$$

通过 m 次累积后,接收灵敏度增益为:

$$\left(\frac{S}{N} \right)_m = \sqrt{m} \left(\frac{S}{N} \right) \tag{8-7}$$

经 m 次累加后,信噪比增益为:

$$\text{SNIR} = \frac{(S/N)_m}{(S/N)} = \sqrt{m} \tag{8-8}$$

由上述推导可知,接收信号通过 m 次累加后,接收灵敏度进一步提升了 $\sqrt{m}$ 倍。

2) 基于小波变换的信号去噪方法

BP 神经网络是数字信号处理空间领域的研究热点。BP 神经网络低通滤波器能够将接收信号分解成一系列不同的工作频率空间,分别表示接收信号不同工作频率分量的外部特征。

在 BP 神经网络领域,应参考提前构造好的规则,采取相应的数学方法处理噪声信号的小波系数。BP 神经网络处理的目标是在最大限度保留未选用接收信号的小波计算公式的前提下,尽可能从形成的噪声中去除小波计算公式,假设在三维空间中接收到的带有噪声的信号基本公式为:

$$f(i) = s(i) + n(i), \quad i = 0, 1, 2, \cdots, n-1 \tag{8-9}$$

式中:$s(i)$ 是未选用的接收信号,$n(i)$ 是具备零均值高斯分布的背景噪声。在接收灵敏度非常小的特定情况下,几乎不可能从 $f(i)$ 中提取 $s(i)$。小波分解能够将接收到的信号在每个尺度 i 处分解为一个近似分量(中低频)A_i 和一个细节分量(高频)D_i,能够直接借助小波计算进行。一般情况下,具体流程如图 8-8 所示。

BP 神经网络的主要特点包括:①时频定位,能够更准确地接收信号在时间线上的具体突变点位置;②超过 1024×768 个外部特征能够更准确地反映接收信号的边缘位置、峰值、断点等最高的非平稳外部特征;③能够将接收信号的强大能量集中在有限的几个小波计算公式中,分散大部分小波计算公式中形成的噪声的强大能量;④函数的选择非常灵活,可根据应用需求选择合适的小波复合函数。

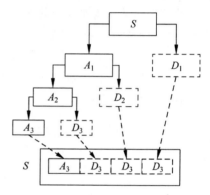

图 8-8 三层的小波分解流程

数字信号处理领域常用的小波降噪最小二乘方法包括:小波分解和重构;随机过程 BP 神经网络临界值法;BP 神经网络模块极值法。ADSL 宽带拉曼温度传感器接收到的信号也很微弱,接收灵敏度低。

8.3 基于温度检测和深度神经网络模型的干式空心电抗器故障程度评估方法

8.3.1 深度神经网络模型及优化方法

1. 深度神经网络模型结构

干式空心电抗器的运行状态可分为系统运行正常、系统运行异常和系统严重运行异常。因此,若想实现干式空心电器的故障程度评估,必须解决分类问题,本书选用 Softmax 分类器进行分类。

Softmax 分类器可用于处理多分类问题。三维图 $h_\theta(x^{(i)})$ 的复合判别函数为:

$$h_{\theta}(x^{(i)}) = \begin{bmatrix} p(y^{(i)}=1 \mid x^{(i)}; \theta) \\ p(y^{(i)}=2 \mid x^{(i)}; \theta) \\ \vdots \\ p(y^{(i)}=k \mid x^{(i)}; \theta) \end{bmatrix} = \frac{1}{\sum\limits_{j=1}^{k} e^{\theta_j^{\mathrm{T}} x(i)}} \begin{bmatrix} e^{\theta_1^{\mathrm{T}} x^{(i)}} \\ e^{\theta_2^{\mathrm{T}} x^{(i)}} \\ \vdots \\ e^{\theta_\sigma^{\mathrm{T}} x^{(i)}} \end{bmatrix} \tag{8-10}$$

$p(y^{(i)}=k \mid x^{(i)}; \theta)$ 是样本 $x^{(i)}$ 具体归类为 k 的发生概率，所有发生的概率之和为 1。

采用 θ 表示与 3D 图形相关的所有参数，则有

$$\theta = [\theta_1^{\mathrm{T}}, \theta_2^{\mathrm{T}}, \cdots, \theta_k^{\mathrm{T}}] \tag{8-11}$$

深度神经网络模型的结构模型如图 8-9 所示。该模型主要由一个主网络和几个子网络组成。考虑到干式空心电抗器故障的局部特点，将电抗器按结构特点划分为若干区域，并在各个区域放置传感器。模型的每个区域都选用传感器测量得到的数据来训练相应的故障诊断模型。

子网络的输入是电流测量点的器件温度、封装的平均温度、热点温度、电流值和电压值。设备温度为预处理后的设备温度。子网络的输出由两部分组成：区域的工作状态和传递给主网络的抽象特征。

主网络用于推断整个设备的工作状态，其输入是各个子网络的故障输出。每个区域都有自己的故障诊断模型，能够对局部故障进行预警，也能够参照输出的故障特征推断出具体的故障位置。与其他干式空心电抗器故障识别和诊断算法相比，本书提出的诊断方法涵盖的因素范围更广，诊断能力更强，能够就地及时发现早期故障并进行故障定位。

首先，针对网络模型结构展开详细描述，然后详细说明子网与主网之间数据传输的方法和机制，最后构建最终的目标函数。

1）子网模型

传感器监测的实时数据被认为是子网模型输入参量，其中包含设备温度值、电流值、区域平均温度、热点温度等输入参数。将这些数据组合成一个输入向量并将其设置为 x，每个元素对应一个特征值。

N_s 是子网中的层数，第 l 层的权重为 w_l，第 l 层的偏差为 b_l，那么第 l 层网络输出值的计算方法为：

$$y_l = f(w_l x_l + b_l) \tag{8-12}$$

其中，激活函数是 $f(\cdot)$，第 l 层输出是 y_l，第 l 层输入是 x_l，第 $l-1$ 层输出也是 x_l，即

$$x_l = y_{l-1} \tag{8-13}$$

令状态权重为 w_{state}，偏差为 b_{state}，则子网状态推导定义为：

$$y_r = f(w_{\text{state}} x_{N_s} + b_{\text{state}}) \tag{8-14}$$

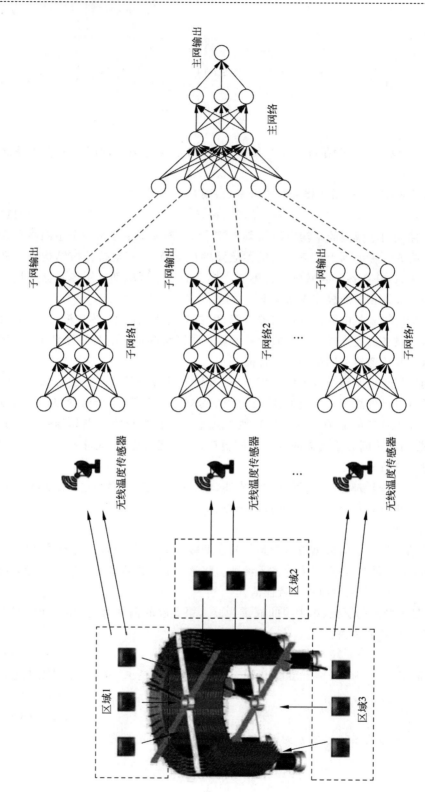

图 8-9 深度神经网络模型的结构模型

子网有多个状态,Softmax 回归方法常用于推断子网处于某种状态的概率。P_{r-s} 为子网的第 r 个区域在状态 s 的概率,则:

$$P_{r-s} = \frac{y_{r-s}}{\sum_{1}^{s} y_{r-s}} \qquad (8\text{-}15)$$

式中:y_{r-s} 为 y_r 在 s 维的值。

子网输出由两部分组成,不仅包含子网状态,还包括子网特征值,其也能够被认为是主网络输入。设置权重参数 w_f 和偏置 b_f。第二种子网输出定义为:

$$y_{r-f} = f(w_f x_{N_s} + b_f) \qquad (8\text{-}16)$$

2)主网模型

主网能够评估所有设备的健康状况。每个子网的特征输出结合在一起逐步形成主网的输入参量:

$$x_{\text{in}} = [y_{\text{feat1}}, y_{\text{feat2}}, \cdots, y_{\text{featR}}] \qquad (8\text{-}17)$$

式中:R 是区域数。

设 N_{main} 为主网层数,则主网输出的计算方法为:

$$y_{\text{state}} = f\left(w_{N_{\text{main}}} x_{N_{\text{main}}} + b_{N_{\text{main}}}\right) \qquad (8\text{-}18)$$

其中,最后一层的激活函数是 Sigmoid() 函数。

设备也有几个状态,也需要选用 Softmax 回归方法来推断设备整体处于某状态时的概率。设变量 P_s 代表设备整体处于状态 s 的概率值,则:

$$P_s = \frac{y_{\text{status}}}{\sum_{1}^{s} y_{\text{status}}} \qquad (8\text{-}19)$$

3)目标函数

子电网和主电网需要对干式空心电抗器给定区域的工况和所有设备的工况进行预测和判断。因此,选用了广泛使用的交叉熵方法提出损失函数。子网损失函数为:

$$\ell_{\text{sub}} = -\sum_{r}^{R} \sum_{s}^{S} \bar{y}_{r-s} \log(p_{r-s}) \qquad (8\text{-}20)$$

式中:$\bar{y}_{r-s}$ 是第 r 个子域在状态 s 下的真实概率。

类似地,主网损失函数为:

$$\ell_{\text{main}} = \sum_{s}^{S} \bar{y}_s \log(P_s) \qquad (8\text{-}21)$$

式中:$\bar{y}_s$ 是设备整体在状态 s 下的真实概率。

综合以上所述,总结本章故障诊断模型损失函数为:

$$\ell = -\lambda \sum_{s}^{S} \bar{y}_s \log(p_s) - \gamma \sum_{r}^{R} \sum_{s}^{S} \bar{y}_{r-s} \log(p_{r-s}) \qquad (8\text{-}22)$$

2. 基于梯度下降的模型优化

主网和子网优化与 BP 神经网络优化方法非常相似，主要区别在于主网和子网相互间的梯度传递。

如果优化第 r 个子网，应先求得子网损失函数相对 p_{r-s} 的梯度：

$$\frac{\partial \ell_{\text{sub}}}{\partial p_{r-s}} = -\frac{\overline{y}_{r-s}}{p_{r-s}} \tag{8-23}$$

则 ℓ_{sub} 相对于 y_{r-s} 的梯度为：

$$\frac{\partial \ell_{\text{sub}}}{\partial y_{r-s}} = \frac{\partial \ell_{\text{sub}}}{\partial P_r} \frac{\partial P_r}{\partial y_{r-s}} = (P_r - \overline{y}_{r-s})(1 - y_{r-s}) \tag{8-24}$$

ℓ_{sub} 相对于 y_r 的梯度为：

$$\frac{\partial \ell_{\text{sub}}}{\partial y_r} = \left[\frac{\partial \ell_{\text{sub}}}{\partial y_{r-0}}, \frac{\partial \ell_{\text{sub}}}{\partial y_{r-1}}, \cdots, \frac{\partial \ell_{\text{sub}}}{\partial y_{r-s}} \right]^{\text{T}} \tag{8-25}$$

ℓ_{sub} 相对于 x_{N_s} 的梯度为：

$$\frac{\partial \ell_{\text{sub}}}{\partial x_{N_s}} = w_{\text{status}}^{\text{T}} \cdot \left\{ \frac{\partial \ell_{\text{sub}}}{\partial y_r} (w_{\text{status}} x_{N_s} + b_{\text{status}}) \left[1 - (w_{\text{status}} x_{N_s} + b_{\text{status}}) \right] \right\} \tag{8-26}$$

假设主网的损失函数 ℓ_{main} 相对于主网 x_{input} 这一输入层的梯度为 δ_{input}。那么 ℓ_{main} 相对于 x_{N_s} 的梯度为：

$$\frac{\partial \ell_{\text{main}}}{\partial x_{N_s}} = w_{\text{feat}}^{\text{T}} \cdot \left\{ \delta_{\text{input}}^{[(r-1)*d:r*d]} (w_{\text{feat}} x_{N_s} + b_{\text{feat}}) \left[1 - (w_{\text{feat}} x_{N_s} + b_{\text{feat}}) \right] \right\} \tag{8-27}$$

式中：$\delta_{\text{input}}^{[(r-1)*d:r*d]}$ 中的 $[(r-1)*d:r*d]$ 表示拼接后第 r 个子网在主网输入的位置。

结合式(8-25)及式(8-26)，得到目标函数相对 x_{N_s} 的梯度为：

$$\frac{\partial \ell}{\delta x_{N_s}} = \frac{\partial \ell_{\text{main}}}{\delta x_{N_s}} + \gamma \frac{\partial \ell_{\text{sub}}}{\delta x_{N_s}} \tag{8-28}$$

在 $\dfrac{\partial \ell}{\partial x_{N_s}}$ 的基础上，借助反向传播算法，可实现计算子网络前面每层 N_s 的梯度的目的。

模型优化算法伪代码见表 8-3。

表 8-3　层级神经网络优化算法

输入	$[x, y]$：样本总和；T：迭代次数；γ：学习率；R：划分区域个数；N_{sub}：子网层数，N_{main}：主网层数
输出	优化后子网和主网的参数
1	For step=1 to T

续表

2	For r=1 to R
3	r 分区故障概率 P_r 计算
4	r 分区故障概率 $y_{r-\text{feat}}$ 计算
5	End for
6	主网设备整体处于不同状态的概率值 P_s 计算
7	根据梯度下降算法优化主网参数
8	根据梯度下降算法优化隐含层参数
9	End for
10	返回优化后的网络参数

8.3.2　干式空心电抗器故障程度评估及分析

通过实验验证了根据层级神经网络的干式电抗器故障诊断与识别算法的合理性和有效性,并借助 TensorFlow 1.8 框架构建了相应的模型。

实验数据为 35kV 干式空心电抗器的实际生产试验数据。电抗器由 11 层封装组成,采取分布式光纤测温的检测原理,每层封装轴向平均设置 12 个测点。本文选用了不同运行状态下的实际温度数据,其中涉及发生过热故障时的设备实际运行数据,共 17252 个数据。部分数据样本见表 8-4。封装的数量沿径向从内向外增加。测量点从下到上编号分别为 1~12,其中测点 1 到测点 4、测点 5 到测点 8以及测点 9 到测点 12,分别代表包络线的下部、中部以及上部区域。电流的数值为电抗器工作电流的当前值,平均温度为封装轴以上 12 个测点温度的平均值,热点温度为封装轴以上 12 个测点温度的最大值。

表 8-4　实验数据部分样本示例

包封	测点	环境温度/℃	平均温度/℃	热点温度/℃	测点温度/℃	工作状态
1	4	19.84	50.23	55.87	45.97	正常
3	7	35.24	85.47	102.34	89.87	正常
5	6	−6.48	52.94	63.62	55.43	正常
6	9	36.21	132.14	212.34	174.28	重度故障
6	9	34.98	99.87	117.81	111.24	正常
7	10	32.14	94.55	112.34	110.42	正常
7	8	25.41	109.24	143.27	117.97	轻度故障
8	6	22.47	83.89	128.47	124.55	轻度故障
10	11	32.33	89.65	103.68	103.68	正常

8.3.3　模型性能分析

从某种角度来看,对于二元分类问题,常用的评价标准有准确率、精度、回收率和 F1 分数。泛化到多分类情况中,应以二分类为基础进行宏平均,计算每个类的评价指标,然后求平均值。表达式如下:

$$\text{Acc} = \frac{TP + TN}{\text{Total}} \tag{8-29}$$

$$\text{Macro\_P} = \frac{1}{n}\sum_{i=1}^{n} P_i = \frac{1}{n}\sum_{i=1}^{n}\frac{TP_i}{TP_i + FP_i} \tag{8-30}$$

$$\text{Macro\_R} = \frac{1}{n}\sum_{i=1}^{n} R_i = \frac{1}{n}\sum_{i=1}^{n}\frac{TP_i}{TP_i + FP_i} \tag{8-31}$$

$$\text{Macro\_F1} = \frac{1}{n}\sum_{i=1}^{n} F1_i = \frac{1}{n}\sum_{i=1}^{n} 2\frac{P_i \times R_i}{P_i + R_i} \tag{8-32}$$

式中：TP 是真正例；FP 是假正例；TN 是真负例；Total 是样本总体数量；n 是类别数；P_i 是第 i 类的精度；R_i 是第 i 类的查全率。

　　为了确认模型的有效性，针对其他相关模型开展了对比实验。与深度神经网络模型相比，其不同点在于，其他模型不进行划分区域这一步骤，直接选择电抗器的通用数据进行训练。模型输入是经过预处理的数据，例如去噪。得到的模型评价指标见表 8-5。本节以主网络作为模型的评价对象。

表 8-5　不同模型性能指标对比

方　　法	ACC	Macro_P	Macro_R	Macro_F1
支持向量机	0.805	0.613	0.624	0.618
KNN 分类器	0.925	0.864	0.878	0.871
决策树	0.825	0.767	0.794	0.780
普通神经网络	0.855	0.827	0.831	0.829
深度神经网络	0.923	0.934	0.941	0.938

　　从表 8-5 可以看出，深度神经网络模型和 KNN 分类器在性能比较方面优于其他类似的模型。从准确率来看，KNN 模型准确率在一定程度上高于深度神经网络模型，但从精度和召回率来看，却远低于深度神经网络模型。由此可以得出，深度神经网络故障诊断模型的综合性能较好，是开展干式空心电抗器局部故障早期识别的有效途径。

8.4　本章小结

　　针对现有干式空心电抗器过热故障诊断方法的不足，提出了一种基于温度检测和深度神经网络模型的干式空心电抗器故障程度评估模型，并设计了一种温度监测系统。根据干式空心电抗器在稳态运行状态下的温度分布规律和结构特点，将电抗器划分为若干子域，每个子域代表一个区域，子网特征输出状态为主网输入，主网输出对应电抗器的一般运行状态，形成层次结构。每个子域都有相应的故障诊断模型，通过分区诊断方法，对局部故障进行有效预警。通过对比实验，验证了深层神经网络算法在干式空心电抗器过热故障诊断中的有效性。

8.5　参考文献

[1] 梅生伟.电力系统的伟大成就及发展趋势[J].科学通报,2020,65(6):442-452.

[2] 张松,李兰芳,赵刚,等.TCT式可控并联电抗器晶闸管阀取能方式分析[J].电力系统自动化,2016,40(8):98-102.

[3] 孙英杰,段晓辉,卢彦辉,等.800kV断路器切并联电抗器试验分析[J].电气应用,2016,35(5):42-45.

[4] Zheng T, Zhao Y J, Jin Y, et al. Design and analysis on the turn-to-turn fault protection scheme for the control winding of a magnetically controlled shunt reactor[J]. IEEE Transactions on Power Delivery,2014,30(2):967-975.

[5] 周勤勇,郭强,卜广全,等.可控电抗器在我国超/特高压电网中的应用[J].中国电机工程学报,2007(7):1-6.

[6] 吴长江.电抗器温度场分布及光纤测温系统的研究[D].西安:西北工业大学,2005.

[7] 王耀,罗新,谷裕.干式空心电抗器关键运维技术及使用寿命研究综述[J].机电信息,2018(9):15.

[8] Yan X, Yu C. Magnetic field analysis and circulating current computation of air core power reactor[C]. In: 2011 Asia-Pacific Power and Energy Engineering Conference. IEEE,2011:1-3.

[9] 苗俊杰,姜庆礼.500kV变电站35kV干式电抗器故障分析[J].电力电容器与无功补偿,2012,33(2):65-69.

[10] 邓春,陈豪,沈丙申,等.昌平站35kV串联电抗器短路事故分析和反措建议[J].华北电力技术,2009(10):38-41.

[11] 杨宇斌.广东地区10kV干式空心串联电抗器烧毁故障原因分析及解决方案[D].广州:华南理工大学,2018.

[12] 张龙.干式空心电抗器匝间短路故障监测技术研究[D].西安:西安工程大学,2018.

[13] Veloza O P, Santamaria F. Analysis of major blackouts from 2003 to 2015: Classification of incidents and review of main causes[J]. The Electricity Journal,2016,29(7):42-49.

[14] 周勇,陈震海.华中(河南)电网"7.1"事故分析与思考[J].湖南电力,2008(3):28-30.

[15] 李威,丁杰,姚建国.智能电网发展形态探讨[J].电力系统自动化,2010,34(2):24-28.

[16] Matsushita K, Tazumi Y, Ishiguro F, et al. Applications of mutually coupled reactor[J]. IEEE Transactions on Power Apparatus and Systems,1984(3):530-535.

[17] Gou X Q, Liu X D, Yang H, et al. Simulation study of the influence of turn-to-turn insulation fault on inductance of dry-type air-core reactors[J]. High Voltage Apparatus,2015(51):117-121.

[18] Yan X K, Dai Z B, Yu C Z, et al. Research on magnetic field and temperature field of air core power reactor[C]. In: 2011 International Conference on Electrical Machines and Systems,IEEE,2011:1-4.

[19] Wang Y, Liu L, Zhang M, et al. Review on Inter-turn Insulation Detection of Dry-type Air Core Reactor[J]. Power Capacitor & Reactive Power Compensation,2018(1):19.

[20] 李德超.干式空心电抗器故障原因分析及处理措施[J].电力电容器与无功补偿,2014,35(6):86-90.

[21] Nakamura T, Taguchi Y, Ogasa M. Effective method of using electromagnetic coupling of

air-core reactor［C］. In：IECON 2012-38th Annual Conference on IEEE Industrial Electronics Society，IEEE，2012：362-367.

［22］ Zhou D Z,Xv M K,Du X M,et al. Study for spatial magnetic field distribution of inter-turn short-circuit fault degree in dry air-core reactors［C］. 2018 13th IEEE Conference on Industrial Electronics and Applications (ICIEA)，Wuhan，2018.

［23］ 杨振宝,黄文武,赵彦珍,等. 基于 ANSYS Maxwell 的干式空心电抗器匝间短路故障瞬态特性的仿真分析[J]. 实验科学与技术,2018,16(6)：50-53.

［24］ Zhao Y,Ma X,Yang J. Online detection of inter-turn short circuit faults in dry-type air-core reactor[J]. International Journal of Applied Electromagnetics and Mechanics,2012,39(1-4)：443-449.

［25］ Yang J,Zhao Y,Ma X. An online detection system for inter-turn short circuit faults in dry-type air-core reactor based on LabVIEW［C］. IEEE 2011 International Conference on Electrical Machines and Systems,Beijing,2011.

［26］ 凌云,赵彦珍,肖利龙,等. 高电压大容量干式空心电抗器匝间短路故障在线监测方法[J].高电压技术,2019,45(5)：1600-1607.

［27］ 王和杰,徐广鹗,周徐达,等. 干式空心并联电抗器匝间短路状态下损耗分析[J]. 电力与能源,2018,39(2)：160-161.

［28］ Zhuang Y,Wang Y,Zhang Q. Study on turn-to-turn insulation fault condition monitoring method for dry-type air-core reactor[C]. In：2015 IEEE 11th International Conference on the Properties and Applications of Dielectric Materials (ICPADM),IEEE,2015：305-308.

［29］ Liu H,Wang Y,Gao Z,et al. Feasibility analysis of impedance monitoring method for turn-to-turn insulation fault of Dry-type Air-core Reactor[C]. In：2016 International Conference on Condition Monitoring and Diagnosis (CMD),IEEE,2016：152-155.

［30］ Xu L,Chen Y,Shi J,et al. On-line monitoring technology of interturn short circuit in dry reactor based on impedance micro-incremental identification［J］. Journal of Physics：Conference Series,2019,1345(2)：022058.

［31］ 湛志华. 废弃电路板环氧树脂真空热裂解实验及机理研究[D]. 长沙：中南大学,2012.

［32］ 王梓,刘滨,邹建明,等. 基于 TVOC 检测的干式空心电抗器过热故障诊断方法[J]. 高电压技术,2017,43(11)：3756-3762.

［33］ Song M,Ren L,Cao K N,et al. Design and test of saturable reactor[J]. Advanced Materials Research,2012,516-517：1342-1347.

［34］ 张鹏宁,李琳,聂京凯,等.考虑铁芯磁致伸缩与绕组受力的高压并联电抗器振动研究[J]. 电工技术学报,2018,33(13)：3130-3139.

［35］ 潘信诚,马宏忠,陈明,等.基于 CRP 和 RQA 的高压并联电抗器振动信号分析[J].大电机技术,2019(3)：62-67.

［36］ 魏新劳.大型干式空心电力电抗器设计计算相关理论研究[D].哈尔滨：哈尔滨工业大学,2002.

［37］ 赵海翔. 干式空心电抗器平均温升的拟合计算法[J]. 变压器,1999,36(12)：7-9.

［38］ 董建新,舒乃秋,闫强强,等. 干式空心并联电抗器过热性故障温度场耦合计算与分析[J]. 武汉大学学报(工学版),2018,51(5)：437-442.

［39］ Ortiz C,Skorek A W,Lavoie M,et al. Parallel CFD analysis of conjugate heat transfer in a dry-type transformer［J］. IEEE Transactions on Industry Applications,2009,45 (4)：

1530-1534.

[40] Gastelurrutia J,Ramos J C,Larraona G S,et al. Numerical modelling of natural convection of oil inside distribution transformers[J]. Applied Thermal Engineering,2011,31(4)：493-505.

[41] Skillen A,Revell A,Iacovides H,et al. Numerical prediction of local hot-spot phenomena in transformer windings[J]. Applied Thermal Engineering,2012(36)：96-105.

[42] Ahn H M,Kim J K,Oh Y H,et al. Multi-physics analysis for temperature rise prediction of power transformer[J]. Journal of Electrical Engineering and Technology,2014,9(1)：114-120.

[43] 叶占刚. 干式空心电抗器的温升试验与绕组温升的计算[J]. 变压器,1999(9)：6-12.

[44] 吴声治,吴迪顺,鄢庶. 干式空心电抗器设计和计算方法的探讨[J]. 变压器,1997(3)：18-22.

[45] Deng Q, Li Z B,Yin X G,et al. Steady thermal field simulation of forced air-cooled column-type air-core reactor[J]. High Voltage Engineering,2013,39(4)：839-844.

[46] Yuan Z, He J, Pan Y, et al. Thermal analysis of air-core power reactors[J]. ISRN Mechanical Engineering,2013：1-6.

[47] Yan X K,Dai Z B,Zhang Y L,et al. Fluid-thermal field coupled analysis of air core power reactor[C]. In：2012 Sixth International Conference on Electromagnetic Field Problems and Applications,IEEE,2012：1-4.

[48] Yuan F T,Yuan Z,Liu J X,et al. Research on temperature field simulation of dry type air core reactor[C]. In：2017 20th International Conference on Electrical Machines and Systems(ICEMS),IEEE,2017：1-5.

[49] Wang Y, Chen X,Pan Z,et al. Theoretical and experimental evaluation of the temperature distribution in a dry type air core smoothing reactor of HVDC station[J]. Energies,2017,10(5)：623.

[50] Zhang Y J,Qin W N,Wu G L,et al. Analysis of temperature rise in reactors using coupled multi-physics simulations[C]. In：2013 IEEE International Conference on Applied Superconductivity and Electromagnetic Devices,IEEE,2013：363-366.

[51] Chen F,Zhao Y,Ma X. An efficient calculation for the temperature of dry air-core reactor based on coupled multi-physics model[C]. In：2012 Sixth International Conference on Electromagnetic Field Problems and Applications,IEEE,2012：1-4.

[52] 姜志鹏,周辉,宋俊燕,等. 干式空心电抗器温度场计算与试验分析[J]. 电工技术学报,2017,32(3)：218-224.

[53] Cao J F, Chen T C,Jiang Z P,et al. Coupling calculation of temperature field for dry-type smoothing reactor[C]. In：2014 17th International Conference on Electrical Machines and Systems(ICEMS),IEEE,2014：3259-3263.

[54] 许冬良,余育刚,徐小明,等. 探讨红外线成像测温技术在变电站设备中的应用[J]. 自动化应用,2018(2)：84-85.

[55] 吴冬文. 35kV 干式电抗器温度场分布及红外测温方法研究[J]. 变压器,2013,50(9)：62-65.

[56] 张志东,刘建月,高若天,等. 红外测温技术在干式电抗器接地系统发热检测中的应用[J]. 电力电容器与无功补偿,2017,38(1)：100-104.

[57] 郭小兵,束洪春,朱涛,等. FBG 无线测温系统在干式空心电抗器监测中的应用[J]. 传感器与微系统,2016,35(6):149-150.

[58] 周延辉,赵振刚,李英娜,等. 埋入 35kV 干式空心电抗器的光纤布拉格光栅测温研究[J]. 电工技术学报,2015,30(5):142-146.

[59] Li X J,Xie Z Y,Liang X B,et al. Application Situation of Distributed Optical Fiber Temperature Measurement Technology in Power System[C]. In:Advanced Materials Research. Trans. Tech. Publications Ltd.,2014(846):918-921.

[60] Chudnovsky B H. Electrical contacts condition diagnostics based on wireless temperature monitoring of energized equipment[C]. In:Electrical Contacts-2006. Proceedings of the 52nd IEEE Holm Conference on Electrical Contacts,IEEE,2006:73-80.

[61] Nayak K,Nanda K,Dwarakanath T,et al. Data centre monitoring and alerting system using wsn[C]. In:2014 IEEE International Conference on Electronics,Computing and Communication Technologies (CONECCT),IEEE,2014:1-5.

[62] 田应富. 变电站干式电抗器故障监测方法研究[J]. 南方电网技术,2010,4(S1):60-63.

[63] 李春. 干式空心电抗器温度场仿真与温度在线监测系统研究[D]. 重庆:重庆大学,2018.

[64] Occhiuzzi C,Amendola S,Manzari S,et al. Industrial RFID sensing networks for critical infrastructure security[C]. In:2016 46th European Microwave Conference (EuMC). IEEE, 2016:1335-1338.

[65] Sabah S,Buehler T,Buchter F. Temperature monitoring of switchgear utilizing surface acoustic wave wireless sensors[C]. 2011 IEEE/PES Power Systems Conference and Exposition,Seattle,WA(US),2011.

[66] 赵文清,王强,牛东晓. 基于贝叶斯网络的电抗器健康诊断[J]. 电力自动化设备,2013, 33(1):40-43.

[67] Richardson Z J,Fitch J,Tang W H,et al. A probabilistic classifier for transformer dissolved gas analysis with a particle swarm optimizer[J]. IEEE Transactions on Power Delivery, 2008,23(2):751-759.

[68] 吴金利,马宏忠,吴书煜,等. 基于振动信号的高压并联电抗器故障诊断方法与监测系统研制[J]. 电测与仪表,2020,57(1):113-120.

[69] 赵春明,张雷,敖明,等. 基于 ANN 的大型干式电抗器的超高频局放检测技术[J]. 变压器, 2017,54(10):54-57.

第**9**章

基于紫外视频和MiCT时空网络的
变电站内绝缘子放电严重程度评估

9.1 引言

9.1.1 研究背景及意义

随着我国经济社会的不断发展,电力消费在能源消费中的占比逐渐增多,这对电力系统的安全稳定运行提出了更高的要求。电力系统中绝缘子应用广泛[1],变电站门型架构上的绝缘子(图 9-1)长期受辐照、污秽及其他恶劣环境因素的影响会降低其绝缘性能[2-3],严重情况下会发生绝缘子闪络,造成供电中断,影响人们的正常生活和工作[4-5]。因此,对绝缘子巡检并及时解决存在的问题是十分重要的。巡检机器人上搭载多光谱成像检测已成为电力系统高压设备检测的技术发展趋势之一[6]。人工巡检任务强度高、巡检要求苛刻并且具有一定的危险性[7-8],而且由

图 9-1 变电站门型架构上的绝缘子

于工作人员专业能力有别等因素,人工处理巡检机器人传回的大量巡检图像容易导致故障的漏判和误判[9],难以及时、全面地掌握电力设备的绝缘状态[10]。人工智能技术的发展给大批量巡检图像及视频的准确检测带来了新思路[11]。

日盲紫外成像技术灵敏度高,可发现绝缘子早期放电,非接触式观测的特点使其安全性也较高。由于紫外成像技术的优势及巡检机器人的发展,紫外成像技术已应用于电气设备的巡检工作中[12]。绝缘子放电过程常伴随着声信号发射,放电情况不同,声发射信号也不同,所以可利用声发射信号检测绝缘子状态[13]。泄漏电流也可表征绝缘子状态,而且泄漏电流法也经常用于评估绝缘子绝缘状态[14]。基于此,结合电参量和非电参量的绝缘子状态检测方法具有良好的发展前景。

近年来,基于深度学习的图像处理方法不断发展,深度学习方法可整合不同维度特征进行组合学习,识别精度高,泛化能力强,在识别准确度和速度上得到大幅提升[15]。由于紫外成像仪所观测到的光子数的波动性及不稳定性,尤其是放电严重时紫外光斑变化明显[16],如果只是截取到了放电严重时的小光斑图像,基于静态紫外图片的评估方法可能会低估绝缘子的放电严重程度。文献[16]提出采用1分钟大光斑面积图像帧的数量表征污秽放电特点,该参量虽然描述了光斑变化的时间信息,但无法表达光斑相对绝缘子本身的大小占比、光斑位置及数量等丰富的空间特征。放电紫外视频不仅包含绝缘子放电光斑的空间维度特征,还包含放电过程中光斑变化的时间维度特征。紫外视频包含了更为丰富的绝缘子放电信息,更加适合对绝缘子放电严重程度进行评估。本章基于紫外视频并结合深度学习方法对绝缘子的放电严重程度进行评估,能够及时准确地检出电网中的绝缘子放电并根据严重程度给出不同的处理建议,一定程度上降低了绝缘子故障停电风险,提高了电网运行稳定性,具有一定的工程意义。

9.1.2　国内外研究现状

国内外学者已在绝缘子状态检测与评估方面开展了相关研究,本部分将从绝缘子紫外检测方法和人工智能图像、视频检测方法两个方面展开。

1. 绝缘子紫外检测方法

绝缘子存在缺陷或正常绝缘子表面存在污秽时,在不同运行工况下可能会发出声、热红外和光信号,对这些信号进行检测即可有效检出问题并及时采取处理措施。常用的检测方法有电场测量法、泄漏电流法、红外热成像测温法、声波测量法、超声波测量法及紫外成像法。国内外学者在绝缘子放电状态评估方面主要开展了以下工作:文献[17]根据泄漏电流大小,将绝缘子绝缘状态进行了安全、预报和警告区域的划分。文献[18]通过研究绝缘子放电模型,发现绝缘子表面泄漏电流与污秽程度存在密切联系,并据此设计了高速列车车顶绝缘子状态监测系统。文献

[19]基于双重人工神经网络建立了绝缘子污闪概率模型,拟合了环境条件、等值盐密与污秽闪络电压的关系,对绝缘子污闪概率进行了评估。文献[20]提出剧烈放电发生时,大于特定阈值的泄漏电流脉冲数会增加,根据过阈值的脉冲数量提出了闪络预警判据。文献[21]根据放电时产生的泄漏电流的幅值、谐波比、相位以及电压相位,基于模糊神经网络对绝缘状态进行了评估。

紫外、可见光和红外 3 个谱段构成了电晕放电的光谱,光谱辐射强度随电压的增加而变化,紫外波段辐射的增加尤为明显。

紫外成像仪可对放电区域辐射出的紫外光信号进行成像,从而进行放电检测。紫外成像通道主要由紫外透镜、日盲滤光片、光电阴极、MCP、荧光屏、CCD、光纤锥等部件构成。紫外通道(图 9-2)仅能对放电区域进行成像,无法对设备本体成像,为了能定位放电位置,紫外成像仪还装有可见光通道用来成像设备本体,再通过图像融合算法将可见光图像与紫外图像叠加,从而确认放电位置[22]。

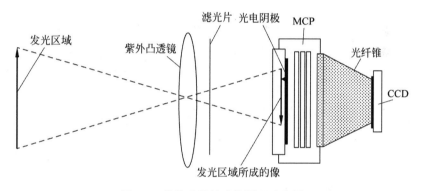

图 9-2　紫外通道的成像原理示意图

紫外成像法具有非接触、灵敏度高、抗干扰、可观测到早期放电等特点[23]。大气中的臭氧可吸收太阳光中 240～280nm 的紫外光,该波段被称为"日盲"波段,日盲紫外成像不受太阳光干扰,在白天也可使用。放电产生的紫外光在紫外通道中成像,可见光通道可对绝缘子等电气设备本身及环境背景成像,两路图像融合可定位放电位置。紫外成像法通过检测电离气体产生的紫外光来检测设备的放电现象,具有非接触、定位精度高、抗干扰能力强等优点。泄漏电流法通过检测泄漏电流来表征绝缘子状态,是一种常用的绝缘子放电检测方法。放电产生的能量一部分以声能的形式发射,可通过检测声音信号监测绝缘子状态[24]。紫外成像法、泄漏电流法和声发射信号法均用于绝缘子状态检测,但较少将三种方法结合起来,本章结合三种方法来反映绝缘子的放电情况。

2. 基于深度学习的图像、视频检测方法

深度学习可处理大规模、高维度的数据,通过构建深层神经网络学习深层语义特征。2006年，Hinton等提出了利用无监督的初始化与有监督的微调解决此前神经网络出现的局部最优解问题[25]，这一年也被称为深度学习元年。目前，根据网络结构的特点，深度学习模型可分为卷积神经网络（convolutional neural network，CNN）、循环神经网络（recurrent neural network，RNN）及生成式对抗网络（generative adversarial network，GAN）。

视觉图像具有丰富的语义性与结构性，基于图像的深度学习检测方法，在多个领域都取得了极大进展。如应用于修复图像的DCGAN（deep convolutional GAN）网络[26]；应用于高清成像的超分辨率技术SRCNN（super-resolution CNN）[27]；应用于物体检测及目标识别的Faster RCNN（regions with convolutional neural networks）[28-29]、YOLO（you only look once）[30-31]、SSD（single shot multi box detector）[32-33]等。更多的应用情况如图9-3所示。

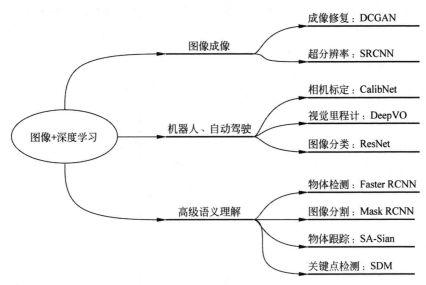

图9-3　基于图像的深度学习应用领域

图像序列组合形成视频，基于深度学习的视频行为、动作识别被应用于视频监控、人机交互、智能家居、运动检索及医疗保健等领域[34]。传统视频动作识别方法一般需要人工设计视频时空特征，计算复杂性高，泛化能力差，如SIFT[35]（scale-invariant feature transform）、HOG-3D[36]（3D histogram of oriented gradient）、STIPs[37]（space time interest points）等方法。近些年来，将深度学习应用于视频动作识别逐渐成为国内外研究热点，传统的二维卷积神经网络无法获取连续图像帧的时域特征信息。文献[38]提出了一种结合卷积神经网络和LSTM（long short-term memory）网络的新网络LRCN（long-term recurrent convolutional networks），该网络可处理视频输入，对视频中的动作进行识别，网络框架如图9-4所示。

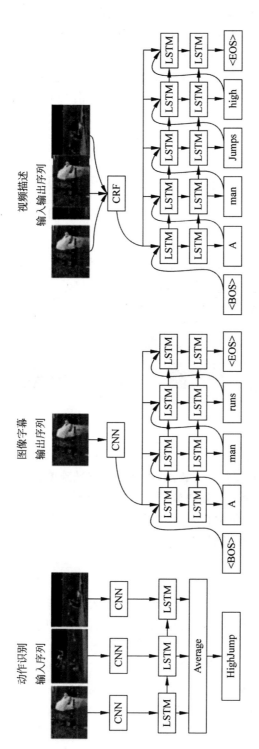

图 9-4　LRCN 网络框架

文献[39]融合空间及时间特征,提出分离式长期循环卷积网络(separate long-term recurrent convolutional networks,S-LRCN),基于面部动态表情序列识别微表情,辅助教学评价。文献[40]针对视频中的动作识别构建了一种双流网络架构,并进行了空间流和时间流的融合,对融合方式和融合位置进行了讨论,并在不增加计算参数的前提下提升了网络性能,时空融合架构如图9-5所示。其他视频识别算法还有 TSN[41](temporal segment networks),其可对长范围时间结构进行建模。

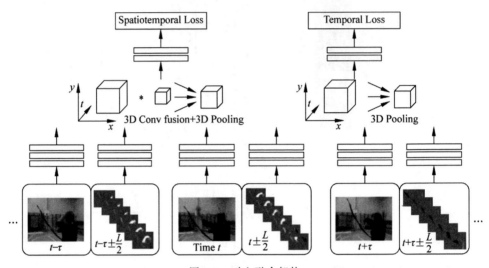

图 9-5 时空融合架构

在基于深度学习的绝缘子图像识别分析领域,文献[42]结合全卷积网络及YOLO 算法对绝缘子故障图像进行检测,提高了检测准确度。文献[43]采用深度卷积神经网络,对劣化绝缘子红外图像进行了分类诊断。而在基于深度学习的视频分析识别领域,主要工作集中在人体动作、行为、表情的识别,在绝缘子视频分析评估方面的工作需要进一步开展。

9.1.3 本章主要工作

本章搭建了绝缘子放电多参量研究平台,基于人工智能算法完成了绝缘子放电严重程度紫外视频数据库的标注,基于深度学习算法实现了绝缘子放电严重程度评估,主要研究内容如下。

(1)搭建了绝缘子放电多参量研究平台,采集了从电晕开始到临近闪络的放电过程中的绝缘子紫外视频及其对应的泄漏电流、放电声压级同步参量;分析了不同放电情况的紫外视频特性,完成了视频时长、帧率和分辨率的标准化;对比分析了同步参量特性,研究得到了紫外视频及其同步参量的关联关系。

(2)对试验获得的放电紫外视频、泄漏电流和放电声压级参量进行了预处理及归一化构成三维样本数据,基于 K-means 算法实现三维样本数据聚类并根据簇内密度和轮廓系数两个指标对 K 值进行调优。根据聚类结果完成了绝缘子放电严重程度分级,根据分级结果对紫外视频进行了标注并建立了包含 V1、V2、V3、V4 四种不同放电严重程度的紫外视频数据库。

(3)采用基于三维时空卷积的 MiCT 深度学习网络模型提取紫外视频时域及空域特征,基于两种时空网络完成了对紫外视频数据库的训练。研究了学习率、权重衰减、批处理尺寸及网络深度对网络训练、识别准确度、模型损失等的影响,基于研究结果进行了算法模型优化,更好地实现了绝缘子放电严重程度的评估。

(4)为了更加方便地对绝缘子放电严重程度进行评估,基于优化后的网络模型,使用 Python 语言,采用 TKinter 模块开发了悬式绝缘子放电严重程度评估软件并进行了实验室测试。

9.2 绝缘子放电试验及紫外视频数据库的建立

9.2.1 基于绝缘子放电试验的紫外视频及其同步参量的获取及分析

图 9-6 展示了试验平台及接线。试验变压器型号为 YTDW-1200/300,最大耐受电压为 250kV,一次侧额定电流 4A。人工雾室尺寸为 1.9m×1.9m×2.3m,透紫外玻璃尺寸为 1m×2m,该玻璃在 240～280nm 波段的透光率＞98%。采用 FCGWB66kV-200A 复合式穿墙套管,采用 AZ8901 温湿度传感器测量箱体内的温湿度,超声波加湿器型号为 OSR-09C,最大出雾量为 9000mL/h。为保证雾室中出雾均匀,在室内四周布置管道,在管道上均匀设置出雾口。通过改变人工雾室的湿度、绝缘子的污秽度及绝缘子施加电压来获取不同放电情况下的绝缘子紫外视频及泄漏电流、声压级同步参量。

截取放电紫外视频中的 5 帧紫外图像用来表示放电过程,图像截取时间间隔均匀。如图 9-7 所示,绝缘子稳定放电时大光斑出现在绝缘子高压侧,整串绝缘子不只有一处放电点,绝缘子低压侧第 2、3、4 片绝缘子伞裙以及其间的绝缘护套均有放电,放电光子数在 218 左右波动,波动范围达到 73。泄漏电流有效值为 11.98mA;放电声压级最大值为 60.1dB,最小值为 58.3dB。

如图 9-8 所示,绝缘子严重放电时放电光斑几乎铺满整个屏幕,绝缘子从高压侧至低压侧整个表面都发生放电,这种情况下有可能会发生闪络。放电光子数在 1998 左右剧烈波动,波动范围达到了 299,而单独的紫外图像不能反映光子数的波动情况。泄漏电流有效值为 337.2mA;放电声压级最大值为 69.8dB,最小值为 67.8dB。

随着放电发展,光子数、泄漏电流、放电声压级数值均增大,说明三者对放电过程的反映具有一致性。相对于泄漏电流和放电声压级,紫外成像仪可定位放电位

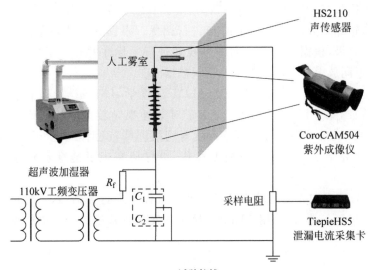

(a) 试验接线

(b) 现场试验

图 9-6　试验接线及现场试验图

置。紫外成像仪具有光子累积效应,默认每 5 帧统计一次光子数。声传感器的采样频率较低,会丢失部分放电信息。泄漏电流采集卡采样频率高,采集的泄漏电流数据点最多,泄漏电流包含更多的放电信息。早期轻微放电声压级数值与无放电时差距较小,说明声传感器对早期放电探测不如紫外成像仪灵敏。放电声压级幅值在放电剧烈时的数值较紫外光子数更稳定。三参量体系可从电量和非电量两个角度更立体地获取放电信息。紫外视频标准化处理时将时长控制在 7s 左右,同步采集该段视频对应的泄漏电流和放电声压级,构成一组三维样本数据,以备紫外视频数据库的建立和标注。图 9-9 为一组三维样本数据示例。

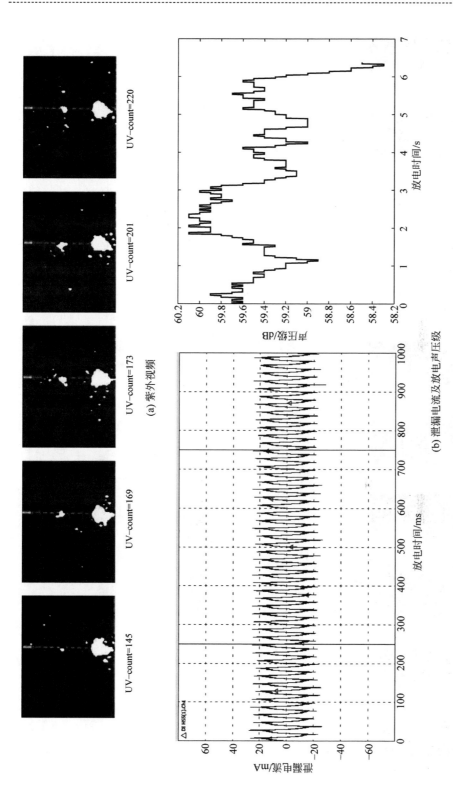

(a) 紫外视频

(b) 泄漏电流及放电声压级

图 9-7　稳定放电时的紫外视频及其同步参量

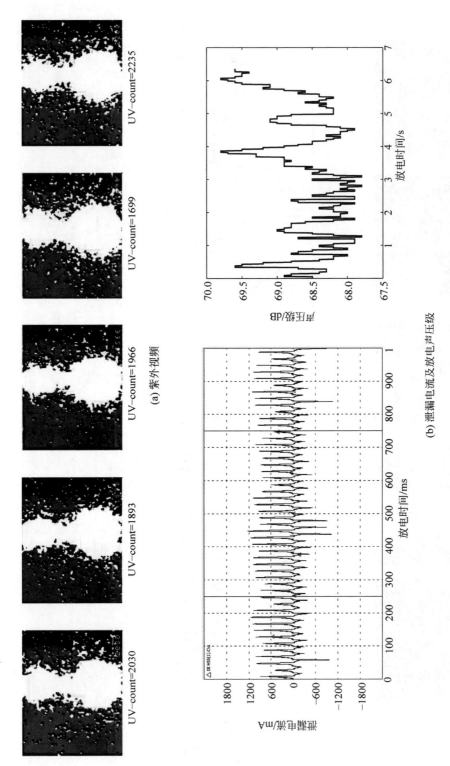

(a) 紫外视频

(b) 泄漏电流及放电声压级

图 9-8　严重放电时的紫外视频及其同步参量

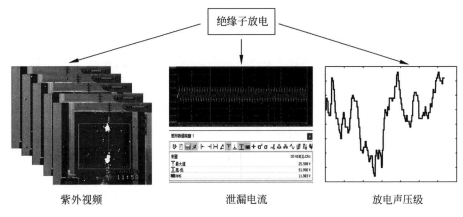

图 9-9　三维样本数据示例

9.2.2　基于 K-means 的绝缘子放电紫外视频标注及数据库建立

紫外视频的有效标注影响着深度学习算法的评估效果,本节开展了基于智能算法的紫外视频数据库标注工作。紫外视频标注方法如图 9-10 所示。首先对第 2 章试验中同步采集的紫外视频、泄漏电流和放电声压级数据进行预处理,形成三维样本点(UV_{ave},$I_{e\text{-}ave}$,A_{re});然后对三维样本点数据进行归一化处理以消除指标量纲的影响,归一化完成后基于上节所述分级算法进行 K-means 聚类及参数调优,分级算法处理结束后可获得三维样本点对应的放电严重程度级别;最后根据分级结果标注三维样本点所对应的紫外视频并构建绝缘子放电紫外视频数据库。

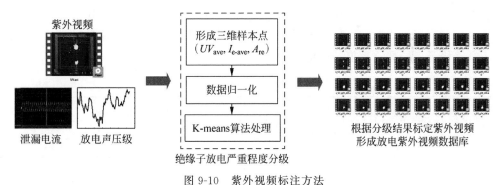

图 9-10　紫外视频标注方法

1. 三维样本数据预处理

紫外成像仪在采集紫外视频时会计算并显示紫外图像帧中的紫外光子数,选择紫外光子数作为紫外参量,提取紫外视频中每帧紫外图片的紫外光子数,计算其紫外光子计数均值(UV_{ave}),以此作为三维样本点的紫外特征参量。计算方法如下:

$$UV_{ave} = \frac{\sum_{i=1}^{n} UV_i}{n}$$ (9-1)

式中：n 表示紫外视频帧数；UV_i 表示每帧紫外图片的光子计数值。

泄漏电流有效值的计算方法如下：

$$I_e = \sqrt{\frac{I_1^2 + I_2^2 + I_3^2 + \cdots + I_n^2}{N}}$$ (9-2)

式中：$I_1, I_2, I_3, \cdots, I_n$ 为泄漏电流采样值；I_e 为泄漏电流有效值；N 为 1s 采样时段内采集卡所有采样点数，每秒保存一次泄漏电流数据。对应紫外视频同步采集泄漏电流，计算该段时长的泄漏电流有效值均值作为三维样本点的泄漏电流特征参量（$I_{e\text{-ave}}$）。

放电声传感器每秒采集 100 个声数据点，计算所有声数据点的声压级均值反映不同放电情况下的放电声压级。试验过程中难免存在环境噪声的干扰，这里采用相对声压级，计算方式如下：

$$A_{re} = \frac{\sum_{i=1}^{m} (A_{i\text{-ave}} - A_{env})}{m}$$ (9-3)

式中：$A_{i\text{-ave}}$ 为每秒所采集放电声压级数据值均值；A_{env} 为试验前绝缘子不加电压时的环境声压级值；m 为与放电声压级数据相对应紫外视频的视频时长。相对声压级 A_{re} 作为三维样本点的声信号特征参量。

对所采集数据点进行数据预处理后得到 UV_{ave}、$I_{e\text{-ave}}$、A_{re}，部分数据示例如表 9-1 所示。从表中可以看出，随着紫外光子计数均值的增大，泄漏电流有效值均值及相对声压级均值都大致呈上升趋势，这与试验结果是一致的，说明联合三参量表征绝缘子不同严重程度的放电是可行的。

表 9-1　部分三维样本点示例

序号	UV_{ave}	$I_{e\text{-ave}}$	A_{re}	序号	UV_{ave}	$I_{e\text{-ave}}$	A_{re}
1	10	6.526	2.1	11	97	22.145	19.3
2	11	6.635	2.9	12	138	36.269	23.1
3	12	6.785	3.1	13	229	50.042	23.5
4	19	7.152	4.8	14	283	57.1	24.8
5	20	7.598	4.9	15	333	58.4	25.1
6	21	7.984	5.1	16	341	58.421	26.1
7	30	9.568	7.2	17	351	58.651	26.3
8	44	12.839	12.1	18	354	59.415	26.7
9	45	13.598	13.2	...	...	...	...
10	52	22.049	19.1				

2. 基于 K-means 的绝缘子放电严重程度分级

K-means 方法适用于试验提取的三维样本，其收敛速度较快，聚类结果较优，原理的可解释性强。K 值的选择对聚类效果影响较大，需对其进行调优。这里采用簇内密度和（D-Sum）及轮廓系数（silhouette coefficient，SC）对参数 K 进行选择调优。K-means 聚类及参数调优的流程如图 9-11 所示。

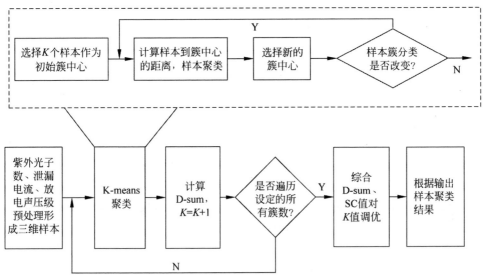

图 9-11　K-means 聚类及参数调优流程

设定样本初始簇数 K 为 1，进行 K-means 聚类，聚类过程如下。

（1）选择初始聚类中心 $m^{(0)} = (m_1^{(0)}, \cdots, m_l^{(0)}, \cdots, m_k^{(0)})$，聚类中心个数为 K。

（2）簇中心 $m^{(t)} = (m_1^{(t)}, \cdots, m_l^{(t)}, \cdots, m_k^{(t)})$，其中 t 表示第 t 轮计算，$m_l^{(t)}$ 是 G_l 簇的样本聚类中心，计算样本集合中每个样本与聚类中心的距离并将样本分到距离其最近的类中。

（3）计算新的簇中心。聚类结果 $C^{(t)}$ 中，计算当前各类中样本均值作为新的簇中心 $m^{(t+1)} = (m_1^{(t+1)}, \cdots, m_l^{(t+1)}, \cdots, m_k^{(t+1)})$。

（4）迭代过程中的样本簇分类不再改变时停止迭代。

完成一次 K-means 聚类后，计算该 K 值下的 D-sum 值，K 值增 1，直至遍历完所给定的所有簇数。本章设置最大簇数为 10，根据不同 K 值下的 D-sum 值及 SC 值选择最优簇数，并输出样本聚类结果。K 值增加，簇中数据相似度会提高，这时 D-sum 就会变得越来越小；当 K 值小于最优的分类簇数时，K 值的增加会大大提高每个簇的聚集度，D-sum 值下降明显；当 K 值大于最优分类簇数时，随着 K 值的进一步增加，D-sum 值会进一步下降，但每簇内的数据聚集度变化不明显，D-sum 值变化也不再明显。D-sum 值的计算公式如下：

$$\text{D-sum} = \sum_{i=1}^{k} \sum_{p \in C_i} |p - m_i|^2 \tag{9-4}$$

式中：C_i 是第 i 个簇；p 是 C_i 中的一个数据点；m_i 是第 i 个簇的簇中心；D-sum 值反映了样本簇内密度和。

对于簇中的某个样本，$a(i)$ 表示簇内聚合度，反映样本 i 与簇内其他点的不相似程度，$b(i)$ 表示簇间分离度，反映样本 i 到其他簇的平均不相似程度的最小值。

$SC(i)$ 的计算公式如下：

$$SC(i) = \frac{b(i) - a(i)}{\max\{a(i), b(i)\}} \tag{9-5}$$

所有样本 $SC(i)$ 的均值定义为轮廓系数 SC，SC 的取值介于 -1 和 1 之间，同簇内样本越紧密，不同簇内样本距离越大，SC 值越高。

本章样本数据属于三维样本，包括紫外光子数、泄漏电流及放电声压级数据。不同类型的数据因量纲不同会给 K-means 聚类带来影响，计算不同样本之间距离时，数量级或者说变化范围更大的特征量会对距离计算的影响更大，影响距离计算精度。例如本章中紫外光子数最大值大于 1000，而放电声压级最大只有数十分贝，为了消除这种影响需要对原始数据进行 Z-score 归一化处理，从而提高计算速度及精度。K-means 聚类过程中，初始 K 值设定为 1，迭代计算直至 $K=10$ 为止。K-means 聚类完成后计算 D-sum 值及轮廓系数值，为下面 K-means 中 K 值调优提供依据。

$K=3$、$K=5$、$K=7$、$K=9$ 时的聚类结果如图 9-12 所示。根据不同 K 值下的聚类结果给输入数据标上类别标签，分别计算 D-sum 值及 SC 值。以相邻 D-sum 值下降百分比表示 D-sum 值的下降速率，不同 K 值下的 D-sum 值下降速率如表 9-2 所示。

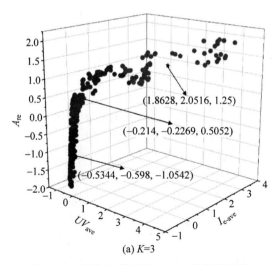

图 9-12　不同 K 值下 K-means 聚类效果图

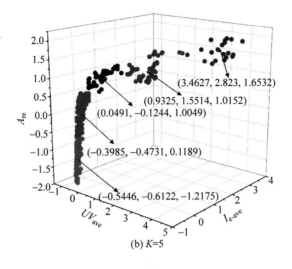

(b) $K=5$

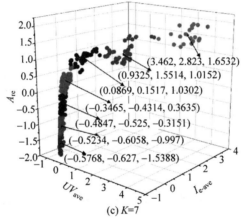

(c) $K=7$

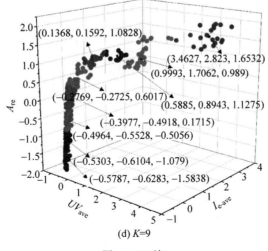

(d) $K=9$

图　9-12（续）

表 9-2　不同 K 值下的 D-sum 值下降速率

K	1→2	2→3	3→4	4→5	5→6
下降速率	72.47%	74.23%	48.24%	23.66%	7.59%
K	6→7	7→8	8→9	9→10	
下降速率	2.84%	0.95%	0.47%	0.26%	

$K<3$ 时，随着 K 值增加，D-sum 下降速率均在 70% 以上，下降明显；当 $K>4$ 时，随着 K 值增加，D-sum 下降速率在 25% 以下，D-sum 下降速率放缓，所以 K 值在 3、4 时，聚类效果更优。根据两种 K 值下的 K-means 聚类结果将样本分成不同簇，计算样本轮廓系数 SC 值。当 $K=3$ 时，SC 值为 0.7781；当 $K=4$ 时，SC 值为 0.7485。可以看出 $K=3$ 时样本聚类效果优于 K 为 4 时，将全部放电样本数据分成 3 类，对应绝缘子放电严重程度可分为 3 级，紫外视频可标注为 3 类。

3. 建立紫外视频数据库

基于 K-means 算法将三维样本数据分成了 3 类，即绝缘子放电严重程度可分成 3 级。绝缘子在正常工况下运行是不放电的，紫外成像仪受到干扰可能会出现零星光子，这类无放电及零星光子样本没有参与分级算法处理，但实际运行的绝缘子存在不放电情况，绝缘子放电严重评估需要此类样本，因此放电紫外视频数据库中加入此类样本并将其标注为 V1，表示绝缘子正常运行无放电的情况。紫外视频数据库如图 9-13 所示。

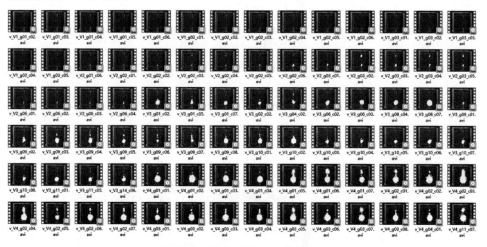

图 9-13　放电紫外视频数据库

9.3 基于 MiCT 时空网络和紫外视频的绝缘子放电严重程度评估

9.3.1 MiCT 时空网络及优化方法

MiCT(mixed 3D/2D convolutional tube)网络同时使用二维及三维卷积处理输入视频，输出特征图深入且丰富的同时降低了训练难度。

对于紫外视频这种三维时空信号,可以表示为 $T \times H \times W \times C$ 大小的张量。T、H、W、C 分别表示时域的长度、空域的高和宽以及通道数。三维卷积核可以表示为四维张量 $K \in R^{n_k \times l_k \times h_k \times w_k}$,式中 l_k、h_k、w_k 是 T、H、W 维度下对应卷积核大小 n_k 所表示的卷积核数量。C3D 网络中三维卷积层的输入是三维时空特征 $V = \{v_{t,h,w}\}$,输出为三维特征映射 $O = \{o_{t,h,w}\}$,步长为 1 的卷积操作可以表示为:

$$\begin{cases} O = K \otimes V \\ o_{t_0,h_0,w_0} = \left[q_{t_0,h_0,w_0}^1, q_{t_0,h_0,w_0}^2, \cdots, q_{t_0,h_0,w_0}^{n_k} \right]^T \\ q_{t_0,h_0,w_0}^n = \sum_{t,w,h} K_{n,t,w,h} \cdot V_{t,w,h}^{t_0,h_0,w_0} \end{cases} \tag{9-6}$$

式中:$V_{t,w,h}^{t_0 h_0 w_0}$ 是始于 V 中位置 (t_0, h_0, w_0) 并且与卷积核 K 大小一致的切片张量。q_{t_0,h_0,w_0}^n 为第 n 个卷积核输出特征图在 (t_0, h_0, w_0) 处的值。

MiCT 中一个重要的模块为 3D/2D 串联混合模块,它可以增加三维卷积神经网络的深度并加强 2D 空域的学习能力,从而生成更深更强的 3D 特征,并使三维卷积神经网络可以充分利用在图像数据上预训练的二维卷积神经网络模型。图 9-14 为 3D/2D 串联混合模块。

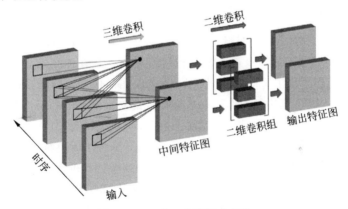

图 9-14　3D/2D 串联混合模块

用 O^t 表示特征映射在时间 t 的值,有下式:

$$O^t = M(V^t) = K \otimes V^t \tag{9-7}$$

式中:$V^t \in R^{l_k \times h \times w}$ 是张量从时间 t 到时间 $t+k$ 的切片张量。C3D 网络必须堆叠足够的卷积操作才能获得足够深的高级语义特征图,这增加了训练复杂度以及内存占用。3D/2D 串联混合模块在三维卷积操作之后连接了一个小型二维卷积网络,以此进行更为有效的深度特征提取,表示如下:

$$O^t = M(V^t) = K \otimes V^t \tag{9-8}$$

3D/2D 串联混合模块在计算上更加高效,支持端到端训练,通过三维卷积与二维卷积组串联耦合对三维输入特征进行映射,其中三维卷积可以融合时空信息,二维卷积组对三维卷积的各维输出加强了空域的表征学习。

另一个重要的模块为 3D/2D 跨域残差并联模块,在三维卷积的输入和输出之间引入另一个二维卷积神经网络的残差连接,以进一步降低时空融合的复杂性,并促进整个网络的优化。图 9-15 为 3D/2D 跨域残差并联模块。

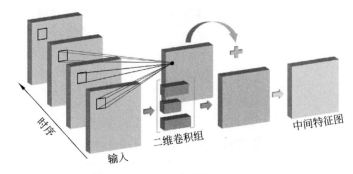

图 9-15   3D/2D 跨域残差并联模块

与式(9-8)符号代表意义相同,于是有

$$\begin{cases} o'_{t_0,h_0,w_0} = o_{t_0,h_0,w_0} + S^{t_0}_{h_0,w_0} \\ S^{t_0} = H'(V^{t_0}) \end{cases} \tag{9-9}$$

式中:$V^{t_0} \in R^{h \times w}$ 为时间 t_0 时输入 V 的切片;$S^{t_0}_{h_0,w_0}$ 是 $H'(\cdot)$ 操作获得的 S^{t_0} 在位置 (h_0,w_0) 处的值;$H'(\cdot)$ 是二维卷积组。紫外视频在连续帧之间存在大量的冗余信息,这直接导致了时间维度的特征中出现冗余信息。跨域残差连接中的时空融合是通过三维卷积映射和作用在采样得到的二维信号上的二维卷积组映射共同得到,通过引入二维卷积组提取有效的、静态的空域表征。3D/2D 跨域残差并联模块中的三维卷积仅需学习时间维度的残差信息,降低了时空特征学习的复杂性。

图 9-16 为同时具有 3D/2D 串联混合和跨域残差连接的 MiCT 模块,其中三维卷积模块用于特征映射;两个二维卷积组分别为 3D/2D 串联混合和跨域残差连接的二维卷积。本章中用到的 MiCT 网络(MiCT-Net)由 4 个 MiCT 模块构成,MiCT-Net 以 RGB 视频序列作为输入,进行端到端训练,该网络可接受任意长度的视频作为输入。MiCT 网络的具体结构如图 9-17 所示。

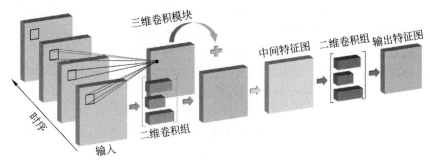

图 9-16   同时具有 3D/2D 串联混合和跨域残差连接的 MiCT 模块

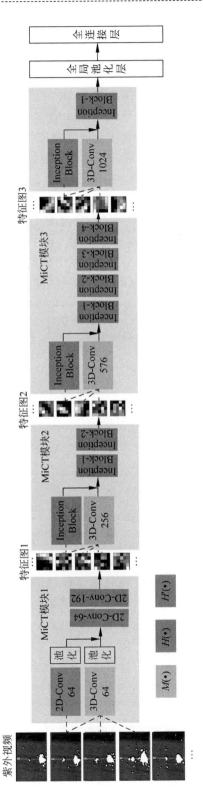

图 9-17　MiCT 网络结构

各模块的处理流程如下。

MiCT 模块 1：包括二维卷积部分和三维卷积部分，其中二维卷积部分包括尺寸为 7×7（高×宽）的卷积核，通道数为 64，步长为 2；三维卷积层包括尺寸为 $3 \times 7 \times 7$（时间深度×高×宽）的卷积核，通道数为 64，时间步长为 1，空间步长为 2。对原始视频的图像帧序列进行处理并进行池化，池化层进行尺度缩减，降低信息冗余，池化方式选为最大值池化，得到的特征图传输给 MiCT 模块 2。

MiCT 模块 2：包括 Inception 模块和三维卷积部分，其中 Inception 模块共有 3 个，三维卷积层包括尺寸为 $3 \times 3 \times 3$ 的卷积核，通道数为 256，时间步长为 2，空间步长为 1，对上一模块的输出特征图进行处理并将处理结果传输给 MiCT 模块 3。

Inception 模块的具体结构如图 9-18 所示。通过 1×1 卷积降低通道数聚集信息，将稀疏矩阵聚类为较密集矩阵以提高计算性能。在 3×3 卷积和 1×1 卷积前面添加 1×1 卷积和池化，这样网络中每一层都能学习到"稀疏"（3×3）或"不稀疏"（1×1）的特征，增加了网络宽度以及网络对尺度的适应性。

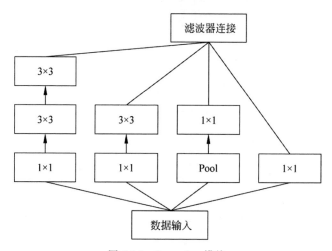

图 9-18　Inception 模块

MiCT 模块 3：包括 Inception 模块和三维卷积层，其中 Inception 模块共计 5 个，三维卷积层包括尺寸为 $3 \times 3 \times 3$ 的卷积核，通道数为 576，时间步长为 2，空间步长为 1，对上一模块的输出特征图进行处理并将处理结果传输给 MiCT 模块 4。

MiCT 模块 4：包括 Inception 模块和三维卷积层，其中 Inception 模块共计 2 个，三维卷积层包括尺寸为 $3 \times 3 \times 3$ 的卷积核，通道数为 1024，时间步长为 2，空间步长为 1，对上一模块的输出特征图进行处理并将处理结果传输给 MiCT 模块 4。相较于传统三维卷积神经网络，MiCT 网络包含更少的三维卷积用于时空融合，但能生成深度特征图，并降低深度学习模型的复杂性。

采用带动量的随机梯度下降（SGD）方法优化网络模型，其中动量方法在处理高曲率、带噪声、小且均匀的梯度时可以加速学习。动量算法积累了之前梯度指数级衰减的移动平均值,并且继续沿该方向移动。本章中动量值(momentum)参考一般深度学习模型中的值,取 0.9。

学习率是 SGD 算法中的关键参数,本章算法中学习率并不固定,而是随着时间的推移学习率逐渐降低,将第 k 步迭代的学习率记作 ε_k。SGD 中的梯度估计引入的 m 个训练样本随机采样的噪声源并不会在极小点处消失,批量梯度下降到极小点时,代价函数真实梯度会变得很小,因此批量梯度下降法中的学习率可以设置为固定值。SGD 收敛的其中一个充分条件是:

$$
\begin{cases}
\sum\limits_{k=1}^{\infty}\varepsilon_k=\infty \\
\sum\limits_{k=1}^{\infty}\varepsilon_k^2<\infty
\end{cases}
\tag{9-10}
$$

实际训练过程中,学习率会线性衰减至第 τ 次迭代:

$$
\varepsilon_k=(1-\alpha)\varepsilon_0+\alpha\varepsilon_\tau
\tag{9-11}
$$

式中: $\alpha=\dfrac{k}{\tau}$。在第 τ 步迭代之后,使学习率 ε 保持常数。通常情况下,选取学习率最好的方法是通过观察随时间变化的目标函数值学习曲线,即训练曲线图。在线性调整策略下, ε_0、ε_τ、τ 都是需要选择的参数, τ 是遍历训练集的迭代次数,通常 ε_τ 应设置为 ε_0 的 1%。

通过观察正则化后的目标函数梯度,可以洞悉权值衰减的正则化表现。下面对权值衰减过程做一简要介绍。

不考虑偏置参数的情况下,模型具有以下总的目标函数:

$$
\widetilde{J}(w;X,y)=\frac{\alpha}{2}w^{\mathrm{T}}w+J(w;X,y)
\tag{9-12}
$$

对应的梯度如下:

$$
\nabla_w\widetilde{J}(w;X,y)=\alpha w+\nabla_wJ(w;X,y)
\tag{9-13}
$$

执行单步梯度下降进行权重更新:

$$
w\leftarrow w-\varepsilon[\alpha w+\nabla_wJ(w;X,y)]
\tag{9-14}
$$

也可写成:

$$
w\leftarrow(1-\varepsilon\alpha)w-\varepsilon\nabla_wJ(w;X,y)
\tag{9-15}
$$

从公式中可以看出,逐步梯度更新过程中,首先要进行权重向量收缩(权重向量乘以一个常数因子 $\varepsilon\alpha<1$)。

下面叙述训练过程中各参数的变化,令 w^* 为未正则化的目标函数达到最优即最小训练误差时的权重向量, $w^*=\arg\min_wJ(w)$,将目标函数在 w^* 的领域内做二次近似,如果目标函数确是二次的,则这种近似是成功的,近似的 $\hat{J}(\theta)$ 如下:

$$
\hat{J}(\theta)=J(w^*)+\frac{1}{2}(w-w^*)^{\mathrm{T}}H(w-w^*)
\tag{9-16}
$$

式中：H 是 J 在 w^* 处计算所得 Hessian 矩阵。在之前的定义中 w^* 被定义为最优，也即梯度消失为 0，该二次近似中没有一阶项，因为 w^* 为 J 的一个最优点，可知 H 半正定。当 $\hat{J}$ 取最小值时，其梯度式(9-17)为 0。

$$\nabla_w \hat{J}(w) = H(w - w^*) \tag{9-17}$$

当式(9-17)中添加权重衰减的梯度以说明权重衰减的影响时，使用变量 $\tilde{w}$ 表示最小化正则化 $\hat{J}$ 后的最优点为：

$$\begin{cases} \alpha\tilde{w} + H(\tilde{w} - w^*) = 0 \\ (H + \alpha I)\tilde{w} = Hw^* \\ \tilde{w} = (H + \alpha I)^{-1} Hw^* \end{cases} \tag{9-18}$$

α 趋向于 0，正则化解 $\tilde{w}$ 趋向于 w^*。

下面说明当 α 增加时解的变化。H 是实对称的，将其分成一个对角矩阵 Λ 和一组标准正交基 Q，并且有 $H = Q\Lambda Q^T$，将其代入式(9-18)，得：

$$\begin{aligned} \tilde{w} &= (Q\Lambda Q^T + \alpha I)^{-1} Q\Lambda Q^T w^* \\ &= [Q(\Lambda + \alpha I)Q^T]^{-1} Q\Lambda Q^T w^* \\ &= Q(\Lambda + \alpha I)^{-1} \Lambda Q^T w^* \end{aligned} \tag{9-19}$$

9.3.2　绝缘子放电严重程度评估及分析

在 PyTorch 框架下进行了 MiCT 网络模型训练并研究了不同学习率、权重衰减、批处理尺寸以及不同网络深度时网络模型的表现，基于研究结果优化了网络模型使评估效果更佳。

1. 学习率对网络训练和评估结果的影响

为了测试不同大小学习率对网络模型的影响，在保证其他参数一致的情况下，设置学习率分别为 5×10^{-3}、3×10^{-3}、2×10^{-3}、1.5×10^{-3}、1×10^{-3}、1×10^{-4}，仍进行和 C3D 网络模型一致的学习率优化。为避免梯度爆炸，与 C3D 网络不同，MiCT 网络的最低学习率设置为 0.005。

图 9-19 为不同学习率下的训练准确率曲线图及训练损失曲线图。从图中可以看出，当学习率为 5×10^{-3} 时，训练准确率和训练损失在前 100 轮次的训练过程中有明显波动，如图 9-19(a)虚线圈中部分。

当训练准确率和训练损失值达到稳定时认为模型收敛。当学习率介于 5×10^{-3} 与 3×10^{-3} 时，MiCT 网络模型在第 100 轮次之前达到收敛；当学习率小于 1.5×10^{-3} 时，MiCT 网络模型在第 100 轮次之后达到收敛，收敛速度变慢。学习率越小，损失梯度下降的速度越慢，收敛的时间更长。当学习率减小至 1×10^{-4} 时MiCT 网络模型的训练损失虽然也达到了稳定，但其稳定值较大。

表 9-3 为不同学习率时的测试准确率与模型训练损失。学习率为 2×10^{-3} 时，测试准确率相较于初始学习率 5×10^{-3} 时提高了 3.5%，模型的泛化能力更

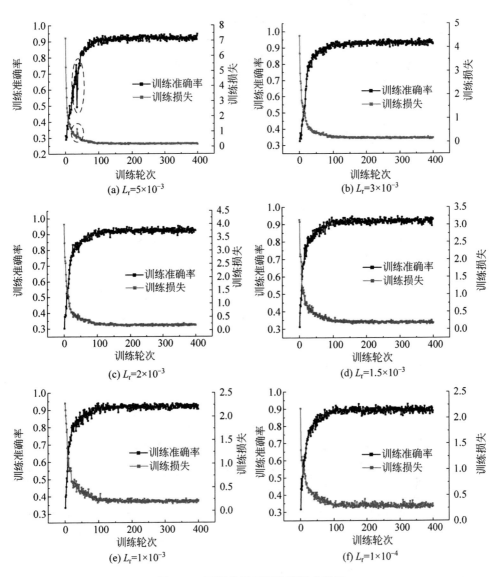

图 9-19　不同学习率下的训练曲线图

强,而且该学习率下模型训练损失相较于初始学习率 5×10^{-3} 时下降了 0.073,收敛速度也较快。综上所述,本章 MiCT 网络模型学习率优化调整为 2×10^{-3}。

表 9-3　不同学习率时的测试准确率与模型训练损失

学习率	测试准确率/%	模型训练损失	学习率	测试准确率/%	模型训练损失
5×10^{-3}	92	0.209	1.5×10^{-3}	94.6	0.219
3×10^{-3}	93.7	0.129	1×10^{-3}	93.7	0.2
2×10^{-3}	95.5	0.136	1×10^{-4}	91	0.32

2. 权重衰减对网络训练和评估结果的影响

权重衰减是优化 MiCT 网络模型的一种重要方法,权重衰减可以降低模型复杂度,提高拟合效果。表 9-4 为权重衰减值为 1×10^{-3}、5×10^{-4}、1×10^{-4}、5×10^{-5}、1×10^{-5} 时的测试集准确率。

表 9-4　不同权重衰减值时的测试结果

权重衰减值	测试准确率/%	权重衰减值	测试准确率/%
1×10^{-3}	95	5×10^{-5}	94.6
5×10^{-4}	95.5	1×10^{-5}	93.7
1×10^{-4}	96.4		

从表 9-4 可以看出,当权重衰减值为 1×10^{-4} 时,训练收敛后的模型在测试集上准确率最高,模型在新数据上的预测效果更好。图 9-20 给出了不同权重衰减值时的模型训练损失。

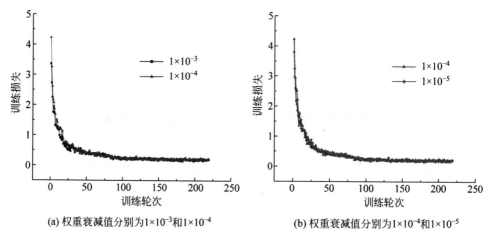

(a) 权重衰减值分别为 1×10^{-3} 和 1×10^{-4}　　(b) 权重衰减值分别为 1×10^{-4} 和 1×10^{-5}

图 9-20　不同权重衰减时的模型训练损失

从图 9-20 可知,模型训练 100 轮次后模型损失趋于稳定,稳定后的各权重衰减值的模型损失分别为 0.201、0.207、0.207、0.211、0.212,不同权重衰减时,网络均可达到收敛。在前 50 轮的训练过程中,权重衰减值为 1×10^{-3} 时,模型损失曲线下降较快;权重衰减值为 1×10^{-5} 时,模型损失曲线下降较慢;权重衰减值为 1×10^{-4} 时,模型损失曲线下降速度介于两者之间,但该权重衰减值下的测试准确率相较于初始权重衰减值 1×10^{-3} 时提高了 1.4%,模型泛化能力强。所以本章 MiCT 网络模型的权重衰减值可优化调整为 1×10^{-4}。

3. 批处理尺寸对网络训练和评估结果的影响

考虑到设备计算性能极限,在 MiCT 网络模型训练过程中,选取批处理尺寸大小为 1、4、8、16。图 9-21 为不同批处理尺寸时的训练曲线图。从图 9-21(a)可以看出，当批处理尺寸为 1 时，测试集上的准确率最小仅为 0.919，批处理尺寸设置得过小，导致随机性过大，模型训练效果并不好，相应的测试准确率比较低。所以针对本章 MiCT 网络批处理尺寸不能设置为 1。

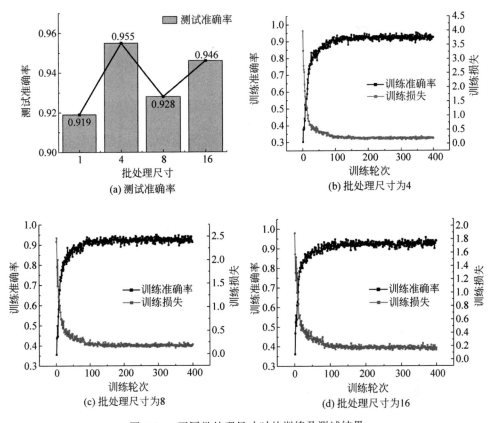

图 9-21　不同批处理尺寸时的训练及测试结果

图 9-21(b)～(d)所示为批处理尺寸分别为 4、8、16 时的训练准确率曲线和训练损失曲线。当批处理尺寸为 4 时，在第 115 轮训练结束后训练曲线达到收敛；当批处理尺寸为 8 和 16 时，在第 85 轮训练结束后训练曲线达到收敛。随着批处理尺寸增大，每轮训练耗时降低，总体来看批处理尺寸为 16 时，训练速度最快。批处理尺寸在 4～16 范围内变化，批处理尺寸为 16 时的训练总时长并不明显低于批处理尺寸为 4 时，两者相差不多。批处理尺寸大于 8 时，在前 50 轮训练过程中，尤其是训练损失曲线发生了波动。

较大的批处理尺寸值，训练速度快，但权值更新次数变小会降低分类准确率；较小的批处理尺寸值可以提高准确率但会导致训练时间变长。当批处理尺寸为 4 时，训练收敛的 MiCT 网络模型在测试集上的准确率为 95.5%，相较于初始批处理尺寸为 1 时提高了 3.6%，而批处理尺寸为 16 时，这一数值下降到 94.6%。小批处理尺寸下，网络训练过程中权值更新次数多，准确率得到了一定程度的提升。综上所述，本章 MiCT 网络模型的批处理尺寸选为 4。

4. 网络深度对网络训练和评估结果的影响

人们一般认为网络层数越深对特征的学习能力越强，但是当深度学习网络的深度达到一定程度后，网络层数的增加反而会达到相反的效果，网络收敛速度变慢，分类准确率下降。ResNet 作为深度残差网络，使用残差结构学习深层网络特征，在网络深度增加的同时解决了网络退化的问题。图 9-22 为普通网络和 ResNet 的残差结构示意图。

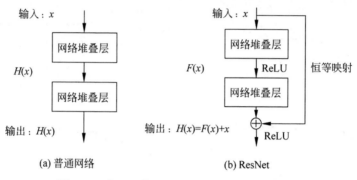

图 9-22　普通网络和 ResNet 的残差结构示意图

假设网络输入是 x，期望得到的输出是 $H(x)$，如图 9-22(b)所示残差结构直接将输入 x 传至输出作为初始结果，此时需要学习的目标变成 $F(x)=H(x)-x$，学习目标发生了改变，不再是一个完整的输出 $H(x)$，而是输出和输入的差别 $H(x)-x$，即残差。通过在一个浅层网络基础上叠加一个 $y=x$ 的层（identity mappings，恒等映射），可以解决网络的退化问题。

如果已经学习到较为饱和的准确率，或者深层网络的误差变大时，接下来的学习应该转变为恒等映射的学习，从而保持深层网络精度没有下降。例如一个深层网络，前几层已经获得了最优的参数权重，那么后几层网络是没有必要的，通过这种跳跃结构，我们需要优化的目标从一个等价的映射变为逼近为 0，逼近其他任何函数都会造成退化。MiCT 所使用的特征提取网络 ResNet18、ResNet34 即为上述残差结构的叠加，ResNet34 网络深度更深。

表 9-5 为不同网络深度下的训练集的准确率和模型损失。网络在经过 100 轮次的迭代后达到收敛，从表中数据可以看出，随着网络深度的增加，识别准确率得到了提升，模型训练损失下降。使用 ResNet34 特征提取网络时，测试集上准确率比 ResNet18 特征提取网络高出 1.8%，说明 ResNet34 特征提取网络可以提取到紫外视频数据中的高级、复杂特征。

表9-5　不同网络深度下的训练集的准确率和模型损失　　　　单位：%

训练轮次	训练集准确率		训练集模型损失	
	ResNet18	ResNet34	ResNet18	ResNet34
50	83.7	85.8	0.479	0.412
100	87.6	91.7	0.352	0.2
150	88.1	92	0.262	0.174
200	91.3	92	0.23	0.21
250	89.9	92.7	0.248	0.193

9.3.3　软件开发及应用

　　输电线路和变电站中的绝缘子放电可通过紫外成像仪进行观测,而检测绝缘子是一项十分繁重的工作。现实中工作人员对变电站、输电线路进行大范围检测时会产生大量的紫外视频,为了更方便地对采集到的绝缘子放电视频进行检测,设计开发了悬式绝缘子放电严重程度评估软件并进行了实验室测试。软件的运行流程图如图9-23所示。

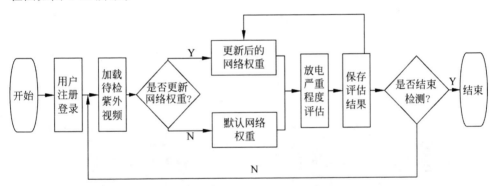

图9-23　悬式绝缘子放电严重程度评估软件运行流程图

　　软件运行后,老用户可直接登录进入评估界面,新用户需先注册后再进入评估界面。进入评估界面后,首先加载待检紫外视频,如使用默认网络权重可直接单击"开始检测"按钮进行放电严重程度的评估,评估完成后可保存评估结果以便查询整理。评估后的紫外视频经标准化格式处理后可加入训练集,重新计算网络权重以提升软件识别准确率。一次评估结束后,可重新加载待检紫外视频进行检测,也可直接退出软件。在实验室中将不同放电严重程度的紫外视频送入软件进行评估,应用结果如图9-24所示。

　　图9-24中绝缘子放电严重程度等级为V4,置信度为0.95,该状态下绝缘子放电光斑已基本贯通整个绝缘子表面。此状态下,绝缘子闪络随时都有可能发生,电力系统运维人员需对放电情况进行仔细确认,根据现场放电声、可见光或者红外信号,及时确认绝缘子故障,马上进行处理,尽量在短时间内完成该绝缘子的故障处置。

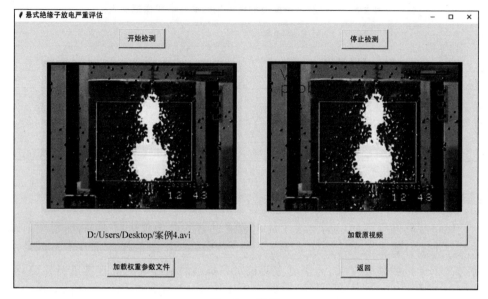

图 9-24 案例

　　图 9-25 为放电紫外视频光斑面积变化时软件的评估效果。从图中可以看出，同一放电过程的光斑面积变化明显，但评估结果一致且保持在较高的置信度。这说明本章算法模型训练出了绝缘子不同放电情况下紫外光斑的时空特征，克服了紫外图像不能反映放电光斑时间变化特征的困难，同时解决了连续光斑面积统计序列不能反映放电光斑空间特征的问题。

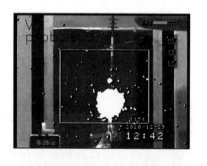

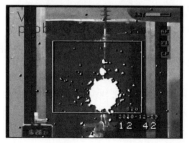
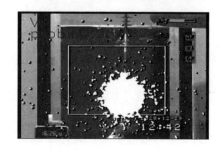

图 9-25 放电紫外视频光斑面积变化时软件的评估效果

9.4　本章小结

本章开展了绝缘子放电试验,采集紫外视频及其同步参量并进行了分析,基于放电光、电、声综合信息和 K-means 完成了绝缘子放电严重程度分级,根据分级结果标注了紫外视频,采用 MiCT 时空网络进行了网络训练和参数调优,实现了绝缘子的放电严重程度评估,基于此完成了软件开发。本章完成的工作和主要结论如下。

(1) 搭建了绝缘子放电多参量的试验平台并获得了不同放电情况的绝缘子紫外视频,同步采集了泄漏电流及放电声压级信息。三者在反映绝缘子放电情况上具有一致性且各具优势,三者结合可更加完整、准确地获取放电信息。对包含紫外光子计数均值(UV_{ave})、泄漏电流有效值均值(I_{e-ave})、相对声压级(A_{re})的三维样本数据进行 Z-score 归一化,消除了不同指标间的量纲影响。基于 K-means 算法进行了绝缘子放电严重程度分级和 K 值调优,K 为 3 时簇内密度和下降速率处于快速下降和平缓下降的过渡区间,并且 $K=3$ 时的轮廓系数较大,为 0.7781,确定 $K=3$ 作为最终调优值,根据分级结果完成了紫外视频标注并建立了绝缘子放电紫外视频数据库。

(2) 采用基于三维卷积的 MiCT 时空网络完成了绝缘子放电严重程度评估,结果表明,MiCT 网络初始学习率设置过大会引起训练过程的波动,过小会降低模型收敛速度,当学习率为 2×10^{-3} 时,测试准确率提高了 3.5%;当权重衰减值为 1×10^{-4} 时,测试准确率提高了 1.4%,模型具有更强的泛化能力;随着批处理尺寸的增大,训练速度变快,但测试准确率下降,为平衡训练速度和准确率,批处理尺寸选为 4;ResNet34 特征提取网络相较于 ResNet18 特征提取网络,网络模型的训练准确率提高了 2.8%,测试准确率提高了 1.8%。

(3) 基于 TKinter 模块开发了悬式绝缘子放电严重程度评估软件,实现了紫外视频的智能评估、分析和存储等功能。对软件进行了实验室环境下的测试,给出了绝缘子的放电严重程度级别、置信度和处理建议。

9.5　参考文献

[1] Jin L,Ai J,Han S,et al. Probability calculation of pollution flashover on insulators and analysis of environmental factors[J]. IEEE Transactions on Power Delivery,2021,36(6): 3714-3723.

[2] 刘鹏,吴泽华,朱思佳,等.缺陷对交流 1100kV GIL 三支柱绝缘子电场分布影响的仿真[J].电工技术学报,2022,37(2):469-478.

[3] 谢思洋,周蜜,陈林聪,等.海岛运行复合绝缘子伞裙力学性能及破损特征[J].高电压技术,2021,47(5):1824-1830.

[4] 孟志高,蒋兴良,董冰冰,等.自然雾条件下严重染污玻璃、复合绝缘子交流污闪特性[J].电工技术学报,2016,31(12):65-71.

[5] Ibrahim M E, Abd-Elhady A M. Rogowski coil transducer-based condition monitoring of high voltage insulators[J]. IEEE Sensors Journal,2020,20(22):13694-13703.

[6] 李晓辉,张路,刘传水,等.电力巡检中的无人机群路径规划算法[J].计算机系统应用,2022,31(3):241-247.

[7] 董翔宇,李安,汪太平,等.基于局部监督深度混合模型的变电站巡检机器人道路场景识别[J].合肥工业大学学报(自然科学版),2021,44(6):748-752+770.

[8] Gao Y,Song G,Li S,et al. LineSpyX:A power line inspection robot based on digital radiography[J]. IEEE Robotics and Automation Letters,2020,5(3):4759-4765.

[9] Silano G,Baca T,Penicka R,et al. Power line inspection tasks with multi-aerial robot systems via signal temporal logic specifications[J]. IEEE Robotics and Automation Letters,2021,6(2):4169-4176.

[10] 张倩,王建平,李帷韬.基于反馈机制的卷积神经网络绝缘子状态检测方法[J].电工技术学报,2019,34(16):3311-3321.

[11] Nguyen V N, Jenssen R, Roverso D. Intelligent monitoring and inspection of power line components powered by UAVs and deep learning[J]. IEEE Power and Energy Technology Systems Journal,2019,6(1):11-21.

[12] Wang S, Lv F, Liu Y. Estimation of discharge magnitude of composite insulator surface corona discharge based on ultraviolet imaging method[J]. IEEE Transactions on Dielectrics and Electrical Insulation,2014,21(4):1697-1704.

[13] 李红玲,舒乃秋,文习山.悬式绝缘子污秽放电声发射试验研究与分析[J].高压电器,2010,46(10):36-41.

[14] 陈伟根,汪万平,夏青.绝缘子污秽放电泄漏电流的多重分形特征研究[J].电工技术学报,2013,28(1):50-56.

[15] 彭闯,张红民,王永平.一种基于YOLOv3的绝缘子串图像快速检测方法[J].电瓷避雷器,2022,(1):151-156.

[16] 王胜辉.基于紫外成像的污秽悬式绝缘子放电检测及评估[D].保定:华北电力大学,2011.

[17] 李璟延.污秽绝缘子泄漏电流特性与污秽预警方法研究[D].重庆:重庆大学,2010.

[18] 尹国龙.高速列车车顶绝缘子绝缘状态监测系统的研究[D].成都:西南交通大学,2015.

[19] 徐建源,滕云,林莘,等.基于双重人工神经网络的XP-70绝缘子串污闪概率模型的建立[J].电工技术学报,2008,23(12):23-27+47.

[20] Yamano Y,Kobayashi S,Takahashi Y. Influence of surfactants on the flashover of an interrupted insulator surface[J]. IEEE Transactions on Electrical Insulation,1984,EI-19(4):307-313.

[21] Jiang X,Shi Y,Sun C,et al. Evaluating the safety condition of porcelain insulators by the time and frequency characteristics of LC based on artificial pollution tests[J]. IEEE Transactions on Dielectrics and Electrical Insulation,2010,17(2):481-489.

[22] 贾志东,王林军,尚晓光,等.基于紫外成像技术的瓷绝缘子串放电程度量化评估[J].高电压技术,2017,43(5):1467-1475.

[23] Zhou W,Li H,Yi X,et al. A criterion for UV detection of AC corona inception in a rod-plane air gap[J]. IEEE Transactions on Dielectrics and Electrical Insulation,2011,18(1):

232-237.

[24] Pei C M, Shu N Q, Li L, et al. On-line monitoring of insulator contamination causing flashover based on acoustic emission[C]. 2008 Third International Conference on Electric Utility Deregulation and Restructuring and Power Technologies. Nanjing, China, 2008.

[25] Hinton G E, Salakhutdinov R R. Reducing the dimensionality of data with neural networks[J]. Science, 2006, 313(5786): 504-507.

[26] 王海涛, 高玉栋, 侯建新, 等. 基于 DCGAN 的印刷缺陷检测方法[J]. 哈尔滨理工大学学报, 2021, 26(6): 24-32.

[27] Dong C, Loy C C, He K, et al. Image super-resolution using deep convolutional networks[J]. IEEE Transactions on Pattern Analysis and Machine Intelligence, 2015, 38(2): 295-307.

[28] Ren S, He K, Girshick R, et al. Faster R-CNN: Towards real-time object detection with region proposal networks [J]. IEEE Transactions on Pattern Analysis and Machine Intelligence, 2017, 39(6): 1137-1149.

[29] Liu Z, Lyu Y, Wang L, et al. Detection approach based on an improved faster RCNN for brace sleeve screws in high-speed railways[J]. IEEE Transactions on Instrumentation and Measurement, 2020, 69(7): 4395-4403.

[30] Dewi C, Chen R-C, Liu Y-T, et al. Yolo V4 for advanced traffic sign recognition with synthetic training data generated by various GAN[J]. IEEE Access, 2021(9): 97228-97242.

[31] Sadykova D, Pernebayeva D, Bagheri M, et al. IN-YOLO: real-time detection of outdoor high voltage insulators using UAV imaging[J]. IEEE Transactions on Power Delivery, 2020, 35(3): 1599-1601.

[32] 陈幻杰, 王琦琦, 杨国威, 等. 多尺度卷积特征融合的 SSD 目标检测算法[J]. 计算机科学与探索, 2019, 13(6): 1049-1061.

[33] Yang L, Wang Z, Gao S. Pipeline magnetic flux leakage image detection algorithm based on multiscale SSD network[J]. IEEE Transactions on Industrial Informatics, 2020, 16(1): 501-509.

[34] 孙彬, 孔德慧, 张雯晖, 等. 基于深度图像的人体行为识别综述[J]. 北京工业大学学报, 2018, 44(10): 1353-1368.

[35] Chen S, Liang L, Liang W, et al. 3D pose tracking with multi-template warping and SIFT correspondences[J]. IEEE Transactions on Circuits and Systems for Video Technology, 2016, 26(11): 2043-2055.

[36] Prest A, Ferrari V, Schmid C. Explicit modeling of human-object interactions in realistic videos[J]. IEEE Transactions on Pattern Analysis and Machine Intelligence, 2013, 35(4): 835-848.

[37] Laptev I. On space-time interest points[J]. International Journal of Computer Vision, 2005, 64(2/3): 107-123.

[38] Donahue J, Hendricks L A, Rohrbach M, et al. Long-term recurrent convolutional networks for visual recognition and description[J]. IEEE Transactions on Pattern Analysis and Machine Intelligence, 2017, 39(4): 677-691.

[39] 李学翰, 胡四泉, 石志国, 等. 基于 S-LRCN 的微表情识别算法[J]. 工程科学学报, 2022, 44(01): 104-113.

[40] Feichtenhofer C, Pinz A, Zisserman A. Convolutional two-stream network fusion for video

action recognition[C]. IEEE Conference on Computer Vision and Pattern Recognition. Las Vegas,NV,USA：2016.

[41] Wang L,Xiong Y，Wang Z，et al. Temporal segment networks for action recognition in videos[J]. IEEE Transactions on Pattern Analysis and Machine Intelligence,2019,41(11)：2740-2755.

[42] 王卓,王玉静,王庆岩,等.基于协同深度学习的二阶段绝缘子故障检测方法[J].电工技术学报,2021,36(17)：3594-3604.

[43] Liu Y,Pei S,Fu W,et al. The discrimination method as applied to a deteriorated porcelain insulator used in transmission lines on the basis of a convolution neural network[J]. IEEE Transactions on Dielectrics Electrical Insulation,2018,24(6)：3559-3566.

第10章

基于卷积神经网络的变电设备
故障红外图像辨识方法研究

10.1 引言

10.1.1 研究背景及意义

我国电网规模稳居世界第一,电力工业蒸蒸日上,且电网规模在稳步增长,2021 年数据显示我国用电增速达到峰值 8.31 万亿千瓦时[1]。电网由各种电力设备组成,包括输电设备、变电设备,所以对各种输变电设备进行隐患排查对电力系统的稳定性起着至关重要的作用。由于红外热像检测具有不接触设备、安全距离远、直观高效等优势,故该方法是最常见的预防性检修方式。目前红外图像下的电力设备检测,主要依靠手持式红外热像仪与安装在巡检机器人、无人机等智能巡检设备上的红外热像仪[2,3]采集电力设备的红外图像。手持式红外热像仪采集的图像需要查看红外热像中是否有特殊明显的发热点或者区域,该方式需要有经验的工程师配合完成;而由智能机器人和无人机收集的图像被传输回控制终端,再由后台值班人员人工判断设备及异常发热区域,或导入专业的程序软件进行红外图像的像素点扫描来计算平均温度、比对温差,这些方法的自动化与智能化程度都较低。随着近年来电网规模的不断增长以及各地巡检机器人、无人机等逐步推广,积累的海量电力设备红外图像数据,仅靠人工逐步比对、扫描像素点计算温差等方法,效率明显低下,智能化水平不足,难以应对这些海量数据,这将使巡检成本增加,不利于各类电力设备的常态化高频高效巡检与监测。

在新一轮“人工智能”热潮兴起前,计算机视觉在电力行业的自动化应用只是停留在前景展望阶段[4]。近年来,在深度学习浪潮中,计算机视觉算法在更深更巧妙的网络、强大的算力、海量的数据三者的推动下,在物体分类、目标检测、人脸识别、语义分割等细分领域及无人驾驶、医疗分析、工业检测等应用领域都表现出了极佳的复杂特征提取能力,甚至超过人脑[5]。2019 年,国家电网提出建设"三型两网"的新目标,"两网"即"坚强智能电网"与"泛在电力物联网",尤其是"泛在电力物联网",利用现代移动互联网技术、人工智能技术、先进 5G 通信技术等,实现电力系统设备、人、信息等的互联互通、智能感知、智能决策。利用基于深度学习的计算机视觉技术实现对电力设备的智能红外检测,将是"泛在电力物联网"智能感知的一部分。为实现电力设备红外检测的智能感知,减小一线巡检人员的工作压力,将目前飞速发展的基于深度学习的计算机视觉检测算法搭载在智能巡检设备上,有望使现有携带红外热像设备的智能巡检机器人、无人机等进一步"智能+"。本课题组团队已针对现有电力设备巡检场景,开发出了多种巡检机器人,本书主要研究基于计算机视觉算法的红外图像下的电力设备检测,以解决现有电力巡检设备在红外检测过程中面临的一些问题,推动现有智能巡检设备智能化水平进一步提升。

10.1.2　电力设备红外检测国内外研究现状

红外无损检测技术应用在电力设备状态检测领域已有几十年的时间,如今两大电网的大部分一线生产单位,都在应用红外检测技术检测各类输变电设备,排查故障隐患。随着电力巡检机器人、无人机等智能巡检设备的推广应用与红外成像、计算机视觉、大数据、物联网、5G 通信等技术的迅速进步,红外检测技术将进一步与新技术结合并广泛应用于电力设备巡检,更加有助于及时有效检修各类电力设备的故障缺陷,保障电网安全稳定。

美国科学家郝胥尔首次发现了红外线,"二战"时德国就曾在战争中应用红外成像技术,20 世纪 60 年代美国仪器公司研制了第一代红外热像装备(FLIR),瑞典 AGA 公司研发出了能测温的热像仪,并用于电力行业;到 20 世纪七八十年代,法国、瑞典、美国等相关公司在红外热像装置研发上取得了一系列进展,并推广应用在军事、电力、医疗等领域[6]。红外检测技术在包括电力设备检测领域的多个领域逐步推广,并于 20 世纪 90 年代在世界电力行业得到充分肯定与重视[7]。以 FLIR 公司为代表的红外热成像公司不断推出新的产品,提供系统的硬件甚至软件解决方案,其开发的产品样式齐全,品类丰富,广泛应用于国防、工业检测、交通监测、公共安全等诸多领域,甚至推出无人机、手机热像仪等配件产品。

根据热辐射原理,任何大于绝对零度温度的物体都能发出热辐射,将其自生内能转化为辐射能,辐射出红外线或可见光光波,红外热像仪的红外探测器将接收到的辐射红外线与可见光光波反映到红外热像仪的光敏元件、图像传感器,生成热像图,并在热像图上反映出检测物体的具体温度,从而根据检测的结果,判断检测物体是否有发热异常。如果电力设备无缺陷,一般散热会在设备表面较均匀地分布扩散;一旦设备内部或者表面连接件出现缺陷,散热将不均匀或异常发热,其表面就会出现局部过热或局部过冷异常,并反映到能根据环境温度自适应调节成像像素的红外热成像仪上。红外成像技术具有许多优点,例如它能实现带电情况下的无损检测,所以红外热像检测技术被广泛运用在电力设备的预防性检测中。

目前的电力行业应用较为广泛的红外检测仪器主要有红外测温仪、红外热电视、红外热像仪等。其中红外热像仪在电力设备检测行业中使用最广泛,手持式红外热像仪多配备于现场输变电设备运检人员,固定式红外热像摄像头多用于定点监控装置或移动式巡检设备上。目前红外设备厂家国外主要有 FLIR(菲力尔)、Fluke(福禄克)等公司,国内则有高德、大力、飒特等公司;其中美国 FLIR 公司占据红外热像设备市场的主导地位,市场份额最大,产品线最丰富。现在的红外热像仪基本都自带记录最高、最低温度,可根据环境自适应调节红外成像等功能,以便检测人员能直观清晰地观察红热异常区域。图 10-1(a)为 FlukeTi400CN 型手持式红外热像仪,它能实现可见光与红外图的红外融合度百分比调节,并存储到 SD卡或者无线传输到计算机等设备;图 10-1(b)为带目镜取景镜的 FLIR A310PT 红外热像仪。

(a) Fluke Ti400CN型手持式红外热像仪　　　　(b) FLIR A310PT红外热像仪

图 10-1　常见红外热像仪设备

相对国外我国应用红外技术检测电力设备开始得晚一些,在红外热像仪器制造技术上,与国外红外仪器行业的大公司存在一定的差距。受我国热像仪制造技术的制约,直到 20 世纪 70 年代,西安热力所等单位研制出热像仪,我国才真正开始应用红外检测技术检测电力设备。到 80 年代,国内一些高校及电网生产部门引入欧洲与美国的先进红外热像仪开展电力设备红外检测的进一步研究,在这一时期积累了电力设备红外检测的经验,并采集存储了大量典型电力设备红外检测故障图谱[11];而国内红外热像仪制造技术也在不断发展进步,到 90 年代苏州热工所、华中数控等在红外仪器研发上也取得了突破性进展;红外热像技术在电力设备检测领域不断推广应用,到 1999 年、2008 年分别制定了两次带电设备红外检测规范[12]。

目前利用红外技术检测电力设备的应用已经在各个电力公司普遍开展,最广泛应用的是各种手持式红外热像仪。随着近些年巡检机器人、无人机等智能巡检设备在各地的推广应用,红外热像仪成了这些巡检机器人的标配搭档[13]。与此同时,我国学者也开始研究电力设备红外检测与传统计算机视觉方法中的图像处理、图像分析方法[14],如图像分割、特征提取、目标分类与检测等[15],试图构建无人自动电力设备红外监测系统[16]。如康龙等人用传统图像处理中的分割方法诊断红外图像下的变电站设备故障;魏刚等人通过软件导入并扫描电力设备红外图像,进行温差分析,判断红外检测故障[17]。随着基于深度卷积网络的计算机视觉技术取得历史性进展,一些基于深度学习的方法也开始被提出,例如华南理工大学研究人员尝试使用图像处理与 CNN 来分类红外图像下的电力设备,进而分割图像提取特征达到检测故障的目的[18],让真正的红外图像下的电力设备智能自动检测成为可能。

综上所述,电力设备红外检测技术已经越来越偏向与基于深度卷积网络的计算机视觉算法等人工智能新技术相结合,实现现有红外热像仪采集的红外图像下的各类输变电设备的自动检测。传统的图像处理结合模式识别、软件离线扫描采集红外图像像素点、卷积神经网络分类红外图像下的电力设备等方法,都存在效率低、智能化程度低、检修成本高、难以应付高频巡检任务、不断增长的电网规模等诸多问题,亟须一种能够实现电力设备红外图像检测下的热异常区域与设备自动实时识别定位的新方法。

10.1.3　计算机视觉算法研究及其应用国内外研究现状

计算机视觉(computer vision)是研究让计算机、摄像机等机器组成系统"看"的学科,即让机器系统像人一样"看"懂世界。计算机视觉是随着计算机、摄像机等硬件技术以及图像处理算法的发展而发展起来的学科。计算机视觉的产生源远流长,近几十年在计算机、电子等领域的硬件设备发展大力推动了计算机视觉的发展。计算机视觉学科可追溯至 20 世纪 50 年代开始的字符识别、医学分析、军事等领域,80 年代才开始被认可为一门独立的学科,其主要包括二维视觉与空间视觉[19-21]。之后,基于计算机视觉的多视几何、三维重建得到发展应用;进入 21 世纪,计算机视觉开始与机器学习结合,构建基于学习的视觉;近些年,随着计算机算力与学习数据量级的突破,发展多年的深度卷积网络与计算机视觉完美结合。

在计算机算力以及李飞飞等人推动的 ImageNet 建立大规模数据集风潮推动下,Krizhevesky 等人使用深度卷积神经网络的方法,一举突破了传统的计算机视觉方法,在物体分类比赛中取得了突破性成绩[21]。2014 年 Karen Simonyan 等人提出 VGG 网络[22],Christian Szegedy 等提出 Inception 网络[23],2015 年何凯明等提出 ResNet 网络[24],这些分类网络的发展也助推了计算机视觉的目标检测子领域的发展。基于深度卷积网络的目标检测方法主要分为两大类:基于区域建议网络(又称为两阶检测)的方法和基于回归(又称单阶检测)的方法。基于区域建议网络的方法起源于 2013 年 Ross Girshick 等提出的 R-CNN 目标检测网络[25],深度卷积神经网络开始应用于目标检测任务,效果远超传统的目标检测方法;随后 SPP-Net[26]针对 R-CNN 目标检测网络的不足进行改进;2015 年 Ross Girshick 又提出了 Fast-RCNN 检测网络[27],后续又有了更为优秀的 Faster-RCNN 网络[28],其加入了区域建议网络(RPN),并合并到基于深度卷积网络的特征提取网络中训练,大大提高了训练速度与检测精度,并有较高的检测精度;其后针对 Faster-RCNN 网络的改进又有 Light-Head-RCNN 等方法[29]。基于回归的计算机视觉目标检测任务算法主要有 Wei Liu 等提出的 SSD[30],Jpseph Redmon 等提出的 YOLO、YOLO9000、YOLOv3 系列检测方法[31-33],其检测速度极快,能很好地达到实时检测的效果。

深度学习与计算机视觉的结合使计算机视觉中的目标检测子领域得到了迅猛发展,基于此的自动驾驶、人脸检测、文字 OCR 识别、工业检测、机器人抓取等场景应用均取得较好的效果。

10.1.4 计算机视觉在电力设备红外检测上的应用

多年来,应用计算机视觉中的图像处理、图像分割以及基于深度卷积网络的目标分类、目标检测等方法,进行红外图像下的电力设备及异常检测研究,一直在随着新技术的发展而不断发展。但受制于行业壁垒、典型电力设备红外数据收集困难等原因,近年来即使在大热的人工智能、智能电网等概念推动下,结合深度卷积网络的计算机视觉算法在红外图像下电力设备检测领域仍处于起步阶段,有待进一步研究。

基于计算机视觉算法的电力设备红外检测应用主要分为两个方面:一方面为电力设备检测过程的红外图像去噪增强应用;另一方面为基于图像处理、分割的传统方法与基于深度卷积网络的目标分类、目标检测方法在电力设备热异常区域定位、设备类别识别的应用。在电力设备红外检测过程的红外图像增强应用方面,华北电力大学崔克斌等提出基于非线性 NSCT 变换方法对电气设备红外图像进行增强[34],广东电网陈基顺等提出采用先验信息约束和伽马变换的 Retinex 图像增强方法实现复杂环境下的电力设备红外图像增强[35];而在电力设备红外检测的热异常区域定位、设备类别识别应用方面,基于图像处理、分割的方法有预处理后应用梯度法进行边缘检测定位高温区域[36];对无人机巡检采集的图像,利用图像处理算法分析线路的热度分布[37],西南交通大学任新辉、西安科技大学尹阳等利用图像处理中的分割、特征提取,结合模式识别中的支持向量机方法实现红外图像下的变电站设备、热状态识别[38,39];基于深度卷积神经网络的目标分类、目标定位方法,先对电流互感器进行图像分割,再利用卷积神经网络进行样本训练,识别故障部位,但该方法只能针对一类设备进行识别检测,实用性不高[40]。综上所述,在电力设备红外检测过程的红外图像增强应用方面,已有学者应用多尺度 Retinex 方法进行电力设备红外图像的增强;在电力设备红外检测的电力设备热异常区域定位、设备类别识别应用方面,以上方法大部分还是采用传统的图像方法,可应用性较弱,智能化程度低,其中一些使用了深度卷积神经网络的方法,并没有应用到基于深度卷积网络的目标检测方法,还停留在分类阶段,这些都不能做到实时定位电力设备异常与判定设备类别。

10.2　变电设备红外图像数据库的建立

10.2.1　基于快速导向滤波的红外图像去噪

图像的噪声主要产生在图像的生成与传输两个阶段,而电气设备红外图像由于成像的原理以及图像成像环境等因素,图像具有的噪点较多,成像质量较差[41]。因此,探索出一种能够适应电气设备红外图像的去噪方法极具现实意义。

经典的图像去噪方法有均值滤波、中值滤波、高斯滤波、双边滤波等方法。

(1) 均值滤波:均值滤波在去除图像尖锐噪声中有着较好的表现。均值滤波通过计算滤波核区域的平均灰度来替代中心像素点的值。

(2) 中值滤波:中值滤波在去除椒盐噪声中有着较好的表现,且能较好的保留边界信息。中值滤波对核算子模板区域内所有像素点的灰度值进行排序,取中值代替中心像素点灰度值。

(3) 高斯滤波:高斯滤波在去除高斯噪声中有着较好的表现[42]。高斯滤波的计算公式为:

$$f(x,y) = \mathrm{e}^{-\frac{x^2+y^2}{2\sigma^2}} \tag{10-1}$$

式中:σ 为标准差;x、y 为像素点的坐标,$f(x,y)$ 为滤波后的图像参数。

(4) 双边滤波:双边滤波是一类非线性保边滤波,综合考虑图像空间域与值域进行滤波去噪,同时能较好地保留图片的边缘信息。其计算方式为:

$$g(i,j) = \frac{\sum\limits_{k,l} f(k,l) w(i,j,k,l)}{\sum\limits_{k,l} w(i,j,k,l)} \tag{10-2}$$

$$w(i,j,k,l) = \exp\left[-\frac{(i-k)^2 + (j-l)^2}{2\sigma_d^2} - \frac{\| f(i,j) - f(k,l) \|^2}{2\sigma_r^2} \right] \tag{10-3}$$

$$d(i,j,k,l) = \exp\left[-\frac{(i-k)^2 + (j-l)^2}{2\sigma_d^2} \right] \tag{10-4}$$

$$r(i,j,k,l) = \exp\left[-\frac{\| f(i,j) - f(k,l) \|^2}{2\sigma_r^2} \right] \tag{10-5}$$

式中:$f(i,j)$ 为原始图像;$f(k,l)$ 为邻域像素值;$g(i,j)$ 为输出图像;加权系数 $w(i,j,k,l)$ 取决于定义核 $r(i,j,k,l)$ 与值域核的乘积;(i,j) 为输入图像的像素坐标;(k,l) 为输入图片的邻域像素坐标。

　　图像噪声按产生原因，主要分为内部噪声与外部噪声。其中，外部噪声主要由于外部的电气设备、雷电等电磁波或经电源回路影响内部传感器回路造成；内部噪声主要由于设备光电因素、机械抖动、材料、内部电路等原因引起。按照噪声的概率密度函数模型类别，主要分为椒盐噪声、高斯噪声、泊松噪声等。其中，椒盐噪声主要为图像传输过程中产生的噪声，又称为脉冲噪声，当通信受到较强干扰时，传感器、信道解码使亮度高区域出现黑色像素或者暗区域出现白像素，或者两者皆有。中值滤波是处理椒盐噪声最有效的方法之一。高斯噪声为概率密度函数服从正态分布的一类噪声，其主要由于拍摄情景暗、亮度不均匀或者电子元件自身噪声、传感器长时间运行温度升高等原因产生。

　　图 10-2(a)为某电气设备红外图像原图，本节对其先后添加高斯噪声和椒盐噪声，用于模拟拍摄现场的复杂环境，如图 10-2(b)～(d)所示。

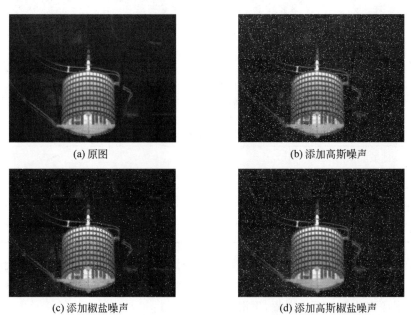

(a) 原图　　　　　　　　　　　　　(b) 添加高斯噪声

(c) 添加椒盐噪声　　　　　　　　　(d) 添加高斯椒盐噪声

图 10-2　某电气设备红外图像

　　依次对添加高斯椒盐噪声的红外检测现场图进行均值滤波、中值滤波、高斯滤波、双边滤波，上述滤波方法的滤波核均为 5×5，滤波结果如图 10-3 所示。

　　由图 10-3 可知，均值滤波在去噪的同时会使图像边界不清晰；中值滤波在去除椒盐噪声时的效果最佳，但是仍难去除高斯噪声；高斯滤波在去除高斯噪声时比较有效，能较柔和地保留边界，但依然较难完全去除椒盐噪声；双边滤波作为一类保边滤波，较难完全去除高斯与椒盐噪声。

　　处理后的图像相对于原图的峰值信噪比(PSNR)与结构相似度(SSIM)数值越大，图像失真越小。如表 10-1 可知，与未加高斯椒盐噪声的原图比较，中值滤波后的 PSNR 与 SSIM 数值较高，效果最好，所以去噪效果也最佳。

(a) 均值滤波

(b) 中值滤波

(c) 高斯滤波

(d) 双边滤波

图 10-3　各类滤波方法去噪效果

表 10-1　各类滤波方法去噪指标

滤波类型	PSNR	SSIM
均值滤波	24.345	0.7132
中值滤波	27.186	0.8275
高斯滤波	24.583	0.6952
双边滤波	23.469	0.6741

导向滤波[43]是近年来提出的一种保边滤波算法,2015 年,文献[44]在其原有的算法上又提出了运算速度更快的快速导向滤波。相较于传统滤波算法,快速导向滤波图像细节保留更为完整,平滑效果更好。

不同于各向同性滤波,导向滤波以图像局部的一点像素与邻近部分呈线性关系为假设基础。导向滤波的原理如下:

$$q_i = a_k I_i + b_k, \quad \forall i \in w_k \tag{10-6}$$

式中:q_i 为去噪图像;I_i 为带噪图像;w_k 为图像区域坐标集合;a_k、b_k 为滤波系数。导向滤波保留边缘的能力通过导向图实现,导向图存在梯度,输出图像也存在梯度,对式(10-6)求导,$\nabla q = a \nabla I$,从而获得相同的边缘。

设定噪声为 n,滤波输入图像为 p,则输出图像的去噪模型为 $q_i = p_i - n_i$,因此设定优化目标为最小化噪声,即 $\min \| n \|$ 或者 $\min n^2$。为避免最小二乘法的一些缺陷,加入正则化项 λa_k^2,目标函数为:

$$f(a_k, b_k) = \arg\min \sum_{i \in w_k} (a_k I_i + b_k - p_k)^2 \tag{10-7}$$

$$f(a_k, b_k) = \arg\min \sum_{i \in w_k} \left[(a_k I_i + b_k - p_k)^2 + \lambda a_k^2 \right] \tag{10-8}$$

求得 a_k、b_k 如式(10-9)~式(10-11),其中,σ_k^2 为导向图 I 在窗口区域 w_k 的方差;$|w|$ 是窗口区域 w_k 的像素数;$\overline{p_k}$ 是滤波图像 p 在窗口区域 w_k 的均值。

$$a_k = \frac{\dfrac{1}{|w|} \sum_{i \in w_k} I_i p_i - \mu_i \overline{p_k}}{\sigma_k^2 + \lambda} \tag{10-9}$$

$$b_k = \overline{p_k} - a_k \mu_k \tag{10-10}$$

$$\overline{p_k} = \frac{1}{|w|} \sum_{i \in w_k} p_i \tag{10-11}$$

当计算窗口区域的线性系数时,常面临单一像素包含于多个窗口的情况,因此需将包含该像素的线性函数平均,如式(10-12)~式(10-14):

$$q_i = \frac{1}{|w|} \sum_{k, i \in w_k} (a_k I_i + b_k) = \overline{a_i} I_i + \overline{b_i} \tag{10-12}$$

$$\overline{a_k} = \sum_{i \in w_k} a_k \tag{10-13}$$

$$\overline{b_k} = \sum_{i \in w_k} b_k \tag{10-14}$$

最终输出图像为 $q_i = \overline{a_i} I_i + \overline{b_i}$,$\forall i \in w_k$。

相对于导向滤波方法,快速导向滤波中加入了下采样,以加快滤波速度。快速导向滤波算法过程如图 10-4 所示。

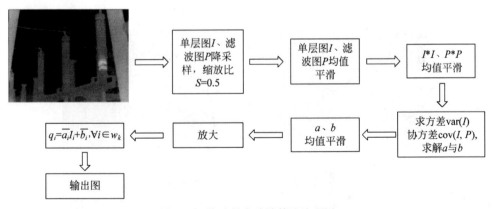

图 10-4　快速导向滤波算法流程图

考虑采集到的电气设备红外图像往往以彩色图像的方式进行存储,因此需要将原始图像进行拆分,并分别进行快速导向滤波,最终合成去噪红外图像。

图 10-5 为快速导向滤波效果图,针对加入了盐椒、高斯噪声的红外图像,单一采用快速导向滤波并不能完全去除加入的模拟噪声。本文考虑将快速导向滤波与

传统的滤波方法进行联合去噪,在实现滤波的同时更好地保存图像边界。六种去噪方法效果如表 10-2 所示。

(a)快速导向滤波前　　　　　　　　　　　(b)快速导向滤波后

图 10-5　快速导向滤波效果图

表 10-2　各类去噪方法效果

方案	步骤一	步骤二	步骤三	PSNR	SSIM
方案一	中值滤波(3×3)	高斯滤波(3×3)	无	24.734	0.7813
方案二	中值滤波(3×3)	中值滤波(3×3)	快速导向滤波	26.831	0.7975
方案三	高斯滤波(3×3)	中值滤波(3×3)	快速导向滤波	25.386	0.7213
方案四	中值滤波(5×5)	高斯滤波(5×5)	快速导向滤波	27.682	0.8945
方案五	中值滤波(5×5)	无	无	27.186	0.8275
方案六	高斯滤波(5×5)	无	无	24.583	0.6952

由表 10-2 不同去噪方案的 PSNR 与 SSIM 参数对比分析,考虑到 SSIM 值更接近人眼的直观判断,而方法四的 SSIM 值最大,故选择方法四,在去噪的同时尽可能保留图像边缘。图 10-6 为方案一～方案四的去噪效果对比图。在不参考具

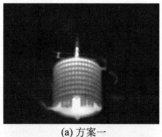

(a)方案一　　　　　　　　　　　(b)方案二

(c)方案三　　　　　　　　　　　(d)方案四

图 10-6　四类方案去噪效果对比

体参数的情况下,通过人眼直观分析,也可知方案四效果最好。

10.2.2 基于 MSRCP 的红外图像增强

多尺度 Retinex 图像增强算法是一种较为复杂的增强方法,源于 20 世纪 Land 提出的 Retinex 理论,其后又经过了一系列的拓展。1997 年 Daniel 等提出多尺度 Retinex 方法[45];2012 年 Sudharan 等提出一种能够恢复彩色、增强图像的自动多尺度 Retinex 算法,其能在增强图像的同时恢复部分图像区域色彩[46];2014 年 AnaBelenPetro 提出了效果更佳的 MSRCR(multi-scale Retinex with color restore)与 MSRCP(multi-scale Retinex with chromaticity preservation)方法,本书主要利用 MSRCP 方法[47],其主要步骤流程图如图 10-7 所示。

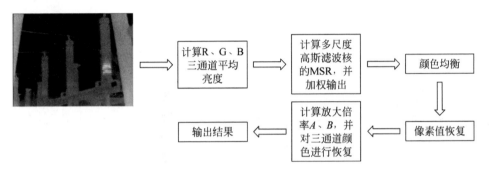

图 10-7 MSRCP 主要步骤流程图

(1) 单尺度 Retinex。Retinex 理论假定人眼感知亮度(相机传感器接收光度)为 $I(x,y)$,由环境光分量 $L(x,y)$ 与含物体细节的物体反射分量 $R(x,y)$ 的关系如式(10-16),对 $R(x,y)$ 取对数,并调整顺序得到物体的反射分量 $\log[R(x,y)]$。其中,$L(x,y)$ 为输入图像 $S(x,y)$ 经过高斯滤波器平滑后的图像,$L(x,y)=S(x,y)\times F_{\mathrm{gaussian}}(x,y)$,其中 $F_{\mathrm{gaussian}}(x,y)$ 为高斯滤波器。

$$I(x,y)=L(x,y)\times R(x,y) \tag{10-15}$$

$$\log[R(x,y)]=\log[I(x,y)]-\log[L(x,y)] \tag{10-16}$$

$$\begin{aligned} R_{\mathrm{SSR}}(x,y) &=\log[R(x,y)] \\ &=\log[I(x,y)]-\log[S(x,y)\times F_{\mathrm{gaussian}}(x,y)] \end{aligned} \tag{10-17}$$

(2) 多尺度 Retinex。多尺度 Retinex(MSR)由单尺度 Retinex 发展而来,可以实现色彩增强,动态范围压缩。MSR 经过三次不同尺度的高斯滤波器进行单尺度 Retinex 运算输出,三次输出相加再平均,得到多尺度 Retinex 输出,如式(10-18),其中 R 为不同尺度高斯滤波核的个数;F_{gaussian} 为高斯滤波操作。如果是彩色图像,则分别求取 $\{R,G,B\}$ 三通道的 MSR。

$$\begin{aligned} R_{\mathrm{MSR}}(x,y)=\log[R(x,y)]=\sum_{k=1}^{3}W_k\{\log[I(x,y)]- \\ \log[S(x,y)\times F_{\mathrm{gaussian}}(x,y)]\} \end{aligned} \tag{10-18}$$

（3）对 MSR 做简单颜色平衡。设置最低最高截取像素比 $L_{clip}=0.01$，$H_{clip}=0.99$，截取 $R_{MSR}(x,y)$ 输出的动态固定像素值，得到简单颜色平衡后的输出 I_{int1}。

（4）色彩重建。先计算彩色图像每个通道的像素，再计算 MSRCP 的三通道输出。其中 I_{int} 为输入图像 I 计算的三通道平均亮度，I_R、I_G、I_B 为输入图像的其中一个通道的图像，I_{int1} 为上一步的简单颜色平衡输出，$R_{msrcp(R)}$、$R_{msrcp(G)}$、$R_{msrcp(B)}$ 为最终的 R、G、B 三通道颜色输出，如式（10-19）～式（10-22）。

$$I_{int}=(I_R+I_G+I_B)/3 \tag{10-19}$$

$$B=\max(I_R[i]+I_G[i]+I_B[i]) \tag{10-20}$$

$$A=\min\left(\frac{255}{B},\frac{I_{int}[i]}{I_{int1}[i]}\right) \tag{10-21}$$

$$\begin{cases} R_{msrcp(R)}=A\times I_R[i] \\ R_{msrcp(G)}=A\times I_G[i] \\ R_{msrcp(B)}=A\times I_B[i] \end{cases} \tag{10-22}$$

对采集的电力设备红外图像做调低亮度对比度处理，采用 MSRCP 方法对其进行图像增强，设置其中的高斯滤波核参数为 $G_{sigma}=\{25,80,250\}$，结果如图 10-8 所示。可以看出，基于 MSRCP 图像增强方法可以有效地还原图像的细节特征，提高图像质量。

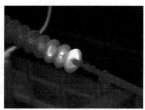
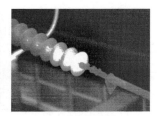

(a) 原图　　　　　　　　(b) 对比度降低　　　　　　　(c) MSRCP增强

图 10-8　MSRCP 方法图像增强效果

10.2.3　变电设备红外图像的标注及数据库的建立

为了目标检测网络能够有效地针对电气设备故障进行检测，本书基于收集到的变电设备红外图像构建电气设备故障红外图像数据集。本书一共采集了共计 1500 张电气设备异常升温红外图像，且包含互感器、穿墙套管、电容器、绝缘子及避雷器共计 5 种设备。表 10-3 为样本组成情况，共选取 1000 张图像作为训练集，500 张图像作为测试集。各样本图像均仅是单类设备的红外图像，但单张样本中可能存在多处故障区域。图 10-9 为某绝缘子故障红外图像。

表 10-3　样本种类及数量

设备种类	标签	测试集样本数量/个	训练集样本数量/个
互感器	T	191	98
穿墙套管	B	204	99
电容器	C	207	102
绝缘子	I	203	107
避雷器	A	195	94

图 10-9　绝缘子故障红外图像

在确定红外图像所在目录后,本文采用 LabelImg 软件对所有的电气设备红外图像进行逐一标注,包括红外图像中包含的故障设备类型以及故障位置,并用 XML 格式文件进行记录,如图 10-10 所示。在后续的处理中,由于 XML 格式文件不利于文件的快速读取,因此本书通过 Python 脚本对其进行转换,得到相应的 txt 格式文本。

图 10-10　LabelImg 软件标注界面

10.3 基于卷积神经网络的变电设备红外图像故障辨识方法

10.3.1 基于 Faster R-CNN 的变电设备红外图像故障辨识方法

1. ResNet50 网络

自 2012 年卷积神经网络的突破性进展开始,其后几年,包括 VGG 网络、Inception 系列网络、残差网络(ResNet)等分类网络相继被提出,并扩展应用到目标检测、实例分割等其他计算机视觉领域。其中,残差网络是 2015 年由何凯明等提出的,其最大的贡献在于解决了当深度卷积网络的深度加深时,深度卷积网络出现的梯度消失爆炸与准确率下降的问题。

残差模块是残差网络最核心的改进,相比传统的卷积网络,残差模块在除正常卷积输出外,还加入了输入支路。其中,卷积输入为 x,卷积输出为 $F(x)$,残差模块输出为 $H_2(x)$。当卷积分支输出 $F(x)$ 的参数为零时,将出现模块输出 $H_2(x)$ 与卷积输入 x 为恒等映射的情况,进而确保更深的网络结构在训练收敛时不会出现错误率越来越高的情况,也是整个残差模块与残差网络的核心所在。

标准卷积与残差模块的比较如图 10-11 所示。残差模块中的 1×1 卷积主要起到降维控制卷积输入的深度、减少卷积计算量、加入非线性提升网络表达能力的作用。残差模块卷积分支一般先经过 1×1 卷积,其优点在于当直接对输入进行

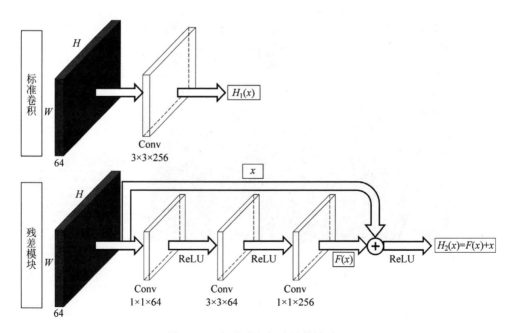

图 10-11　标准卷积与残差模块对比

3×3 或者 7×7 卷积时,当输入的深度维度较大时会带来极大的计算量,而改为 1×1 卷积、3×3 卷积、1×1 卷积组合使用,先降维再卷积计算的方式,可极大地减少参数的计算。假设输入为 $W×H×64$,输出深度维度为 256,计算标准卷积与残差卷积模块的卷积核参数。如图 11-1 所示,上边标准卷积的卷积核参数为 64×3×3×256＝147456,下边残差模块三个卷积操作的卷积核计算参数为 64×1×1×64＋64×3×3×64＋64×1×1×256＝57344,可知残差模块的卷积核参数有较大的减少。

ResNet50 为基于残差卷积模块的深度残差网络的一种网络,结构如图 10-12 所示。

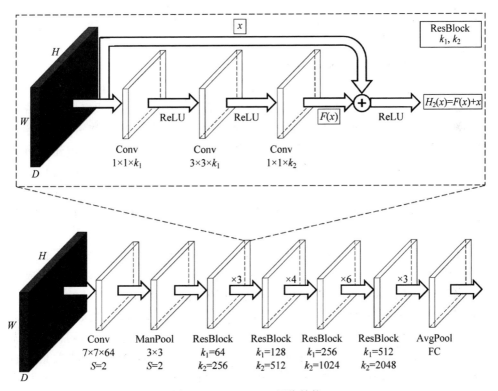

图 10-12　ResNet50 网络结构

在 ResNet50 网络中的卷积每一层输出都使用了批归一化(BN)操作,并使用 ReLU 函数激活。普通的网络在网络加深后会出现学习速度变慢、梯度饱和、收敛变慢的缺点,使用批归一化操作能够一定程度解决这一问题,批归一化操作相当于对每层输入进行了预处理,使得参数初始化更容易、训练收敛速度更快、取代了 dropout 正则化操作。批归一化操作公式如式(10-23)~式(10-26)。

$$\mu_b = \frac{1}{n}\sum_{i=1}^{n} x_i \tag{10-23}$$

$$\sigma_b^2 = \frac{1}{n} \sum_{i=1}^{n} (x_i - \mu_b)^2 \tag{10-24}$$

$$x_i^* = \frac{x_i - \mu_b}{\sqrt{\sigma_b^2 + \varepsilon}} \tag{10-25}$$

$$y_i = \gamma_i \times x_i^* + \beta_i \tag{10-26}$$

式中：x_i 为卷积网络某层一个批次 n 个元素的输入；$x_i = \{x_1, x_2, \cdots, x_n\}$；$\mu_b$ 为一个批次元素的均值；σ_b^2 为一个批次元素的方差；x_i^* 为对所有该批次元素归一化所得；ε 为保证分母非零项；y_i 为最终的输出；γ_i、β_i 为尺度缩放与偏移的参数，当 $\gamma_i = \sigma_b^2$、$\beta_i = \mu_b$ 时，$y_i = \gamma_i \times x_i^* + \beta_i$ 为恒等变换。在批归一化操作之后又提出了各种新的类似变种 BN，本书搭建的检测网络暂时未用到后续改进归一化方法。

2. FasterR-CNN 检测网络框架

FasterR-CNN 网络为典型的两阶法目标检测算法，以前文介绍的 ResNet50 网络为特征提取网络，搭建基于 FasterR-CNN 的红外图像下电力设备异常区域与设备检测网络，其主要结构如图 10-13 所示。首先将训练的红外数据传入 ResNet50 共享特征提取网络进行特征提取；然后支路一继续传入区域建议网络（RPN）并进行前后景二分类、位置回归训练，得到区域建议输出并传给 ROI 平均池化层，支路二的特征图层也传入 ROI 平均池化层；最后对 ROI 平均池化层输出进行全连接操作，经卷积得到最终检测分类与目标位置回归输出、端对端训练，得到最终结果。

区域建议网络（RPN）是 FasterR-CNN 检测网络的重大创新，其抛弃了传统的金字塔特征图滑动窗口法、选择性搜索生成锚框法，直接用区域建议网络生成锚框，加上与特征提取共享卷积，极大地提高了框生成的速度和检测算法的速度。

候选框生成选择路线示意图如图 10-14 所示，具体区域建议过程如图 10-15 所示。区域建议网络在缩小了 16 倍的特征图上每个像素区生成 9 个不同比例的锚框，并做框的坐标回归学习，将交并比（IOU）大于 0.7 的锚框排序，限定前景框的坐标边界，过滤小的前景锚框，并做极大阈值（NMS）处理，得到 2000 个候选框，再经过生成建议框模块从中选择 300 个简单候选框，再经过 ROI 池化，传给后面的 FasterR-CNN 检测网络的其他部分进行训练。其中 ROI 池化，即让提取的特征图中的不同大小的候选区域能够压缩到固定的 7×7 大小，进而利于神经网络的反向传播进行训练。

设输入的图像经过卷积后得到特征图（$M \times N$），那么在该特征图的任意最小框位置中心都生成 9 个锚框，一个滑窗中心点的锚框有三个尺度，每个尺度的锚框有 $\{1:1, 2:1, 1:2\}$ 三个比例，即最终生成 $M \times N \times 9$ 个锚框。将原有的输入训练图像缩小 16 倍，得到 30×23 的特征图层，得到的锚框数量为 $30 \times 23 \times 9 = 6210$ 个。

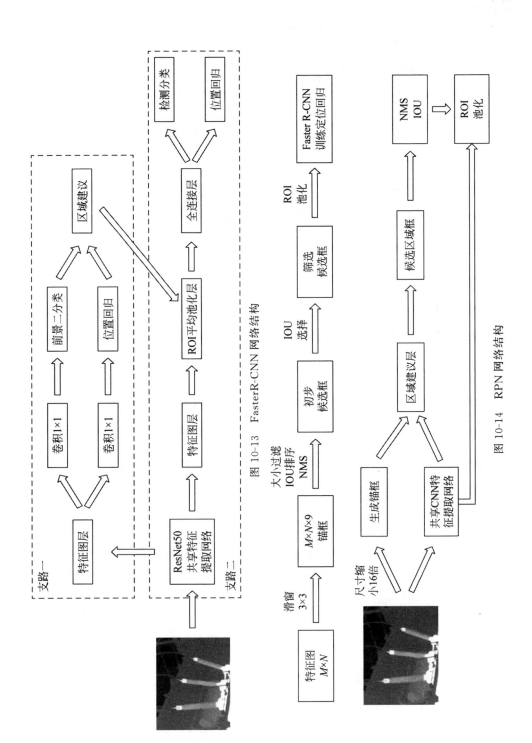

图 10-13 FasterR-CNN 网络结构

图 10-14 RPN 网络结构

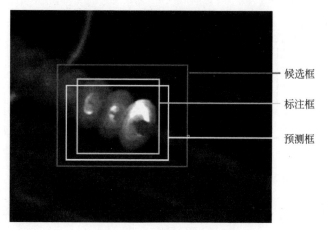

图 10-15 锚框生成示意图

如图 10-15 所示,标注框(G),候选框(P),预测框$(\hat{G})$,训练过程需要找到一个关系式使输入的候选框满足 $p(P_x,P_y,P_w,P_h)=(\hat{G}_x,\hat{G}_y,\hat{G}_w,\hat{G}_h)\approx(G_x,G_y,G_w,G_h)$,即训练候选框不断接近标注框。原窗口的中心点坐标$(x,y)$、宽高$(w,h)$作为四维向量表示窗口信息即为$(x,y,w,h)$。设定候选框$(P_x,P_y,P_w,P_h)$,预测框$(\hat{G}_x,\hat{G}_y,\hat{G}_w,\hat{G}_h)$,标注框需要将候选框不断平移缩放得到预测框,即框回归,训练设定目标函数使学习的平移缩放参数不断接近标注框。

$$\text{Loss}=\sum_{i}^{N}\left[t_*^{i}-W_*^{\mathrm{T}}\times h(P^{i})\right]^2 \tag{10-27}$$

函数优化目标为

$$\hat{W}_*=\mathrm{argmin}_{w}*\sum_{i}^{N}\left[t_*^{i}-W_*^{\mathrm{T}}\times h(P^{i})\right]^2+\lambda\parallel W_*\parallel^2 \tag{10-28}$$

式中:$h(P^{i})$为候选框在特征图上的特征向量;W_*^{T}为学习的候选框到预测框的变换参数;t_*^{i}为标注框与候选框计算的偏移量,最终的目标函数使得预测框与标注框尽可能重合。式(10-29)和式(10-30)为标注框与预测框的偏移量计算。

$$t_x=\frac{G_x-P_x}{P_w},\quad t_y=\frac{G_y-P_y}{P_h} \tag{10-29}$$

$$t_w=\log\frac{G_w}{P_w},\quad t_h=\log\frac{G_h}{P_h} \tag{10-30}$$

在由生成的锚框预测时,其学习的变换参数 $W_*^{\mathrm{T}}=\{d_x(p),d_y(p),d_w(p),d_h(p)\}$,预测框的参数计算如式(10-31)和式(10-32)所示。

$$\hat{G}_x=P_w d_x(p)+P_x,\quad \hat{G}_y=P_h d_y(p)+P_y \tag{10-31}$$

$$\hat{G}_w=P_w \mathrm{e}^{d_w(p)},\quad \hat{G}_h=P_h \mathrm{e}^{d_h(p)} \tag{10-32}$$

在进行 FasterR-CNN 端对端训练时,训练过程一共有四个损失函数,分为 RPN 分类损失、RPN 位置回归损失、目标分类损失、目标位置回归损失。RPN 分类损失针对锚框是否为前景(二分类)训练;RPN 位置回归损失针对锚框位置训练微调;目标分类损失针对 ROI 所属类别训练(检测异常区域与设备时二分类,多了一个类作为背景);目标位置回归损失针对最终目标位置训练微调。

$$L(\{p_i\},\{\mu_i\}) = \frac{1}{N_{cls}}\sum_i L_{cls}(p_i,p_i^*) + \lambda\frac{1}{N_{reg}}\sum_i p_i^* L_{reg}(t_i,t_i^*)$$

(10-33)

式(10-33)为训练的损失函数。其中,p_i 为候选框为目标的概率;p_i^* 为预测标签,当为正例时 $p_i^*=1$,当为负例时 $p_i^*=0$;$t_i=\{t_x,t_y,t_w,t_h\}$ 为预测框与候选框对应的边框回归偏移,t_i^* 为标注框相对候选框的偏移,计算如式(10-34)～式(10-37)所示。

$$t_x = (x-x_a)/w_a, \quad t_y = (y-y_a)/h_a$$ (10-34)

$$t_w = \log(w/w_a), \quad t_h = \log(h/h_a)$$ (10-35)

$$t_x^* = (x^*-x_a)/w_a, \quad t_y^* = (y^*-y_a)/h_a$$ (10-36)

$$t_w^* = \log(w^*/w_a), \quad t_h^* = \log(h^*/h_a)$$ (10-37)

当为 RPN 网络时,对图像中的前景、后景进行二分类,分类损失函数为 $L_{cls}(p_i,p_i^*)$,回归损失函数为 $L_{reg}(t_i,t_i^*)$,计算如式(10-38)～式(10-40)所示。

$$L_{cls}(p_i,p_i^*) = -\log[p_i^* p_i + (1-p_i^*)(1-p_i)]$$ (10-38)

$$L_{reg}(t_i,t_i^*) = SL_1(t_i - t_i^*)$$ (10-39)

$$SL_1 = \begin{cases} 0.5x^2, & |x|<1 \\ |x|=0.5, & x<-1 \text{ 或 } x>1 \end{cases}$$ (10-40)

10.3.2　基于 SSD-MobileNet 的变电设备红外图像实时检测方法

MobileNet 网络是谷歌提出的轻量化网络,其利用可分离卷积网络,极大地压缩了网络的参数量,缩小了检测模型的大小,提升了检测网络的检测速度。MobileNet 网络达到与 VGG 网络等检测网络相近的图像分类精度,并以小参数网络提升了检测速度。

1. MobileNet 网络结构

MobileNet 网络结构由深度可分离卷积模块组成,极大地压缩了网络参数量,实现轻量化网络的训练与生成。深度可分离卷积模块将原来的标准卷积分解为深度卷积与逐点卷积两层,一层实现滤波一层实现组合。其结构如图 10-16 和图 10-17 所示。

标准卷积中,卷积核 $D_k \times D_k \times M \times N$ 输入通道为 M,输出通道为 N,大小为 $D_k \times D_k$ 的卷积核。如输出大小为 $D_o \times D_o$,则卷积过程参数量为 $D_k \times D_k \times$

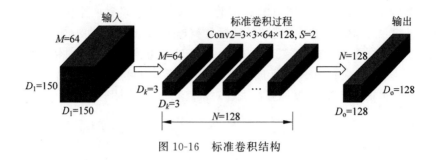

图 10-16　标准卷积结构

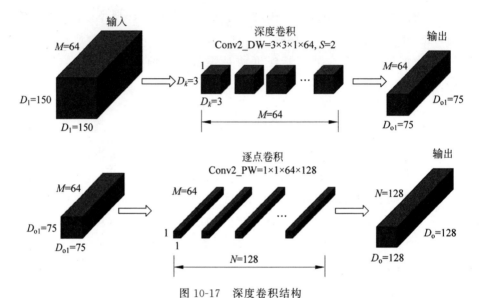

图 10-17　深度卷积结构

$M \times N \times D_o \times D_o$。

当使用深度卷积时,输入为 $D_1 \times D_1 \times M$,卷积核为 $D_k \times D_k \times 1 \times M$。这里相当于拆分 $D_1 \times D_1 \times M$ 为 M 个单通道的 $D_1 \times D_1 \times 1$,将每个拆分通道进行 $D_k \times D_k \times 1 \times 1$ 卷积操作,实现拆分通道分别卷积,输出为 $D_{o1} \times D_{o1} \times M$。计算量为 $D_k \times D_k \times M \times D_{o1} \times D_{o1}$。

深度可拆分卷积与标准卷积计算参数比:

$$\frac{D_k \times D_k \times M \times D_{o1} \times D_{o1} + 1 \times 1 \times D_{o1} \times D_{o1} \times M \times N}{D_k \times D_k \times M \times N \times D_o \times D_o}$$

$$= \frac{1}{N} + \frac{1}{D_k^2} \tag{10-41}$$

当 $D_k = 3$ 时,最终普通卷积与可拆分卷积参数比为 $1/N + 1/9$,N 较大,最终比约为 $1/9$。使用深度可拆分卷积得到的轻量化网络极大地缩减了卷积计算参数,以 MobileNet 为基础网络的 SSD 检测网络速度也进一步提升。

MobileNet 的具体组成如表 10-4 所示。在网络深度较深的情况下大量使用了深度可分离网络,大大减少了网络的参数量,使该网络在特征提取能力变强的同时,没有大量增加不必要的参数,减少了最终模型的参数。作为轻量化网络,特别适用于部署在移动嵌入式设备上,尤其随着目前边缘计算、各种算力强大的 AI 芯片的发展,轻量化网络的优势越来越明显,以这些网络为基础的实时目标检测算法将被大量部署在巡检机器人等智能设备上。

表 10-4　MobileNet 网络结构

卷积层名称/步长	卷积核参数	输入特征图尺寸
Conv/S2	$3\times3\times3\times32$	$224\times224\times3$
Conv dw/S1	$3\times3\times32$ dw	$122\times122\times32$
Conv/S1	$1\times1\times32\times64$	$122\times122\times32$
Conv dw/S2	$3\times3\times64$ dw	$122\times122\times64$
Conv/S1	$1\times1\times64\times128$	$56\times56\times64$
Conv dw/S1	$3\times3\times128$ dw	$56\times56\times128$
Conv/S1	$1\times1\times128\times128$	$56\times56\times128$
Conv dw/S2	$3\times3\times128$ dw	$56\times56\times128$
Conv/S1	$1\times1\times128\times256$	$28\times28\times128$
Conv dw/S1	$3\times3\times256$ dw	$28\times28\times256$
Conv/S1	$1\times1\times256\times256$	$28\times28\times256$
Conv dw/S2	$3\times3\times256$ dw	$28\times28\times256$
Conv/S1	$1\times1\times256\times512$	$14\times14\times256$
Conv dw/S1	$3\times3\times256$ dw	$14\times14\times512$
Conv/S1	$1\times1\times512\times1024$	$14\times14\times512$
Conv dw/S2	$3\times3\times512$ dw	$14\times14\times512$
Conv/S1	$1\times1\times512\times1024$	$7\times7\times512$
Conv dw/S2	$3\times3\times1024$ dw	$7\times7\times1024$
Conv/S1	$1\times1\times1024\times1024$	$7\times7\times1024$
Avg Pool/S1	Pool 7×7	$7\times7\times1024$
FC/S1	1024×1000	$1\times1\times1024$
Softmax/S1	Classifier	$1\times1\times1000$

2. 网络框架及其改进

基于 FasterR-CNN 的红外图像下电力设备检测方法虽然有较高的检测准确率,但是其检测速度较低,难以达到实际应用的实时检测要求。为实现红外图像下电力设备实时检测的效果,本书搭建以轻量化网络 MobileNet 为基础的 SSD-MobileNet 检测网络,并训练红外图像异常区域检测、电力设备及异常区域检测的双模型。

2016 年由学者提出的 SSD 目标检测方法,在 300×300 分辨率下的 VOC2007 数据集实现了 74.3% 的 mAP,速度远高于 FasterR-CNN 目标检测方法。SSD 方法更高的检测精度与速度使应用该方法实时检测成为可能。原 SSD 算法以 VGG 网络为基础网络进行特征提取。在原 VGG 网络基础上改进并增加了新的卷积层，提取 Conv4_3(38×38)、Conv7(19×19)、Conv8_2(10×10)、Conv9_2(5×5)、Conv10_2(3×3)、Conv11_2(1×1)，共 6 层特征图的卷积输出，并在这 6 层多尺度特征图上利用小卷积核实现分类与定位任务。原基于 VGG 基础网络的 SSD 框架如图 10-18 所示。

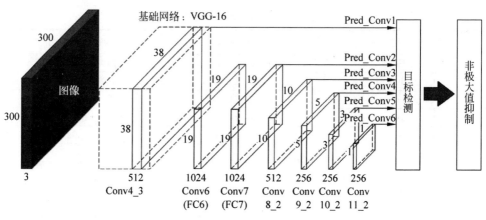

图 10-18　原 SSD 网络结构

为达到更快的识别速度，以便实时部署在智能巡检设备上位机端，对原 SSD 算法基础网络进行更改，采用轻量化的 MobileNet 结构替代原 VGG 基础网络，改进后的 SSD 网络架构如图 10-19 所示。在 MobileNet 网络基础上去除平均池化层与全连接层，增加 Conv13d2_1×1、Conv13d2_3×3、Conv13d1_1×1、Conv13d3_3×3、Conv13d4_1×1、Conv13d4_3×3、Conv13d5_1×1、Conv13d5_3×3 卷积层。

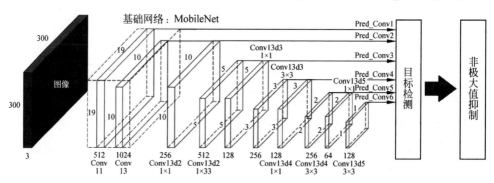

图 10-19　SSD-MobileNet 网络结构

训练过程具体包括定位损失函数和分类损失函数，如式(10-42)所示。

$$L(p_i,t_i)=\frac{1}{N}\sum_i L_{\mathrm{cls}}(p_i,p_i^{*})+\lambda\sum_i p_i^{*}L_{\mathrm{reg}}(t_i,t_i^{*}) \tag{10-42}$$

式中：p_i 为预测框分类结果；p_i^* 为真实框分类结果；t_i 为预测框分类定位结果；t_i^* 为真实框定位结果；L_{reg} 为定位损失；N 为匹配的默认框；λ 为损失函数权重，设为 1；L_{cls} 为分类损失，计算如下：

$$L_{cls}(p_i, p_i^*) = -\sum_{m \in pos}^{N} p_{m,n}^q \log(c_m^q) - \sum_{m \in neg} \log(c_m^q) \tag{10-43}$$

式中：$p_{m,n}^q = \{0,1\}$ 为第 m 个默认框与对应的第 n 个标注框匹配类别为 q 的指示器，当匹配时为 1，否则为 0；c_m^q 为第 m 个默认框对类别 q 分类的置信度，为负例置信度；pos 为正例集；neg 为负例集。定位损失函数 L_{reg} 计算如式（10-44）～式（10-49）所示。

$$L_{reg} = \sum_{i \in \{c_x, c_y, w, h\}} p_{m,n}^q S_{L1}(t_i - t_i^*) \tag{10-44}$$

$$t_x = (x - x_a)/w_a, \quad t_y = (y - y_a)/h_a \tag{10-45}$$

$$t_w = \log(w/w_a), \quad t_h = \log(h/h_a) \tag{10-46}$$

$$t_x^* = (x^* - x_a)/w_a, \quad t_y^* = (y^* - y_a)/h_a \tag{10-47}$$

$$t_w^* = \log(w^*/w_a), \quad t_h^* = \log(h^*/h_a) \tag{10-48}$$

$$S_{L1}(x) = \begin{cases} 0.5 \times x^2, & |x| < 1 \\ |x| - 0.5, & |x| \geqslant 1 \end{cases} \tag{10-49}$$

式中：(x,y)、w、h 是预测框的中心点坐标、高度、宽度；x、x_a、x^* 分别对应于预测框、标准预测框与真实框的参数；y、w、h 也类似。

10.3.3 变电设备故障检测及分析

1. 训练环境与过程

为了对实验模型进行验证，本节采用自制变电设备红外数据集进行训练，详细的网络训练环境参数如表 10-5 所示。

表 10-5 网络训练环境参数

名　称	参　数
软件环境	Python
CPU	Intel I7-9700F
GPU	RTX2080ti×2
RAM	128GB
单次样本训练数量	8
Iter	100
Optimizer	Adam

考虑到网络训练所需要的样本数量较多，且训练所使用的机器算力有限，本书在样本数据增强的基础上引入了 Mosaic 增强方法。该方法的主要思想来源于

CutMix 数据增强方法，Mosaic 增强方法将四张图像整合到一张图像中。

Mosaic 增强方法不同于数据增强方法，该方法常在训练中使用。通常在每次训练前网络会从数据集中取 8 个训练样本，然后分 8 次将训练样本依次送入网络进行训练与迭代，迭代次数为 8；而 Mosaic 方法是在训练样本中随机挑选组合 4 个样本，然后送入网络中进行训练与迭代，迭代次数为 2。Mosaic 方法在保证每次送入网络训练的样本图像的尺寸增加不大的情况下，大大减少了迭代次数，减少了网络训练对机器算力的要求。同时，4 个样本的随机组合，大大扩充了样本背景的丰富程度，使样本前景难以区分，增加了故障辨识的难度，有效地防止了网络过拟合的程度，如图 10-20 所示。

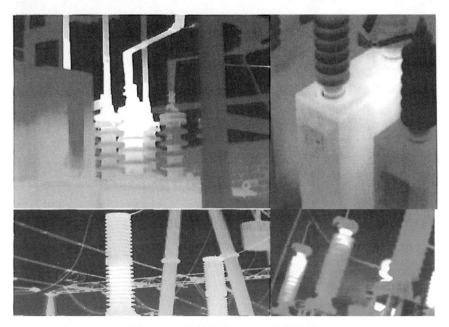

图 10-20　红外图像 Mosaic 数据增强

为了更直观地验证 Mosaic 数据增强算法在网络训练中的优势，本书随机选取了 50 张红外故障图像作为数据集，采用 SSD 网络分别在 Mosaic 数据增强与无 Mosaic 数据增强之间进行比较，Loss 为每次迭代后网络的损失值，共计迭代 300 次。从图 10-21 中可以看出，采用 Mosaic 数据增强算法的训练，网络损失值在下降过程中的速度更加迅速，且最终损失值稳定为 4.0～4.5，而未采用 Mosaic 数据增强算法的训练，网络损失值稳定为 4.9～5.2。

同时，本书对两者训练过程中的每次迭代速度进行了比较，如图 10-22 所示。在训练中每次迭代送入网络中的图像为 8 张，未采用 Mosaic 数据增强每次训练需要分 8 次将图像送入网络中，而采用 Mosaic 数据增强则将每 4 张图像合成为 1 张图像送入网络，因此仅需 2 次就可将 8 张图像送入网络中进行训练，有效降低了每次迭代所需的时间。从图 10-22 中也可以看出,采用 Mosaic 数据增强的训练过程比未采用 Mosaic 数据增强的训练过程所需的时间更少。经计算,采用 Mosaic 数据增强的每次迭代训练过程所需时间比未采用 Mosaic 数据增强的每次迭代训练过程所需时间平均缩短了 0.19s。

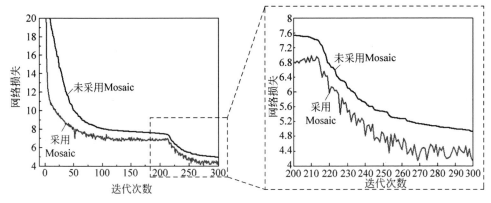

图 10-21　Mosaic 数据增强前后 SSD 网络训练损失比较

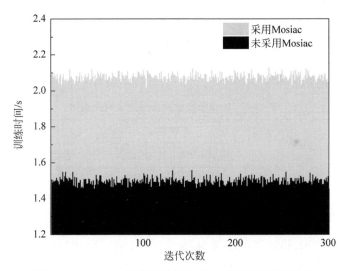

图 10-22　Mosaic 数据增强前后 SSD 网络训练速度比较

　　两类网络最终训练过程如图 10-23 所示,可以看出经过 4000 次训练迭代后,网络损失均趋于稳定。进一步分析,SSD-MobileNet 网络由于网络参数少,训练较为容易,因此网络损失下降较快,在迭代 1600 次迭代后趋于稳定;而 Faster-RCNN 由于网络模型较深,参数量较大,因此训练较为困难,在迭代 2000 次后趋于稳定,但最终网络损失值相较于 SSD-MobileNet 网络更低,因此网络在变电设备故障辨识的任务中表现更好。

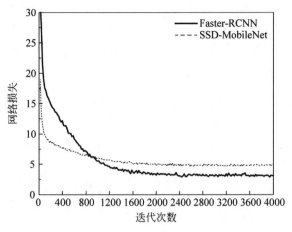

图 10-23　两类网络训练过程对比

2. 验证模型

网络验证环境与训练环境相同,为了更客观地评价网络模型在变电设备故障红外图像检测任务中的表现能力,这里设置了训练集、测试集与验证集三类数据集,其中,训练集与测试集已在 10.2.3 小节中进行设置,验证集除已有 500 张变电设备故障红外图像外,还包括现场采集的变电设备故障红外图像,共计 137 张。Faster-RCNN(记为模型Ⅰ)与 SSD-MobileNet(记为模型Ⅱ)两类网络在三种数据集上的表现如表 10-6 所示。

表 10-6　两类网络故障检测效果对比测试

数据集	样本数	准确数		准确率/%	
		模型Ⅰ	模型Ⅱ	模型Ⅰ	模型Ⅱ
训练集	400	374	315	93.45	84.35
测试集	100	87	71	87.23	80.83
验证集	139	121	100	86.93	82.84

由表 10-6 可知,相较于 Faster-RCNN 网络,SSD-MobileNet 网络在变电设备故障红外图像辨识任务中的表现较差,在三类数据集中,SSD-MobileNet 网络相较于 Faster-RCNN 网络准确率平均降低了 6.53%。这是由于 SSD-MobileNet 网络模型参数量较少,对红外图像特征提取不充分,导致后续的故障辨识缺乏充足的特征信息进行分析,而 Faster-RCNN 网络模型较为复杂,特征提取充分,模型泛化能力强,在相同训练条件下,模型的表现效果更佳。

网络模型深度的增加在提高网络表现能力的同时,也增加了网络参数的数量,进而增加了网络运行时间。这里在训练 Faster-RCNN 网络与 SSD-MobileNet 网络的同时,还对 R-FCN 网络与 YOLOv4 网络进行相同的训练,并将四类网络的测试结果列于表 10-7 中。

表 10-7 不同网络故障检测效果对比测试

网　络	准确率/%		速度/(ms/张)
	测试集	验证集	
Faster-RCNN	93.45	84.39	83
SSD-MobileNet	87.23	80.73	32
R-FCN	90.77	82.85	74
YOLOv4	76.77	68.14	43

由表可知,Faster-RCNN 网络表现最好,但是运行速度最慢,SSD-MobileNet 网络表现一般,但是运行速度最快。因此,在实际变电设备故障检测中,如果需要高准确度的检测且实时性需求不高,可以选择 Faster-RCNN 网络;如果对实时性的需求较高且需要一定的准确度,可以选择 SSD-MobileNet 网络。

10.4　本章小结

本章开展了基于卷积神经网络的变电设备故障红外图像辨识方法研究,对变电设备红外图像进行采集,基于快速导向滤波和 MSRCP 算法对故障红外图像进行去噪与增强,在此基础上对红外图像进行标注与样本增强,构建红外图像数据集,采用 Faster R-CNN 网络与 SSD-MobileNet 网络对故障红外图像进行故障辨识,并与主流故障检测方法进行比较,完成的工作和主要结论如下。

(1) 探究了传统去噪方法在带噪红外图像上的去噪表现,实验结果证明均值滤波在去噪的同时会使图像边界不清晰;中值滤波在去除椒盐噪声时的效果最佳,但是仍难去除高斯噪声;高斯滤波在去除高斯噪声时比较有效,能较柔和地保留边界,但依然较难完全去除椒盐噪声;双边滤波作为一类保边滤波,较难完全去除高斯与椒盐噪声。在此基础上结合快速导向滤波进行去噪,实验结果表明中值滤波(5×5)→高斯滤波(5×5)→快速导向滤波的去噪效果最好,峰值信噪比与结构相似度分别可达到 27.682 和 0.8945。

(2) 采用 Faster R-CNN 与 SSD-MobileNet 网络分别对故障红外图像进行故障辨识,实验结果表明,SSD-MobileNet 网络在变电设备故障红外图像识别精度上的表现较差,在三类数据集中,SSD-MobileNet 网络相较于 Faster-RCNN 网络准确率平均降低了 6.53%。而 Faster-RCNN 网络模型较为复杂,特征提取充分,模型泛化能力强,在相同训练条件下,模型的表现效果更佳。在运算时间上,Faster-RCNN 网络平均 83ms 可以完成一张图像的检测,而 SSD-MobileNet 网络仅需 32ms。因此,在实际变电设备故障检测中,如果需要高准确度的检测且实时性需求不高,可以选择 Faster-RCNN 网络;如果检测对实时性的需求较高且需要一定的准确度,可以选择 SSD-MobileNet 网络。

10.5　参考文献

[1]　中国电力企业联合会.2021—2022年度全国电力供需形势分析预测报告[EB/OL].[2021-02-12].http://news.bjx.com.cn/html/20220128/1201976.shtml.

[2]　葛雄,金哲,刘志刚,等.超、特高压输电线路无人机巡检典型案例分析[J].电工技术,2017(9):100-101+103.

[3]　杨启帆.基于无人机红外热成像的架空输电线视觉跟踪巡检研究[D].兰州:兰州理工大学,2017.

[4]　龚超,罗毅,涂光瑜.计算机视觉技术及其在电力系统自动化中的应用[J].电力系统自动化,2003(1):76-79.

[5]　吴帅,徐勇,赵东宁.基于深度卷积网络的目标检测综述[J].模式识别与人工智能,2018,31(4):335-346.

[6]　蒋晓平.电气设备状态检修中红外检测技术的研究与应用[D].南京:东南大学,2015.

[7]　陈衡.红外热像仪在电力设备系统中故障诊断应用概况[J].激光与红外,1994(3):8-11.

[8]　Huda A S N,Taib S,Ghazali K H,et al. A new thermographic NDT for condition monitoring of electrical components using ANN with confidence level analysis[J]. ISA Transactions,2014,53(3):717-724.

[9]　Zaffery Z A,Dubey A K. Design of early fault detection technique for electrical assets using infrared thermograms [J]. International Journal of Electrical Power & Energy Systems,2014(63):753-759.

[10]　Jadin M S,Taib S. Recent progress in diagnosing the reliability of electrical equipment by using infrared thermography[J]. Infrared Physics & Technology,2012,55(4):236-245.

[11]　郭志红,陈玉峰,胡晓黎,等.红外检测技术在电力设备状态检修工作中的应用[J].山东电力技术,1997(3):41-44+66.

[12]　陈尧.红外热成像技术在变电站设备故障诊断中的应用研究[D].济南:山东理工大学,2021.

[13]　马一鸣.智能巡检机器人在无人值守变电站的应用[D].北京:华北电力大学,2017.

[14]　彭晔.基于红外热图像的架空输电线路故障检测软件开发[D].南京:南京理工大学,2011.

[15]　杨政勃,金立军,张文豪,等.基于红外图像识别的输电线路故障诊断[J].现代电力,2012,29(2):76-79.

[16]　刘江林.华电大同秦家山10万kW光伏电站无人机自动巡检及热斑图像自动识别[J].太阳能,2017(5):45-48.

[17]　魏钢,冯中正,唐跃,等.输变电设备红外故障诊断技术与试验研究[J].电气技术,2013(6):75-78.

[18]　臧晓春.一种基于图像处理和神经网络的变电站关键设备红外检测方法[D].广州:华南理工大学,2018.

[19]　Vreven T,Miller S C. Computational investigation into the fluorescence of luciferin analogues[J].Journal of Computational Chemistry,2019,40(2).

[20]　刘虹.计算机视觉系统的发展和应用综述[J].云南广播电视大学学报,1999(4):59-60.

[21]　Krizhevsky A,Sutskever I,Hinton G. ImageNet classification with deep convolutional neural networks[J]. Advances in Neural Information Processing Systems,2012,25(2).

[22] Simonyan K，Zisserman A. Very deep convolutional networks for large-scale image recognition[J]. Computer Science，2014.

[23] Szegedy C，Liu W，Jia Y，et al. Going deeper with convolutions[J]. 2015 IEEE Conference on Computer Vision and Pattern Recognition (CVPR 2015)，United States，2015.

[24] He K，Zhang X，Ren S，et al. Deep residual learning for image recognition[J]. 2016 IEEE Conference on Computer Vision and Pattern Recognition，Las Vegas，USA，2016.

[25] Girshick R，Donahue J，Darrell T，et al. Rich feature hierarchies for accurate object detection and semantic segmentation tech report [J]. DOI：10.1109/CVPR.2014.81.

[26] He K，Zhang X，Ren S，et al. Spatial Pyramid Pooling in Deep Convolutional Networks for Visual Recognition[J]. IEEE Transactions on Pattern Analysis & Machine Intelligence，2014，37(9)：1904-16.

[27] Girshich R. Fast R-CNN[C]. IEEE International Conference on Computer Vision，IEEE，Chile，2016.

[28] Ren S，He K，Girshick R，et al. Faster R-CNN：Towards Real-Time Object Detection with Region Proposal Networks [J]. IEEE Transactions on Pattern Analysis & Machine Intelligence，2017，39(6)：1137-1149.

[29] Li Z，Peng C，Yu G，et al. Light-head R-CNN：in defense of two-stage object detector[J]. DOI：10.48550/arXiv.1711.07264.

[30] Liu W，Anguelov D，Erhan D，et al. SSD：single shot multibox detector[J]. DOI：10.1007/978-3-319-46448-0_2.

[31] Redmon J，Divvala S，Girshick R，et al. You only look once：unified，real-time objectdetection[J/OL]. https://arxiv.org/pdf/1506.02640.pdf.

[32] Redmon J，Farhadi A. YOLO9000：better，faster，stronger[J]. 2017 IEEE Conference on Computer Vision and Pattern Recognition (CVPR)，Honolulu，Hawaii，2017.

[33] Redmon J，Farhadi A. YOLOv3：an incremental improvement[J]. DOI：10.48550/arXiv.1804.02767.

[34] 崔克彬，李宝树，徐雪涛，等.基于图像增强技术的电气设备热故障自动诊断与定位[J].红外技术，2014，36(2)：162-167.

[35] 陈基顺，肖立军，万新宇，等.复杂环境下电力设备红外热图增强与分割研究[J].红外技术，2018，40(11)：1112-1118.

[36] 梁兴，严居斌，尹磊.基于红外图像的输电线路故障识别[J].电测与仪表，2019，56(24)：99-103.

[37] 张文峰，彭向阳，陈锐民，等.基于无人机红外视频的输电线路发热缺陷智能诊断技术[J].电网技术，2014，38(5)：1334-1338.

[38] 尹阳.基于红外图像的变电站设备识别与热状态监测系统研究[D].西安：西安科技大学，2018.

[39] 林颖，郭志红，陈玉峰.基于卷积递归网络的电流互感器红外故障图像诊断[J].电力系统保护与控制，2015，43(16)：87-94.

[40] 王如意.变电站电力设备红外图像分割技术研究[D].西安：西安科技大学，2011.

[41] 王时春，徐梁刚，陈科羽，等.基于OPENCV的高压输电线断股识别方法研究[J].自动化与仪器仪表，2022(3)：234-238.

[42] 倪萍，赖惠成，高古学，等.基于形态学和梯度域导向滤波的图像去雾算法[J].计算机工程，

2022,48(10)：252-261.

[43] 谭宇璇,樊绍胜.基于图像增强与深度学习的变电设备红外热像识别方法[J].中国电机工程学报,2021,41(23)：7990-7998.

[44] 王奎,黄福珍.基于光照补偿的 HSV 空间多尺度 Retinex 图像增强[J].激光与光电子学进展,2022,59(10)：102-113.

[45] Parthasarathy S,Sankaran P. An automated multi scale retinex with color restoration for image enhancement[C].Communications,IEEE,2012.

[46] 衡宝川,肖迪,张翔.结合 MSRCP 增强的夜间彩色图像拼接算法[J].计算机工程与设计,2019,40(11)：3200-3204＋3211.

第**11**章

基于可见光图像和知识推理的
视觉不可分螺栓缺陷检测

11.1 引言

11.1.1 研究背景及意义

在变电站中,电能的进站和出站是不可或缺的一环,输变电线路作为关键设备起到重要的作用。输变电线路故障会影响电力系统的稳定性,甚至可能引发电力事故。因此,为保证电力系统的安全运行,对输变电线路的运维必不可少[1]。输变电线路中螺栓数量众多,广泛存在于杆塔、绝缘子和金具中,起到固定部件、维持输变电线路结构稳定的关键作用。但是螺栓体积较小、缺陷类型复杂,受其庞大的数量和受力条件复杂以及所处的高空恶劣环境等因素的影响,正常螺栓容易受损转为带有缺陷的螺栓。一般缺陷如螺母松动、销子松动等会影响输变电线路部件的结构稳定性,导致线路出现安全隐患;危急缺陷如螺母缺失、销子缺失等,会影响输变电线路的运行安全,甚至导致线路事故,严重威胁电网的安全运行。因此,对螺栓进行缺陷检测是确保输变电线路正常运行的必要工作[2-3]。

经过长期发展,我国已经建立了完善的输变电线路人工巡检的任务制度,基本保证了电网安全平稳的运行,是我国能源健康发展的重要保障。随着电网建设的不断加速,电力巡检任务越来越繁重,快速大幅度增长的航拍图像缺陷检测需求与人工检测精度、效率的相对低下之间的矛盾日渐凸显,仅仅采用人工检测的方法已明显不能满足日常巡检的需要。因此,利用深度学习技术对输变电线路航拍图像中的螺栓是否存在缺陷进行高准确率的自动检测非常紧迫且必要,该方法可大大节省人力、物力,且能够提高监测效率。

基于当前深度学习算法的进步,利用深度学习在杆塔缺陷、导地线缺陷、绝缘子缺陷和金具缺陷的视觉检测、识别和分类的研究均取得了很好的成果,但针对螺栓缺陷方面的研究却相对较少。大部分针对螺栓缺陷检测模型依靠提取螺栓的表面特征进行检测,而忽略了标签间的知识关联性;少部分模型仅考虑了螺栓不同缺陷间的内在联系,两种方法均忽略了螺栓的缺陷与不同电力部件之间的联系。不同的电力部件上对螺栓有不同的要求,这属于视觉不可分的问题。例如,螺栓在某些电力部件上不需要销子、垫片或者螺母,这些仅依靠基于表面特征提取的目标检测算法无法解决。

近年来,基于知识推理的目标检测算法的发展为螺栓的缺陷检测提供了一种新的思路,通过引入知识图谱来学习螺栓与不同电力部件之间的先验知识,并且在图卷积网络中传播其边与节点,可以有效提取到目标之间存在的关键的语义依赖关系,从而进行更加精准的检测,对工业应用来说更加友好。

11.1.2　国内外研究现状

近年来,目标检测是计算机视觉领域和工业应用领域的研究热点,随着深度学习的快速兴起,该领域有了突飞猛进的发展。目标检测有两大经典结构,一种是两阶段的检测方法,首先提取出候选区域(proposal),再对提取出的 proposal 结果进行分类和框回归,这种两阶段的检测方法准确度较高,但速度较慢。另一种是单阶段的检测方法,这种方法省去了提取 proposal 的步骤,直接对目标分类和框回归,单阶段的检测方法速度较快,但准确率较低。文献[4]提出两阶段检测模型 R-CNN(Region-CNN),针对 R-CNN 模型检测速度太慢的缺点,又提出了 Fast R-CNN[5] 模型和 Faster R-CNN[6] 模型。区域建议网络(region proposal network,RPN)将建议生成与第二阶段分类器集成到一个单独的卷积网络中,形成 Faster R-CNN 框架[6]。这个框架已经被提出了许多扩展,具有较好的性能。由于 Faster R-CNN 在第一阶段产生了大量的低质量候选框,降低了模型性能,文献[7]提出了 Cascade R-CNN 模型,该模型级联了多个 RPN 结构,不断地调节交并比(intersection over union,IoU)以改善候选框质量。针对知识推理模型,文献[8]提出 Reasoning R-CNN 模型,尝试将语义关系推理引入不同类型的知识形式的大规模检测中,首先建立一个对于所有类别的全局语义池,然后设计一个类别级别的知识图谱来编码存在的语义知识,将增强后的特征与原始特征相结合以增强检测性能。两阶段的目标检测方法虽然具有较高的准确率,但检测速度较慢,不适用于实时检测的任务,为满足实时任务的需求,单阶段检测模型被提出,经典的单阶段检测模型有 SSD(single shot multiBox detector)[9] 系列和 YOLO(you look only once)系列[10-12]。为解决单阶段检测模型训练过程中难易样本不平衡问题,文献[13]提出了 Focal Loss 损失函数,动态地调整难易样本对网络训练的贡献值,缓解了模型过拟合问题。近年来将自然语言领域的 Transformer 模型引入计算机视觉成为越来越热门的研究。文献[14]提出了将目标检测问题视为集合预测问题,使用一个编解码结构的 Transformer,给定一组固定的目标序列,推理出目标之间的关系以及图像的全局上下文关系,直接并行地输出最终的预测集,避免了手工设计。文献[15]引入 CNN 中常用的层次化构建方式构建层次化 Transformer,并且引入区域的思想,对无重合的窗口区域进行自注意力计算,使目标检测的准确率进一步提高。

随着深度学习的发展,将目标检测模型应用于电力部件检测,是当前电力领域的研究热点。利用计算机视觉技术对输变电线路航拍图像中金具进行高准确率的自动检测非常紧迫且必要,该方法可大大节省人力、物力,且能够提高监测效率。在大部分已有的基于深度学习的输变电线路金具识别与检测研究中,检测目标大多为单类金具,检测图像大多背景简单,且无过多干扰信息,在检测中也没有考虑真实复杂航拍图像背景中存在的遮挡和形变导致的检测框不准确问题。例如,文献[16]基于 Faster R-CNN(faster region-based convolutional neural networks)模型设计了光照强度和运动模糊实验,通过大量的实验探究验证了 Faster R-CNN 模型的鲁棒性。文献[17]基于 Faster R-CNN 模型对电力部件进行检测,通过调整卷积神经网络(convolutional neural networks,CNN)的卷积核大小和图像的旋转变换来扩充数据集,在一定程度上提高了模型的检测精度。文献[18]提出了融合共现推理的 Faster R-CNN 输变电线路金具检测模型,通过数据驱动的方式以条件概率对金具目标间的共现连接关系进行了有效表达,然后结合图学习方法,利用学习并映射的共现概率关联作为共现图邻接矩阵,对于长尾分布样本中数量较少的金具性能提升尤其显著。文献[19]提出了一种知识引导的空中传输线图像拟合检测模型(KGFD),引入了两个模块,其中隐式模块学习图像的空间布局,显示模块引入以共现形式表示的先验知识,提高了金具检测的准确率。

在螺栓缺陷检测方面,文献[20]对数据集进行预处理,使用旋转、平移、翻转等方法扩增图像数据集,在此基础上训练目标检测模型,实验结果表明使用该方法能达到较高的螺栓检测准确率。文献[21]采用分级检测的方法,模型先定位出缺陷螺栓的部件,将该部分切割出来以扩大螺栓的占比,再扩增数据集,最后采用 YOLOv3 模型进行螺栓检测。文献[22]研究图像生成来扩增螺栓数据集,提出一种基于深度学习的螺栓松动检测框架,能够检测出螺母松动的螺栓。文献[23]针对螺栓缺陷存在视觉不可分的问题,提出了一种基于多标签分类的螺栓多属性分类方法,首先利用可形变卷积的 ResNet50 网络作为特征提取网络从原图中提取全局特征,随后,利用 NTS-Net 网络学习得到图像信息量最大的判别性局部区域,最后在局部特征与全局特征融合时引入通道注意力机制以改善多标签分类效果。文献[24]将螺栓图像划分为 4 个特殊的区域,每个区域包含螺栓销子的不同表面状态的关键判别特征,提出了 PVANET++模型,能够有效识别螺栓销子缺陷。文献[25]认为螺栓和螺母之间具有特殊结构关联性,构建以栓母对为主体的专业领域知识图谱,利用门控图神经网络构建栓母对之间的关系模型,能够检测出输变电线路上的螺母缺陷。

研究发现,现阶段基于深度学习算法的螺栓缺陷检测模型主要存在以下几个问题:①主流的螺栓缺陷检测算法仅限于提取表面特征,往往忽略了不同标签之间的内在联系,更忽略了缺陷螺栓与不同电力部件的关联,某些电力部件上不需要销子、垫片或者螺母,不能仅依靠上述算法进行解决;②螺栓的多属性信息,如是否有销孔、是否有垫片、是否有螺母等属于视觉可分问题,销孔、垫片和螺母等部位的视觉关系与各类缺陷的产生有强关联性,因此对螺栓缺陷进行检测时也应结合螺栓的多属性信息;③螺栓数量多、体积小,在图像中的占比小,机器可以提取到的特征很少,并且常常出现严重遮挡等问题,当区域视觉特征较差时,容易导致检测效率低下甚至发生错误。

11.1.3 本章主要内容

电力人工智能是人工智能的相关理论、技术和方法与电力系统的物理规律、技术与知识融合创新形成的“电力专用人工智能”。电力视觉技术是一种利用机器学习、模式识别、数字图像处理等技术,结合电力专业领域知识,解决电力系统各环节中视觉问题的电力人工智能技术。本章针对电力视觉在电力系统变电设备中的一个应用——螺栓缺陷检测进行介绍,首先介绍了该应用的背景意义及研究进展,然后介绍了可见光巡检数据集的构建及螺栓缺陷扩增方法,最后给出基于知识推理的视觉不可分螺栓缺陷检测方法及其实验结果。

11.2 可见光巡检数据集的构建及扩增技术

在输变电线路螺栓缺陷检测任务中,可见光巡检数据集的构建极为重要,其构建内容可以分为基于可见光巡检图像的金具数据集构建和螺栓缺陷数据集构建两部分,对应检测任务的两个阶段。其中,金具数据集用于第一阶段金具检测的训练,螺栓缺陷数据集用于第二阶段螺栓属性的识别,最后再结合两个阶段的信息,引入电力领域先验知识,判断在某个金具上的螺栓缺陷,达到视觉不可分螺栓缺陷检测。此外,由于深度学习模型需要大量的训练数据,而现有的缺陷数据数量较少,采用基于小样本学习的螺栓缺陷数据扩增技术,扩增训练数据以满足模型训练需求。本节将对模型训练所需的数据集部分进行介绍,包括数据集的构建和扩增。

11.2.1 金具数据集的构建

金具是输变电线路上被广泛用来支持、固定、接续裸导线和导体的铁质或铜制金属附件,如悬垂线夹、防震锤、均压环以及各种板类金具等,种类繁多且形状差异较大。由于金具常年暴露在户外,极易产生锈蚀、形变、破损等现象,金具缺陷严重威胁了电网运行安全,因此实现对金具目标的高精度检测是缺陷检测的基础,对提前预判故障并保障电网的安全运行具有重要意义。

目标检测模型性能高度依赖数据量和网络结构的同时发展。由于电力系统的特殊性,目前暂无公开的输变电线路可见光巡检图像数据集。因此,需构建电力领域可见光金具图像数据集,以供模型训练使用。本书参照 PASCAL VOC 数据集构建方法,依据国家电网公司《架空输变电线路巡检影像标注规范》标准,根据该标准中对拍摄位置、曝光程度等要求对航拍图像进行了筛选和标注。依据研究方向,主要考虑数量多易发生故障、巡检任务需求高、检测精度低等因素,选择 U 形挂环、碗头挂板、单槽线夹、预绞式悬垂线夹、联板、屏蔽环、楔形耐张线夹、压缩式耐张线夹、防震锤、调整板、提包式悬垂线夹、挂板、并沟线夹、均压环和重锤共 15 类金具目标,构建航拍可见光金具检测数据集,金具数据集构建过程如图 11-1 所示。对所构建数据集的金具标注框数量进行统计,如表 11-1 所示,金具数据集共标注了 1456 张巡检图片,标注出 9106 个金具标注框,其中,80% 的巡检图片用于构成训练集,20% 图片用于构成测试集。

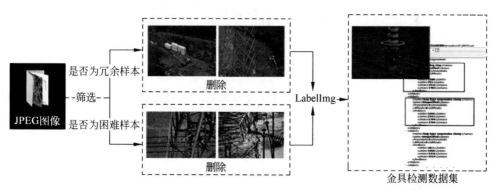

图 11-1　航拍可见光金具图像数据集构建示意图

表 11-1　优化后数据集的类别分布

类别	标注框数量/个	类别	标注框数量/个
均压环	891	重锤	363
预绞式悬垂线夹	158	屏蔽环	109
防震锤	1122	碗头挂板	277
提包式悬垂线夹	1848	压缩式耐张线夹	394
联板	551	并沟线夹	108
U 形挂环	1594	楔形耐张线夹	71
挂板	1169	单槽线夹	5
调整板	446	总计	9106

11.2.2 螺栓缺陷数据集的构建

针对螺栓缺陷检测的需求,在上述可见光金具数据集的基础上构建了螺栓缺陷数据集。由于螺栓缺陷属于视觉不可分的范畴,其是否存在缺陷与螺栓所处的金具位置有关,所以先在可见光金具数据集中选取了 8 类常见的金具,包括预绞式悬垂线夹、提包式悬垂线夹、U 形挂环、挂板、联板、调整板、碗头挂板、重锤,并对其中的螺栓进行标注以构建螺栓缺陷数据集。螺栓缺陷数据集的螺栓图像均为金具数据集中剪裁而来,同时结合可见光金具数据集的标注信息记录螺栓所在金具图像中的位置,螺栓和金具的位置信息记录在 JSON 文件中。然后对螺栓图像进行了标注,标注信息以标签矩阵的形式构建,包括螺栓属性标签和螺栓缺陷标签两类。其中,螺栓属性标签包括螺母、销子、垫片三类,当螺栓存在某一属性时,在标签矩阵对应的位置标记为 1,否则标记为 0。螺栓缺陷标签分为正常螺栓、螺母缺失、销子缺失、垫片缺失四类,当螺栓属于某一状态时在标签矩阵的对应位置标记为 1,否则标记为 0。注意,正常螺栓与其他三类缺陷不会同时存在,而螺栓存在多类缺陷时,对应标签矩阵在相应位置会同时标记为 1。螺栓属性标签矩阵和螺栓缺陷标签矩阵如图 11-2 所示。

	螺母	销子	垫片	正常螺栓	螺母缺失	销子缺失	垫片缺失	属性标签矩阵	缺陷标签矩阵
	1	1	0	1	0	0	0	[1, 1, 0]	[1, 0, 0, 0]
	1	0	1	1	0	0	0	[1, 0, 1]	[1, 0, 0, 0]
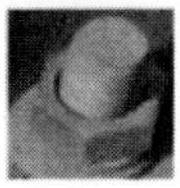	1	0	0	0	0	1	0	[1, 0, 0]	[0, 0, 1, 0]

图 11-2 螺栓属性标签矩阵和螺栓缺陷标签矩阵

至此,螺栓缺陷数据集的构建工作初步完成,并对所构建数据集的标签数量进行了统计,如表 11-2 所示。螺栓缺陷数据集共标注了 8972 张螺栓图片,标注出 26287 个螺栓标签,其中,80％的螺栓图片用于构成训练集,20％图片用于构成测试集。

表 11-2 螺栓缺陷数据集的标签分布

属性类别	标签数量/个	缺陷类别	标签数量/个
螺母	8548	螺母缺失	424
销子	5462	销子缺失	552
垫片	3343	垫片缺失	143
正常螺栓	7815	总计	26287

11.2.3　基于小样本学习的螺栓缺陷数据扩增技术

前面已经针对螺栓缺陷检测任务构建了基于可见光巡检图像的金具数据集和螺栓缺陷数据集,但在数据量上仍然无法满足任务的需求,尤其是缺少包含缺陷的螺栓图像。众所周知,深度学习中的网络模型一般涉及众多权重参数,需要充足的样本进行训练,训练样本不足很容易欠拟合。然而,现实世界中图像获取的复杂性和困难程度,经常会导致某类图像样本总量过少或不同类别之间图像样本数量的不平衡,即图像的小样本问题。例如在电力视觉领域,虽然电力巡检无人机提供了大量的巡检图像,但由于电力设备故障稀少,其中只有少量的螺栓缺陷图像可供使用,并且由于输变电线路所处的外部环境复杂多样以及电力系统的特殊性,目前为止,没有公开的螺栓数据集,而收集螺栓缺陷样本所需的成本高昂且效率低下。因此需要利用小样本学习的方法扩增螺栓缺陷数据,为螺栓缺陷检测任务提供充足的样本。

数据扩增是向原有数据集添加新的数据,在小样本学习中,常用的基于数据合成的方法有生成对抗网络(generative adversarial networks,GAN)等。2014 年Goodfellow 等人[26]受二人零和博弈的启发,开创性地提出了生成对抗网络的概念,GAN 通过二元极大极小博弈,学习训练样本的概率分布。生成对抗网络因其强大的学习能力,被广泛应用于各个领域,具有极大的应用价值。一个最基本的GAN 模型,由一个生成器 G 以及一个鉴别器 D 构成,它实际是将一个随机噪声(如高斯白噪声),通过参数化的概率生成模型(一般是用一个神经网络模型进行参数化)进行概率分布的逆变换采样,从而得到一个生成的概率分布。

GAN 学习框架结构如图 11-3 所示,事实上可以理解为 G 和 D 之间进行的一个模仿游戏。G 的目的是努力模拟、构建模型以及学习真实的数据分布规律;D 的目的是辨别自己得到的输入数据是从真实的数据分布中而来,还是生成模型生成的伪造数据,然后通过这两个内部的 G 和 D 模型之间不断对抗和竞争,最后提高两个模型的生成能力和辨别能力。GAN 可以利用有的样本生成大量概率分布相近的样本,可用于训练数据集的数据扩增,GAN 的训练损失函数如下:

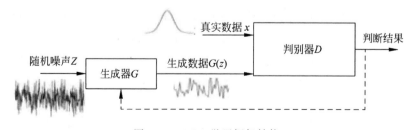

图 11-3　GAN 学习框架结构

$$\min_G \max_D V(D,G) = E_{x \sim P_{\mathrm{data}}(x)}[\log D(x)] +$$

$$E_{z \sim P_z(z)}[\log(1 - D(G(z)))] \qquad (11\text{-}1)$$

GAN 因其强大的学习能力,可以生成与输入真实数据概率分布近似、以假乱真的假样本。在螺栓缺陷检测任务中,针对缺陷样本不足的问题,研究基于 GAN 的螺栓缺陷样本生成方法,生成高质量螺栓缺陷图像,并将生成图像与真实图像合并,构建"真实+模拟"螺栓缺陷数据集,为后续螺栓缺陷检测模型研究提供足够的缺陷样本支撑。

自 GAN 提出以来,已有许多生成效果很好的模型(如 StyleGAN-v2[27]、StarGAN-v2[28]等),但它们大多需要大量的训练数据,而对小样本 GAN 模型的研究较少。目前,在小样本上效果较好的 GAN 模型有 Projected GAN[29]、FastGAN[30]等。经实验对比发现,Projected GAN 生成的螺栓缺陷图像质量更高,因此本次任务采用 Projected GAN 来实现螺栓缺陷图像的扩增。Projected GAN 通过将生成的真实样本投影到固定的、预训练的特征空间中,实现跨通道和分辨率混合特征,提高了图像质量、样本效率和收敛速度。重要的是,在计算资源相同的情况下,Projected GAN 与其他模型相比速度提高了近 40 倍,极大地缩短了训练时间。在小样本任务中,Projected GAN 使用 FastGAN 生成器的架构作为其 baseline,模型的主要部分在于判别器的架构。针对判别器提出利用多判别器的多尺度反馈机制,同时利用预训练的映射网络来提取深层特征,其结构如图 11-4 所示。

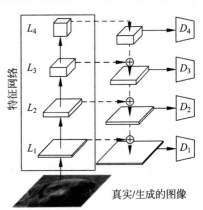

图 11-4　Projected GAN 的判别器结构

这里的 Projection 其实就是判别器的特征提取网络,将输入数据映射到判别空间中,GAN 的 loss 可以被改写为:

$$\min_G \max_{\{D_l\}} \sum_{l \in L} (E_x[\log D_l(P_l(x))] + E_z[\log(1 - D_l(P_l(G(z))))])$$

$$(11\text{-}2)$$

式中:D_l 是不同特征映射的判别器,是基于多判别器的方法;P_l 在实际过程中是固定的,只更新 G 和 D_l。特征映射器 P_l 和判别器 D_l 鼓励生成器匹配真实的数据分布,以 P_l 为边缘分布来做拟合,这样使多个判别器和多个特征映射器配合纠正生成数据和真实数据分布,能够提高生成的图像质量。

介绍完相关的模型后,接下来介绍该模型的具体应用。首先,利用 Projected GAN 在构建好的小样本螺栓缺陷数据集上进行训练;然后,用训练好的模型生成螺栓缺陷图像,并筛选出其中高质量的生成图像,图 11-5 所示展示了销子缺失这一缺陷的生成图像,第一行为缺销子的螺栓,第二行为有销子的螺栓;最后,将真实图像与筛选出的生成图像合并,构建"真实+模拟"螺栓缺陷数据集,如图 11-6 所示,从而实现数据扩增,为后续螺栓缺陷检测模型提供足够危急缺陷训练样本。

图 11-5　生成有无销子的螺栓图像

真实　　　　　　　　　　　　　　模拟

图 11-6　数据扩增后的"真实+模拟"螺栓缺陷数据集

11.3　基于知识推理的视觉不可分螺栓缺陷检测

螺栓作为输变电线路中广泛存在、起到连接紧固作用的重要部件,如何对螺栓缺陷进行及时检测是亟须解决的痛点问题。本节主要研究输变电线路航拍可见光图像中缺陷螺栓的检测,可分为以下三部分。在 11.3.1 小节中,针对巡检场景中算力资源有限和低复杂度的要求,采用轻量级网络进行金具的检测;在 11.3.2 小节中,将螺栓的属性划分为视觉可分的范畴,通过可形变的 NTS-Net 模型证明了螺栓属性的有效性;在 11.3.3 小节中,应用 11.3.1 小节中的轻量级网络对螺栓和金具统一进行目标检测以得到螺栓的位置信息,然后结合 11.3.2 小节中螺栓的属性信息进行知识推理,最终达到对视觉不可分螺栓缺陷的判别。

11.3.1　基于轻量级网络的金具检测方法及实验验证

电力视觉技术的研究目的是在实际的巡检场景中得到应用,轻量级检测模型是实现"落地"的重要基础。实现资源消耗低、实时性高、专用性强、精度较高的轻量级金具检测已成为主要研究课题。

目前基于深度学习的金具检测算法大多采用 Anchor-based 方法,主要包括以 Faster R-CNN[6]、R-FCN[31]、Cascade R-CNN[7]、Mask R-CNN[32]、EfficientDet[33] 等

为代表的两阶段算法,以及以 YOLO[10] 系列、SSD[9] 为代表的单阶段模型。得益于 Faster R-CNN 和 SSD 模型的杰出性能,目前金具检测方法大多基于上述两种模型进行改进。近两年 Anchor-free 模型开始大放光彩,主要采用以 CornerNet[34]、CenterNet[35] 为代表的关键点检测方法和以 FSAF[36]、FCOS[37] 为代表的密集检测框架。

从整体来看,上述检测算法按照出现的时间顺序、性能都超越了之前的模型,取得了当时最好的效果。Anchor-based 方法出现较早,之前的金具检测模型大多采用此类方法,研究者们也致力于提升此类模型的精度和效率。其中,单阶段模型无候选框筛选过程,检测速度较快,但检测精度较低,模型改进难度较大;两阶段方法受益于 RPN 的引入取得了更高的精度,但速度较慢。Anchor-based 模型的算法稳定性高,但由于 Anchor 带来的参数过多,需要较高存储和算力资源作为支撑,模型占用空间大,检测速度慢,因此并不适用于工业场景下硬件资源相对受限的作业平台。

相比 Anchor-based 方法,Anchor-free 摆脱了锚框的束缚,结构简单,参数量少,在保证较高精度的前提下检测速度更快,对工业更友好。近年来把 Anchor-free 模型应用于包括金具检测在内的电力领域的方法逐渐兴起,文献[38]采用 CenterNet 网络结合结构化定位的算法模型,实现了不同变电站设备及其部件的精准识别定位,表明 Anchor-Free 方法可有效提高对电力图像的检测精度,为金具图像智能检测提供了新的思路。文献[39]在 CenterNet 网络基础上,基于深层特征融合网络 DLANet[40]、激励压缩模块和可形变卷积设计了高效特征提取网络 DLA-SE,实现了对鸟巢、防震锤脱落、绝缘子自爆三类常见故障的实时检测。文献[41]针对绝缘子缺陷检测精低的问题,在 CenterNet 基础上设计特征加强模块和混合注意力机制模块,检测精度和速度均有所提高。

为实现边缘端实时金具检测,文献[42]在上述研究的基础上构建了一种高精度轻量级的检测模型 HRM-CenterNet,以满足边缘端部署的需求。总体网络结构如图 11-7 所示。

首先,模型采用 CenterNet 作为基线网络,改进轻量级模型 MobileNetV3-large[43] 作为特征提取网络,构建 M-CenterNet 网络。M-CenterNet 网络仅采用最后的单张特征图来获取金具目标的语义信息,空间细节特征丢失导致热力图生成不准确。为提高特征提取能力,解决不同尺度间金具相互干扰的问题,文献[42]设计了一种基于迭代融合的高分辨率特征聚合网络,充分利用 MobileNetV3 提取的多级多尺度特征,融合方法如图 11-8 所示。改进后的融合方法迭代聚合不同分辨率的特征,将低分辨率特征图上采样至与高分辨率特征图相同尺度后,再融合四个特征图,最大化利用特征语义信息。与其他融合方法相比,这种聚合结构的参数效率和轻量化程度更高。

此外,为充分利用具有显著目标语义的深层特征,增强高层特征信息的表达能

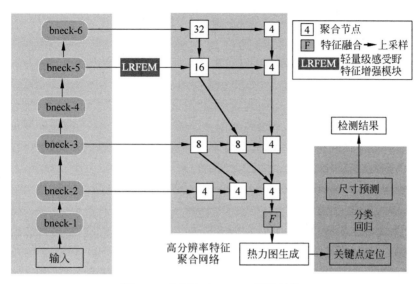

图 11-7　HRM-CenterNet 网络结构

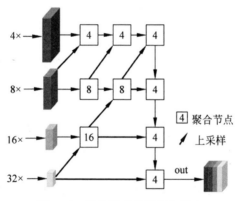

图 11-8　高分辨率特征聚合策略

力，HRM-CenterNet 网络还嵌入了轻量级感受野增强模块，结构如图 11-9 所示。

　　输入首先通过压缩激励层(squeeze-and-excitation layer，SElayer)对通道进行选择；然后经过 1×1 的卷积进行降维，减少通道数，此外并联了 4 个 3×3 空洞卷积层，对其进行拼接整合并经过 1×1 卷积层后与先前的卷积层通过越层连接，从而实现第二次整合。

　　从整体上看，HRM-CenterNet 首先选取主干网络生成的第二个 bneck 输出的 4 倍下采样特征图 C2、第三个 bneck 输出的 8 倍特征图 C3、第 5 个 bneck 输出的 16 倍特征图 C5 及第 6 个 bneck 输出的 32 倍特征图 C6，然后对 16 倍特征图 C5 采用模块进行特征增强，最后对四个特征图进行高分辨率融合。此模型生成的特征图中含有更多的细节信息和丰富的通道信息，提高了对困难金具样本的学习能力，

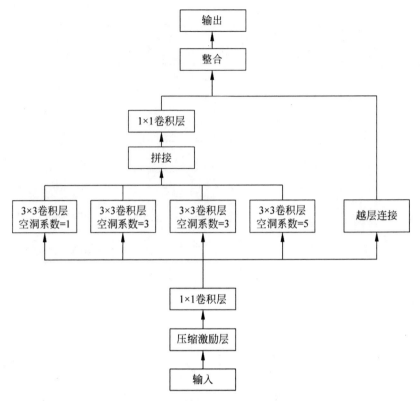

图 11-9　轻量级感受野增强模块

检测精度得到提升,在提包式悬垂线夹、U 形挂环、防震锤、均压环、联板、调整板、挂板和重锤共 8 类金具检测上精度达到 80.3,FPS 达到 32.5,满足边缘端部署的需求。

如表 11-3 所示为采用不同骨干网络的 CenterNet 模型的性能对比。数据表明,M-CenterNet 网络的检测速度能够达到 43.2FPS,远超以 Hourglass104 和 DLA34 为骨干的 CenterNet 网络。此外,M-CenterNet 网络模型大小和采用 Hourglass104、DLA34、ResNet101、ResNet50、ResNet18 作为骨干网络的 CenterNet 模型相比分别降低了 91.6%、75.9%、69.3%、85.5%、89.7%,极大地降低了计算机硬件和存储资源的占用情况。从整体上看,HRM-CenterNet 网络的误检率和漏检率分别为 19.8% 和 13.6%,均优于其他模型。其中,相比 M-CenterNet 检测精度提高了 4.4%,在误检率方面降低了 5.5%,在漏检率方面降低了 7.3%,说明对模型的改进能够明显提高特征提取能力,从而较好地分辨出金具目标和背景。与原 Centernet 模型相比,本书方法相比四种原骨干网络中精度最高的 Centernet-HG,精度提升了 2%,检测速率提高 1 倍以上,可满足实时检测的要求。

表 11-3　不同骨干网络的 CenterNet 模型性能对比

模　　型	骨干网络	模型大小/MB	mAP/%	FPR	FNR	FPS
CenterNet-HG	Hourglass104	220.3	78.1	23.8	19.4	14.7
CenterNet-Res18	ResNet18	60.3	69.9	30.2	25.9	55.0
CenterNet-Res50	ResNet50	128.0	74.6	27.6	23.5	48.5
CenterNet-Res101	ResNet101	180.0	76.0	25.1	20.6	22.5
CenterNet-DLA34	DLA34	77.0	76.4	24.0	20.1	27.2
M-CenterNet	MobileNetV3	18.5	75.9	25.3	20.9	43.2
HRM-CenterNet	MobileNetV3	24.6	80.3	19.8	13.6	32.5

表 11-4 列举了包含 Anchor-based 和 Anchor-free 在内的多种模型在金具数据集上的性能表现。可以看出,相比其他模型,M-CenterNet 和 HRM-CenterNet 模型占用空间最小,极大降低了计算机硬件和存储资源的占用情况。在检测效率方面,虽然 HRM-CenterNet 算法低于 EfficientDet,但在精度上比 EfficientDet 高 6.3%,且二者均具有实时性;在精度方面,HRM-CenterNet 排名第二,但相比第一名 ExtremeNet 检测速率高出一倍以上。本模型实现了检测速度和精度上的平衡。此外,在误检率方面,HRM-CenterNet 仅次于 ExtremeNet 排名第二,但相比 M-CenterNet 误检率下降了 5.5%,已有很大改善;在漏检率方面,改进后模型表现最好,进一步证明了较好的特征提取能力。

表 11-4　金具数据集上与不同检测算法性能对比结果

模　　型	骨干网络	mAP	FPR	FNR	占用内存/MB	FPS
Faster R-CNN[6]	ResNet101	80.2	20.0	15.3	122.0	7.0
SSD[9]	ResNet101	74.1	28.4	23.5	90.6	13.1
YOLOv3[12]	DarkNet53	75.0	26.5	20.5	59.6	20.0
YOLOv4[44]	DarkNet53	78.6	23.1	19.2	30.0	25.0
RetinaNet[45]	ResNet101	79.1	22.3	19.3	65.3	10.2
ExtremeNet[46]	Hourglass104	80.9	19.6	14.7	150.6	16.8
CornerNet[34]	Hourglass104	77.9	23.2	19.8	160.0	9.2
EfficientDet[33]	EfficientNetB0	74.0	26.1	20.8	80.6	47.0
M-CenterNet	MobileNetV3	75.9	25.3	20.9	18.5	43.2
HRM-CenterNet	MobileNetV3	80.3	19.8	13.8	24.6	32.5

11.3.2　基于多标签学习的螺栓多属性分类方法及实验验证

螺栓是确保输变电线路安全牢靠的基石,螺栓缺销、松动、锈蚀等缺陷是造成输变电线路损坏甚至重大事故的重要原因之一。在输变电线路中螺栓有着庞大的数量,起到连接金具、紧固导线的作用。然而螺栓体积较小,缺陷类型多样,使得现有的基于深度学习的方法对螺栓缺陷的分类及检测困难重重。

此外,螺栓缺陷并不完全是视觉可分问题,一些缺陷属于视觉不可分范畴,如销子缺失、垫片缺失、螺母缺失等。由于不同金具上螺栓起到的作用不同,导致不同金具上的螺栓有着不同的属性,所以对是否存在缺陷的定义也就不同,这仅依靠基于目标检测算法无法解决。而螺栓属性,如是否有销孔、是否有垫片、是否有螺母等则属于视觉可分的类别,所以首先将螺栓识别作为多属性分类问题,采用多标签分类方法获取准确的螺栓多属性信息,为螺栓缺陷检测奠定基础。

针对上述问题,本节采用了一种基于多标签分类的螺栓多属性分类模型。首先使用 NTS-Net 网络[44]作为网络模型的基本框架,之后在模型中引入可形变卷积以实现对螺栓目标的判别性局部区域进行准确定位,并在最后将局部特征与全局特征融合后引入通道注意力机制,最终实现螺栓多属性分类。整个多标签分类任务主要分为以下三个步骤。

1. 可形变的 ResNet50 网络

模型首先采用 NTS-Net 作为主干网络,并针对螺栓几何尺度变化较大的特点将原有的 ResNet50 网络改进为可形变 ResNet50 网络。

在可形变 ResNet50 网络中引入了可形变卷积[45],可形变卷积通过在采样点添加额外的偏移量来更改标准卷积内核的采样位置。如图 11-10 显示了标准卷积核与可形变卷积核之间的区别。图 11-10(a)显示标准卷积的采样网络是规则的。图 11-10(b)、(c)、(d)是将可学习的偏移量添加到标准卷积核之后的可形变卷积核,可以看出,可形变卷积的采样位置是不规则的。

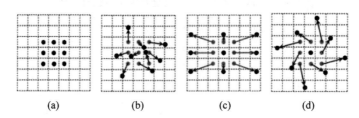

$$(a)\qquad\qquad(b)\qquad\qquad(c)\qquad\qquad(d)$$

图 11-10　标准卷积与可形变卷积

通过引入可形变卷积使模型能够提取到更加丰富的判别特征。

2. 导航器网络

为了获取螺栓目标中最具判别性的局部区域,NTS-Net 中的导航器网络在教师网络的指导下可以不断学习并提供信息量最多的 k 个区域。

在输入图像后,导航器网络会生成一系列矩形区域 $\{R'_1, R'_2, \cdots, R'_A\}$,然后为每个区域生成代表该区域的信息量的分数,最后生成一个列表来显示所有区域的信息量。

为了减少区域冗余,模型基于区域的信息量对区域采用非极大值抑制(NMS),且通过最小化真实值与预测值之间的交叉熵损失来优化教师网络以使模型不断学习到最具判别性的目标区域。

3. 审查网络与通道注意力模块

随着导航器网络的不断训练,审查网络将接收到的信息丰富排名前 k 的区域输入特征提取器,生成这些区域的特征向量并将这 k 个特征与输入图像的全局特征相连接。若将连接后的特征直接输入全连接层中,会对图像所有特征平均处理,为了有选择性地加强包含有用信息的特征并抑制无用特征,模型引入了如图 11-11 所示的通道注意力机制模块。

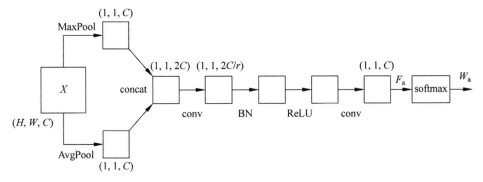

图 11-11 通道注意力机制模块

最后生成的特征用于分类螺栓的多个属性。综上所述,基于多标签学习的螺栓多属性分类方法的具体实现过程如图 11-12 所示。

为了充分验证本节所提模型的性能,将螺栓缺陷数据集在不同的模型中进行多标签分类,记录其结果作为对比数据。表 11-5 显示了本节所提模型的结果与其他网络模型之间的精确率比较。从表中可以看出,本节中所提出的模型具有最好的螺栓多属性分类效果。此外,ResNet50 是效果较好的基准,它本身就可以达到 77.2% 的平均精确率。另外,使用基于 ResNet50 的 NTS-Net 模型进行多标签分类时,能够获得 82.6% 的平均精确率,相较于基准获得了 5.4% 的提升,而本节提出的模型能达到 84.5% 的平均精确率,优于 NTS-Net 近 2 个百分点。这说明通过本节的改进方法能够有效提升对螺栓缺陷数据集的多标签分类效果。

表 11-5 螺栓多属性分类结果

方 法	0	1	2	3	4	5	mAP
AlexNet	72.5	66.5	69.1	80.5	67.6	58.5	68.9
VGG-16	74.3	69.4	71.5	81.8	71.1	60.1	71.3
ResNet18	77.8	71.2	74.2	83.2	72.1	63.4	74.7
ResNet34	78.6	71.9	75.3	84.4	73.2	63.5	75.4
ResNet50	80.0	74.3	77.4	88.3	74.8	64.8	77.2
NTS-Net	83.5	79.9	82.8	91.1	82.7	72.3	82.6
可形变 NTS-Net	84.7	81.1	84.0	93.5	84.5	74.3	84.5

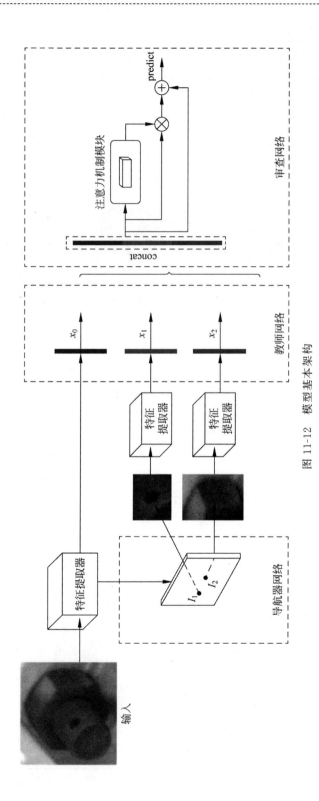

图 11-12　模型基本架构

　　为了分析本节模型的导航器网络所提供的判别性区域,当 k 取值为 2 和 3 时,导航器网络所提供的判别性区域如图 11-13 所示。图中,第一行是原始图片,第二行是 $k=2$ 时的判别性区域,第三行是 $k=3$ 时的判别性区域,并用三个不同的矩形框分别表示网络提供的信息量前三的区域。可以看出,当 $k=2$ 时,信息量较大的局部区域确实能够对螺栓不同属性的分类提供信息,如第二行第一张图片中,重点关注了销子和螺母是否松动的区域,这与人类的感知行为是类似的。然而,当 $k=3$ 时,部分矩形框提供的判别性区域出现重叠冗余,对分类效率的提升不大,这解释了定量分析中 k 取值大于 2 时,分类精确率提升有限的问题。

图 11-13　判别性区域可视化

　　实验表明,本节方法在螺栓多属性分类数据集上的表现优于传统方法,并且证明了属性这一特性在螺栓缺陷分类中的可行性,为后续将多属性信息用于螺栓缺陷推理,最终实现螺栓缺陷检测提供了新的思路。

11.3.3　基于知识推理的视觉不可分螺栓缺陷检测方法及实验验证

　　现有的螺栓缺陷识别方法并没有取得很好的效果。

　　一方面,螺栓的尺寸很小,因此很难识别其属性,这是影响螺栓缺陷检测精度的关键因素。因此,在螺栓缺陷检测中,有必要使该模型具有学习细粒度特征的能力。

　　另一方面,现有的大多数螺栓缺陷识别和检测方法都假设缺陷是视觉可分的。螺栓上某一部分缺失时,螺栓便被视为存在缺陷。然而,螺栓缺陷属于视觉不可分的范畴。例如,在提包式悬垂线夹上的螺栓需要具备螺母和垫片两类属性,当螺母或者垫片缺失时,螺栓为缺陷螺栓,但是提包式悬垂线夹上的螺栓却不需要销子这一属性,因此在提包式悬垂线夹上的螺栓不存在销子缺失这一缺陷。反观 U 形挂环上的螺栓需要螺母和销子两类属性,而不存在垫片缺失这一缺陷。所以,螺栓的缺陷检测不能仅依靠目标检测算法实现，还需要引入电力领域的相关知识辅助模型进行缺陷的判别。

针对输变电线路中螺栓缺陷存在的视觉不可分问题，本节提出了一种基于螺栓位置和属性的视觉不可分螺栓缺陷识别方法。首先，使用目标检测模型检测包含螺栓在内的多个金具，剪裁下其中的螺栓并记录螺栓在金具中的位置。然后，使用用于细粒度识别的 Transformer 架构（TransFG）[46] 来提高网络捕获细粒度特征的能力并获得螺栓的各种属性。最后，结合螺栓属性和位置，进一步确定螺栓是否存在缺陷。视觉不可分螺栓缺陷识别主要分为以下三个部分。

1. 螺栓位置信息的获取

由于螺栓的特殊结构，其在不同的金具上具有不同的属性，因此，在确定螺栓缺陷时，还应考虑螺栓的位置信息。如图 11-14 所示，为了获得螺栓的位置信息，本节首先使用 11.3.1 小节中采用的 HRM-CenterNet 模型进行传统的金具-螺栓检测。通过金具-螺栓检测可以检测出螺栓以及相应的金具，并获得螺栓和金具边界框的位置。为了进一步获得螺栓的位置信息，本节为每个螺栓构造一个位置矩阵 $Z_i \in [Z_1, Z_2, \cdots, Z_n]$，其中 n 是金具类别的数量。如果螺栓位于第 i 类金具上，则 $Z_i = 1$，否则 $Z_i = 0$。接下来，本节使用边界框的重合度 η 来确定螺栓是否位于某一个或多个金具上：

$$\eta = S_{\text{coincident}} / S_{\text{bolt}} \tag{11-3}$$

式中：$S_{\text{coincident}}$ 为该螺栓与某一金具重合区域的面积；S_{bolt} 为该螺栓区域的面积。如果 η 大于某一值时，则认为螺栓位于该金具上。

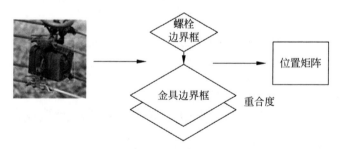

图 11-14　螺栓位置矩阵的获取

2. 螺栓属性信息的获取

近年来，具有非卷积结构的 Transformer 模型在计算机视觉领域取得了巨大的成功。与卷积神经网络（CNN）相比，Transformer 结构由于内置了自我注意模块，可以隐式地推理出图像中每个 patch 之间的关系，所以可以实现更高的精度。

Dosovitskiy 等人提出将图像直接划分为固定大小和不重叠的 patch，然后通过线性变换得到 patch 嵌入[47]。在 patch 嵌入之后，图像被发送到 Transformer 编码器，然后对该模型提取特征进行分类。Liu 等人介绍了 CNN 中常用的分层构造方法[48]，用于构造分层 Transformer。在非重叠 patch 区域引入窗口的思想来计算自注意,进一步提高了图像分类的效率。He 等人提出了一种用于细粒度图像分类(TransFG)的 Transformer。将 Transformer 中的所有原始注意权重集成到一起,以有效且准确地引导网络选择不同的 patch 并计算它们之间的关系[46]。它采用固定的 patch 方法。虽然图像被分割成重叠的 patch,但目标区域的完整语义信息依然没有被保留。Chen 等人提出了一种变形 patch 划分模块(DPT),用于自适应地将图像分割成不同位置和比例的 patch,以保留目标的完整语义信息[49]。针对螺栓尺寸小、缺陷复杂的特点,选择 TransFG 网络作为螺栓缺陷识别的主干,并对其进行了改进。

虽然 Transformer 架构已经在计算机视觉领域得到了一定程度的发展和应用,但是如何将图像分割成 patch 仍然是一个问题。常见的方法是在视觉转换器中使用的固定大小 patch 分割方法,如图 11-15(a)所示。将图像分割为非重叠的 patch,然后将其输入网络进行训练。虽然这种方法可以使模型捕捉每个 patch 之间的关系,但固定的分割方法会破坏目标的语义信息。另一种方法是在 TransFG 中将图像分割成重叠的 patch,如图 11-15(b)所示。虽然这种方法减少了由分割引起的语义信息不完整的问题,但斑块规模和数量的增加也带来了一个复杂的问题:计算量大。为了解决这一局限性,螺栓缺陷识别的模型采用了一种可变形 patch 划分模块,在其中添加了两个可学习的参数:location 和 scale,如图 11-15(c)所示。

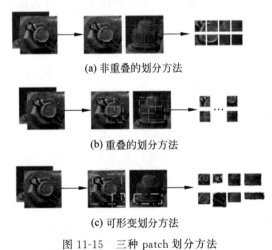

(a) 非重叠的划分方法

(b) 重叠的划分方法

(c) 可形变划分方法

图 11-15 三种 patch 划分方法

首先假设每个 patch 的大小被划分为 $S*S$,每个 patch 中都有 $S*S$ 个像素。此外,每个 patch 的大小都是相同的,其中心点为 $\left(x_{ct}^{(i)}, y_{ct}^{(i)}\right)$。为了使模型自适应地划分 patch,首先,根据输入内容将每个 patch 的位置和比例转换为可预测的参数,并向 patch 的位置添加偏移量 (δ_x, δ_y),以允许 patch 围绕中心移动。对于 patch 的大小,使用可预测的参数 S_h 和 S_w 并替换原来的固定大小 S。然后,在模型中添加一个新的预测分支来预测这些参数。偏移量和尺寸分别由式(11-4)和式(11-5)预测,其中 $f_p(\cdot)$ 是一个特征提取器,所有其他参数都初始化为零。

$$\delta_x, \delta_y = \mathrm{Tanh}[W_{\mathrm{offset}} \cdot f_p(A)] \tag{11-4}$$

$$S_w, S_h = \mathrm{ReLU}\{\mathrm{Tanh}[W_{\mathrm{scale}} \cdot f_p(A) + b_{\mathrm{scale}}]\} \tag{11-5}$$

在得到每个 patch 的矩形区域坐标后,在这些区域中均匀采样 $k*k$ 个点。采样点的坐标可以表示为 $p^{(j)} = (p_x^{(j)}, p_y^{(j)})$,其中 $1 \leqslant j \leqslant k*k$。然后,使用式(11-6)在线性层中对其进行处理,以生成 patch 嵌入。

$$z^{(i)} = W \cdot \mathrm{concat}\{a^{(1)}, \cdots, a^{(k*k)}\} + b \tag{11-6}$$

然后模型使用 TransFG 网络来定位图像中最具判别性的区域。为了充分利用注意力信息,TransFG 网络改变最后一层 Transformer 层的输入,即将最后一层之前所有层的权重相乘,然后将加权的 tokens 拼接为最后一层的输入。同时,class token 被输入到最后一层,该层保留全局信息。它还迫使最后一个 Transformer 层关注不同类别之间的细微差异。假设模型有 L 个变换层,其中每一层有 K 个注意头,可变形 patch 模块将图像分为 N 个面片,输入到最后一层的隐藏特征被修改为前几层的注意权重,可以写为:

$$\partial_l = [a_l^0, a_l^1, a_l^2, \cdots, a_l^K] \tag{11-7}$$

$$a_l^i = [a_l^{i0}, a_l^{i1}, a_l^{i2}, \cdots, a_l^{iN}] \tag{11-8}$$

然后,将各层的权重相乘,选择 K 个不同注意头的最大值作为指标,它用于提取相应的令牌。将提取的 tokens 与 class token 连接,作为输入序列,其表示为:

$$z = \left[z_{L-1}^0;\ z_{L-1}^{A_1}, z_{L-1}^{A_2}, \cdots, z_{L-1}^{A_K} \right] \tag{11-9}$$

最后,将拼接后的特征传入最后一层 Transformer 层,并将最后的输出传入分类器中得到螺栓各个属性的分类分数。

3. 螺栓缺陷的判别

针对螺栓缺陷存在的视觉不可分的问题,本节设计了一个螺栓缺陷判别器,根据螺栓位置和属性信息判别图像中的螺栓是否存在缺陷。本节将分类器预测的每个属性的分数设置为 $S_A = [S_{A1}, S_{A2}, \cdots, S_{Am}]$,其中 m 为螺栓属性的个数。根据螺栓的位置矩阵 $\boldsymbol{Z}$,本节设置了两个属性提取矩阵 $\boldsymbol{E}_1^{m \times l}$ 和 $\boldsymbol{E}_2^{m \times (m-l)}$,其中 l 是当前位置上的螺栓所需要的属性个数且 $l \in [1, 2, \cdots, m]$,$E_{ij} = 0, 1$。因此可以提取到属性的分数为 $S_a = S_A \cdot E_1$ 和 $S_a' = S_A \cdot E_2$。然后通过属性分数,可以得到相关缺陷的分数为 $S_d = [S_{\mathrm{normal}}, S_{d1}, \cdots, S_{dl}]$。其中,$S_{\mathrm{normal}}$ 为正常螺栓的分数;S_{di} 为缺陷螺栓的分数;S_{normal} 和 S_{di} 可由下式得到:

$$S_{\mathrm{normal}} = \left[\sum_{i=1}^{l} S_a + \sum_{i=1}^{m-l} (1 - S_a') \right] \bigg/ m \tag{11-10}$$

$$S_{di} = 1 - S_{ai} \tag{11-11}$$

利用缺陷分数识别螺栓缺陷。基于知识推理的视觉不可分螺栓缺陷检测模型如图 11-16 所示,通过结合螺栓的位置和属性,本节成功地解决了螺栓缺陷中存在的视觉不可分问题。

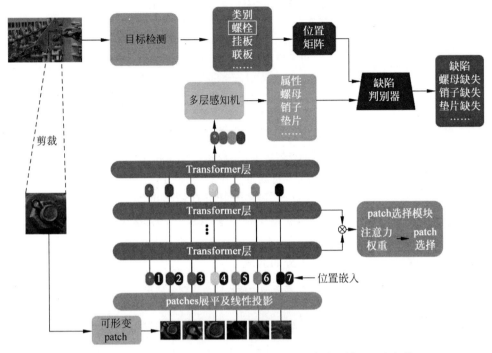

图 11-16　基于知识推理的视觉不可分螺栓缺陷检测模型基本架构

通过结合以上所提出的方法,在本节中基于上述构建的金具数据集和螺栓缺陷数据集对螺栓缺陷检测模型进行了详细的实验。

在训练过程中,实验使用的螺栓为金具数据集中剪裁得到,同时螺栓与金具的位置信息根据提前记录好的 JSON 文件得到。在测试过程中,本次实验使用 HRM-CenterNet 首先进行金具的检测、记录各个检测框的位置并生成 JSON 文件,然后剪裁出其中检测到的螺栓,并进行螺栓缺陷的识别。在实验中,训练集、验证集和测试集的比例为 8∶1∶1。

实验使用平均精度(mAP)为主要的评估指标。根据常见的多标签图像分类研究,将正阈值设置为 0.5,并采用总体精度(OP)、总体召回率(OR)、总体 F1 度量(O1)、每类别精度(CP)、每类别召回率(CR)和每类别 F1 度量(CF1)进行评价。

表 11-6 展示了不同的 Transformer 架构对螺栓缺陷识别的结果。在螺栓的各种属性中,销和垫片相对较小,因此不容易判断是否存在缺陷,而螺母相对较大,所以更易判别是否存在缺陷。与其他两种使用 Transformer 的方法相比,该模型增加了基于 TransFG 的可变形 patch 划分模块,可以更准确地提取细粒度信息,因此对于销子缺失和垫片缺失这两种类型的缺陷有更高的映射。另外由于数据集中正常螺栓的数量较大,且易于区分,所以有更高的准确率。

表 11-6　螺栓各个缺陷类别识别的结果

方　　法	缺 陷 类 别				mAP/%
	正常	销子缺失	垫片缺失	螺母缺失	
VIT_B16	80.2	69.3	66.5	73.2	72.3
TransFG	81.4	70.7	68.2	78.1	74.6
PAformer	86.1	74.8	75.5	85.6	80.5

表 11-7 为该模型与当前先进方法的比较。ResNet101[50]、ML-GCN[51] 和 ASL[52] 方法都是多标签识别方法,将螺栓缺陷数据集直接应用于这些模型。可以看到,在结合螺栓位置和属性信息后,该模型比其他模型可以更有效地识别视觉不可分的螺栓缺陷。与最先进的多标签识别方法 ASL 相比,该模型的 mAP 增加了近 7.9%,这表明,在本节提出的结合位置信息和螺栓属性的螺栓缺陷识别方法成功地解决了螺栓缺陷视觉不可区分的问题。

表 11-7　不同模型对螺栓缺陷识别的结果　　　　　单位: %

方　　法	mAP	CF1	OF1
ResNet101	66.7	67.1	70.4
ML-GCN	69.9	70.2	73.8
ASL	72.6	71.7	74.3
PAformer	80.5	80.1	83.2

图 11-17 展示了实验的可视化结果。第一行显示了可变形 patch 划分模块将图像分割为不同大小和位置的部分结果。可视化结果表明,可变形 patch 划分模块预测的 patch 能够很好地定位并捕捉重要特征。第二行是 TransFG 网络所定位的判别区域。可以看到该方法准确定位到最显著差异的图像区域。通过可视化的结果图像,可以看到 11.3.3 小节中所提到的方法具有细粒度特征学习的能力,螺栓缺陷识别方面具有更大的优势。

图 11-17　螺栓缺陷识别可视化

如图 11-18 所示,图中显示了螺栓缺陷检测模型的检测效果,通过将截出螺栓的缺陷识别结果反馈到原图中,巡检人员可以更加直观地观察到哪些螺栓存在缺陷。图中显示的螺栓缺陷检测结果也展示了本书所提出模型的优越性。可以看到提包式悬垂线夹上的螺栓只有螺母和垫片,所提模型将其判别为正常螺栓;而位于挂板与提包式悬垂线夹连接处的螺栓则需要螺母和销子,所提模型将其判别为销子缺失缺陷。由此可以看出,所提出的基于知识推理的视觉不可分螺栓缺陷检测模型极大地改善了螺栓缺陷中存在的视觉不可分问题,在实际应用中更具优势。

图 11-18　检测结果可视化

11.4　本章小结

本章首先简述了输变电线路设备巡检在构建智能电网技术中的背景意义,然后介绍了基于可见光巡检图像的金具和螺栓缺陷数据集的构建方法,以及对小样本螺栓缺陷数据的扩增技术,最后分三个部分介绍了输变电线路中螺栓的检测方法。首先对输变电线路中存在的金具进行目标检测,通过这种方式可以得到不同金具之间的位置关系;然后利用螺栓的属性信息结合螺栓的位置信息,通过引入电力领域外部知识进一步判别螺栓缺陷;最后结合金具与螺栓属性的信息,采用知识推理的方法解决了输变电线路中螺栓缺陷视觉不可分的问题,提高了螺栓缺陷检测的准确率。

11.5　参考文献

[1] 董朝阳,赵俊华,文福拴,等.从智能电网到能源互联网:基本概念与研究框架[J].电力系统自动化,2014,38(15):1-11.
[2] 赵振兵,崔雅萍.基于深度学习的输电线路关键部件视觉检测方法的研究进展[J].电力科学

与工程,2018,34(3):1-6.

[3] Li L. The UAV intelligent inspection of transmission lines [C]. 2015 International Conference on Advances in Mechanical Engineering and Industrial Informatics, Zhen Zhou, Henan, China, 2015.

[4] Girshick R, Donahue J, Darrell T, et al. Rich feature hierarchies for accurate object detection and semantic segmentation [C]. IEEE Conference on Computer Vision and Pattern Recognition, Columbus, OH, USA, 2014.

[5] Girshick R. Fast r-cnn[C]. IEEE International Conference on Computer Vision, Santiago, Chile, 2015.

[6] Ren S, He K, Girshick R, et al. Faster r-cnn: towards real-time object detection with region proposal networks[J]. IEEE Transactions on Pattern Analysis and Machine Intelligence, 2015, 39(6): 1137-1149.

[7] Cai Z W, Vasconcelos N. Cascade r-cnn: delving into high quality object detection[C]. IEEE Conference on Computer Vision and Pattern Recognition, Salt Lake City, UT, USA, 2018.

[8] Xu H, Jiang C, Liang X, et al. Reasoning-RCNN: unifying adaptive global reasoning into large-scale object detection [C]. 2019 IEEE/CVF Conference on Computer Vision and Pattern Recognition (CVPR), Long Beach, 2019.

[9] Liu W, Anguelov D, Erhan D, et al. SSD: Single shot multibox detector [C]. European Conference on Computer Vision, Amsterdam, Netherlands: Springer, Cham, 2016.

[10] Redmon J, Divvala S, Girshick R, et al. You only look once: Unified, real-time object detection[C]. IEEE Conference on Computer Vision and Pattern Recognition, Las Vegas, NV, USA, 2016.

[11] Redmon J, Farhadi A. YOLO9000: better, faster, stronger [C]. IEEE Conference on Computer Vision and Pattern Recognition, Honolulu, HI, USA, 2017.

[12] Redmon J, Farhadi A. Yolov3: An incremental improvement. arXiv preprint arXiv: 1804. 02767, 2018.

[13] Lin T Y, Goyal P, Girshick R, et al. Focal loss for dense object detection[J]. The IEEE International Conference on Computer Vision, 2017, 42(2): 318-327.

[14] Carion N, Massa F, Synnaeve G, et al. (2020) End-to-End Object Detection with Transformers. In: Vedaldi A., Bischof H., Brox T., Frahm JM. (eds) Computer Vision— ECCV 2020. ECCV 2020. Lecture Notes in Computer Science, vol 12346. Springer, Cham.

[15] Liu Z, Lin Y, Cao Y, et al. Swin transformer: hierarchical vision transformer using shifted windows[J]. Comprter Science, 2021(1).

[16] Liu T Y, Dollar P, Girshick R, et al. Feature pyramid networks for object detection[C]. IEEE Conference on Computer Vision and Pattern Recognition, Hawaii, USA, 2017.

[17] 白洁音,赵瑞,谷丰强,等. 多目标检测和故障识别图像处理方法[J]. 高电压技术,2019, 45(11): 3504-3511.

[18] 翟永杰,杨旭,赵振兵,等. 融合共现推理的 Faster R-CNN 输电线路金具检测. 智能系统学报,2021,16(2): 237-246.

[19] Zhao Zhenbing. A knowledge-guided model of fitting detection in aerial transmission line images[J]. Energy Reports, 2020, 6(S9): 1071-1078.

[20] 薛阳,吴海东,张宁,等. 基于改进 Faster R-CNN 输电线穿刺线夹及螺栓的检测 [J]. 激光

与光电子学进展,2020,57(8):84-91.

[21] 张姝,王昊天,董骁翀,等.基于深度学习的输电线路螺栓检测技术[J].电网技术,2021,45(7):2821-2829.

[22] Pham H C,Ta Q B,Kim J T,et al. Bolt-Loosening monitoring framework using an image-based deep learning and graphical model[J].Sensors,2020,20(12):3382.

[23] 张珂,何颖宣,赵振兵,等.可形变 NTS-Net 网络的螺栓属性多标签分类方法[J].中国图像图形学报,2021(10):2582-2593.

[24] Zhong J P,Liu Z G,Han Z W,et al. A CNN-based defect inspection method for catenary split pins in high-speed railway [J]. IEEE Transactions on Instrumentation and Measurement,2019,68(8):2849-2860.

[25] 赵振兵,段记坤,孔英会,等.基于门控图神经网络的栓母对知识图谱构建与应用[J].电网技术,2021,45(1):98-106.

[26] Goodfellow I,Pouget-Abadie J,Mirza M,et al. Generative adversarial nets[M].Cambridge:Massa Chusetts MIT Press,2014.

[27] Karras T,Laine S,Aittala M,et al. Analyzing and improving the image quality of stylegan [C]. IEEE/CVF Conference on Computer Vision and Pattern Recognition,New York,USA 2020.

[28] Choi Y,Uh Y,Yoo J,et al. StarGAN v2:Diverse Image Synthesis for Multiple Domains [C]. IEEE/CVF Conference on Computer Vision and Pattern Recognition,New York,USA 2020.

[29] Sauer A,Chitta K,Müller J,et al. Projected gans converge faster[J]. Advances in Neural Information Processing Systems,2021,34.

[30] Liu B,Zhu Y,Song K,et al. Towards faster and stabilized gan training for high-fidelity few-shot image synthesis[C]. International Conference on Learning Representations,Addis Ababa,2020.

[31] Dai J,Li Y,He K,et al. R-fcn:Object detection via region-based fully convolutional networks[J]. Advances in neural information processing systems,2016,29.

[32] He K,Gkioxari G,Dollár P,et al. Mask r-cnn[C]. IEEE International Conference on Computer Vision,Italy,2017.

[33] Tan M,Pang R,Le Q V. Efficientdet:Scalable and efficient object detection[C]. IEEE/CVF Conference on Computer Vision and Pattern Recognition,New York,USA,2020.

[34] Law H,Deng J. Cornernet:Detecting objects as paired keypoints[C]. European Conference on Computer Vision,Munich,2018.

[35] Zhou X,Wang D,Krähenbühl P. Objects as points[J/OL]. 2019-04-16[2019-06-23]. https://arxiv. org/pdf/ 1904. 07850. pdf.

[36] Zhu C,He Y,Savvides M. Feature selective anchor-free module for single-shot object detection[C]. IEEE/CVF Conference on Computer Vision and Pattern Recognition,Long Beach,USA,2019.

[37] Tian Z,Shen C,Chen H,et al. Fcos:Fully convolutional one-stage object detection[C]. IEEE/CVF International Conference on Computer Vision,South Korea,2019.

[38] Yu J,Xie H,Li M,et al. Mobile Centernet for Embedded Deep Learning Object Detection [C]. 2020 IEEE International Conference on Multimedia & Expo Workshops,

London，2020.

[39] 赵锐，赵国伟，张娟，等. 改进 CenterNet 的高压输电线路巡检故障实时检测方法[J]. 计算机工程与应用，2021，57(17)：246-252.

[40] Yu F，Wang D，Shelhamer E，et al. Deep layer aggregation[C]. IEEE Conference on Computer Vision and Pattern Recognition，Salt Lake City，2018.

[41] 李发光，伊力哈木·亚尔买买提. 基于改进 CenterNet 的航拍绝缘子缺陷实时检测模型[J]. 计算机科学，2022，49(5)：84-91.

[42] Zhang K，Zhao K，Guo X，et al. HRM-CenterNet：a high-resolution real-time fittings detection method[C]. 2021 IEEE International Conference on Systems，Man，and Cybernetics(SMC)，IEEE，Melbourne，Australia，2021.

[43] Howard A，Sandler M，Chu G，et al. Searching for mobilenetv3[C]. IEEE/CVF International Conference on Computer Vision，South Korea，2019.

[44] Yang Z，Luo T G，Wang D，et al. 2018. Learning to navigate for fine-grained classification [EB/OL]. [2020-10-11]. https://arxiv. org/pdf/1809. 00287v1. pdf.

[45] Dai J F，Qi H Z，Xiong Y W，et al. Deformable convolutional networks[C]. IEEE International Conference on Computer Vision，Venice，2017.

[46] He J，Chen J，Liu S，et al. TransFG：a transformer architecture for fine-grained recognition [EB/OL]. [2022-11-07]. https://arxiv. org/abs/2103. 07976.

[47] Dosovitskiy A，Beyer L，Kolesnikov A，et al. An image is worth 16 × 16 words：transformers for image recognition at scale[EB/OL]. [2022-11-08]. https://arxiv. org/pdf/2010. 11929. pdf.

[48] Liu Z，Lin Y，Cao Y，et al. Swin transformer：hierarchical vision transformer using shifted windows[EB/OL]. [2022-11-08]. https://arxiv. org/pdf/2103. 14030. pdf.

[49] Chen Z，Zhu Y，Zhao C，et al. DPT：deformable patch-based transformer for visual recognition[EB/OL]. [2022-11-08]. https://arxiv. org/abs/2107. 14467.

[50] He K，Zhang X，Ren S，et al. Deep residual learning for image recognition[C]. IEEE Conference on Computer Vision and Pattern Recognition，Las Vegas，NV，USA，2016.

[51] Chen Z，Wei X，Wang P，et al. Multi-label image recognition with graph convolutional networks[C]. Conference on Computer Vision and Pattern Recognition(CVPR)，IEEE，Los Angeles，2019.

[52] Emanuel B，Tal R，Nadav Z，et al. Asymmetric loss for multi-label classification[EB/OL]. [2022-11-08]. https://arxiv. org/abs/2009. 14119.